全国科学技术名词审定委员会

公　布

科学技术名词·自然科学卷（全藏版）

26

细胞生物学名词

（第二版）

CHINESE TERMS IN CELL BIOLOGY

（Second Edition）

细胞生物学名词审定委员会

国家自然科学基金资助项目

科 学 出 版 社

北　京

内 容 简 介

本书是全国科学技术名词审定委员会审定公布的第二版细胞生物学名词，内容包括：总论、细胞化学、细胞结构与细胞外基质、细胞生理、细胞周期与细胞分裂、细胞分化与发育、细胞遗传、细胞通信与信号转导、细胞免疫、细胞培养与细胞工程和细胞生物学技术 11 部分，共 2492 条。本书对 1992 年公布的《细胞生物学名词》作了少量修改，增加了一些新词，每条名词均给出了定义或注释。这些名词是科研、教学、生产、经营以及新闻出版等部门应遵照使用的细胞生物学规范名词。

图书在版编目（CIP）数据

科学技术名词. 自然科学卷：全藏版 / 全国科学技术名词审定委员会审定.
—北京：科学出版社，2017.1

ISBN 978-7-03-051399-1

I. ①科⋯　II. ①全⋯　III. ①科学技术–名词术语 ②自然科学–名词术语
IV. ①N61

中国版本图书馆 CIP 数据核字（2016）第 314947 号

责任编辑：高素婷 / 责任校对：陈玉凤
责任印制：张 伟 / 封面设计：铭轩堂

科 学 出 版 社 出版
北京东黄城根北街 16 号
邮政编码：100717
http://www.sciencep.com
北京厚诚则铭印刷科技有限公司印刷
科学出版社发行　各地新华书店经销
*
2017 年 1 月第 一 版　　开本：787×1092 1/16
2017 年 1 月第一次印刷　　印张：15 3/4
字数：400 000
定价：5980.00 元（全 30 册）
（如有印装质量问题，我社负责调换）

全国科学技术名词审定委员会
第五届委员会委员名单

特邀顾问：吴阶平　　钱伟长　　朱光亚　　许嘉璐

主　　任：路甬祥

副 主 任（按姓氏笔画为序）：

王　杰　　刘　青　　刘成军　　孙寿山　　杜祥琬　　武　寅

赵沁平　　程津培

常　　委（按姓氏笔画为序）：

王永炎　　李宇明　　李济生　　汪继祥　　沈爱民　　张礼和

张先恩　　张晓林　　张焕乔　　陆汝钤　　陈运泰　　金德龙

宣　湘　　贺　化

委　　员（按姓氏笔画为序）：

马大猷	王　夔	王大珩	王玉平	王兴智	王如松
王延中	王虹峥	王振中	王铁琨	卞毓麟	方开泰
尹伟伦	叶笃正	冯志伟	师昌绪	朱照宣	仲增墉
刘　民	刘　斌	刘大响	刘瑞玉	祁国荣	孙家栋
孙敬三	孙儒泳	苏国辉	李文林	李志坚	李典谟
李星学	李保国	李焯芬	李德仁	杨　凯	肖序常
吴　奇	吴凤鸣	吴兆麟	吴志良	宋大祥	宋凤书
张　耀	张光斗	张忠培	张爱民	陆建勋	陆道培
陆燕荪	阿里木·哈沙尼	阿迪亚	陈有明	陈传友
林良真	周　廉	周应祺	周明煜	周明鉴	周定国
郑　度	胡省三	费　麟	姚　泰	姚伟彬	徐　僖
徐永华	郭志明	席泽宗	黄玉山	黄昭厚	崔　俊
阎守胜	葛锡锐	董　琨	蒋树屏	韩布新	程光胜
蓝　天	雷震洲	照日格图	鲍　强	鲍云樵	窦以松
蔡　洋	樊　静	潘书祥	戴金星		

细胞生物学名词审定委员会委员名单

第一届委员（1986～1991）

顾　问（按姓氏笔画为序）：

　　汪堃仁　　　汪德耀　　　张作人　　　罗士韦　　　薛社普

主　任：庄孝德

副主任：王亚辉

委　员（按姓氏笔画为序）：

　　左嘉客　　　叶　敏　　　朱　澂　　　朱至清　　　汤雪明

　　许智宏　　　李文安　　　李向辉　　　李靖炎　　　何　申

　　宋今丹　　　张友会　　　陆德裕　　　周　郑　　　周光炎

　　郑国锠　　　郝　水　　　姚　鑫　　　唐锡华　　　曾弥白

　　谢　弘　　　简令成　　　鲍　睿　　　翟中和　　　薛绍白

秘　书：左嘉客（兼）　　周　郑（兼）

第二届委员（2002～2009）

顾　问（按姓氏笔画为序）：

　　朱作言　　　郝　水　　　姚　鑫　　　曾弥白　　　翟中和

主　任：许智宏

副主任：徐永华　　　韩贻仁

委　员（按姓氏笔画为序）：

　　丁明孝　　　王喜忠　　　孙　群　　　孙大业　　　汤雪明

　　杨抚华　　　何大澄　　　佟向军　　　余懋群　　　沈大棱

　　宋建国　　　张　博　　　张伟成　　　陈汉源　　　陈实平

　　罗　平　　　周柔丽　　　柳惠图　　　洪水根　　　徐子勤

　　徐存拴　　　章静波　　　彭宣宪　　　樊廷俊

秘　书：樊廷俊（兼）　　杨　瑾

路甬祥序

　　我国是一个人口众多、历史悠久的文明古国,自古以来就十分重视语言文字的统一,主张"书同文、车同轨",把语言文字的统一作为民族团结、国家统一和强盛的重要基础和象征。我国古代科学技术十分发达,以四大发明为代表的古代文明,曾使我国居于世界之巅,成为世界科技发展史上的光辉篇章。而伴随科学技术产生、传播的科技名词,从古代起就已成为中华文化的重要组成部分,在促进国家科技进步、社会发展和维护国家统一方面发挥着重要作用。

　　我国的科技名词规范统一活动有着十分悠久的历史。古代科学著作记载的大量科技名词术语,标志着我国古代科技之发达及科技名词之活跃与丰富。然而,建立正式的名词审定组织机构则是在清朝末年。1909 年,我国成立了科学名词编订馆,专门从事科学名词的审定、规范工作。到了新中国成立之后,由于国家的高度重视,这项工作得以更加系统地、大规模地开展。1950 年政务院设立的学术名词统一工作委员会,以及 1985 年国务院批准成立的全国自然科学名词审定委员会(现更名为全国科学技术名词审定委员会,简称全国科技名词委),都是政府授权代表国家审定和公布规范科技名词的权威性机构和专业队伍。他们肩负着国家和民族赋予的光荣使命,秉承着振兴中华的神圣职责,为科技名词规范统一事业默默耕耘,为我国科学技术的发展作出了基础性的贡献。

　　规范和统一科技名词,不仅在消除社会上的名词混乱现象,保障民族语言的纯洁与健康发展等方面极为重要,而且在保障和促进科技进步,支撑学科发展方面也具有重要意义。一个学科的名词术语的准确定名及推广,对这个学科的建立与发展极为重要。任何一门科学(或学科),都必须有自己的一套系统完善的名词来支撑,否则这门学科就立不起来,就不能成为独立的学科。郭沫若先生曾将科技名词的规范与统一称为"乃是一个独立自主国家在学术工作上所必须具备的条件,也是实现学术中国化的最起码的条件",精辟地指出了这项基础性、支撑性工作的本质。

　　在长期的社会实践中,人们认识到科技名词的规范和统一工作对于一个国家的科技发展和文化传承非常重要，是实现科技现代化的一项支撑性的系统工程。没有这样一个系统的规范化的支撑条件，不仅现代科技的协调发展将遇到极大困难，而且在科技日益渗透人们生活各方面、各环节的今天，还将给教育、传播、交流、经贸等多方面带来困难和损害。

全国科技名词委自成立以来，已走过近20年的历程，前两任主任钱三强院士和卢嘉锡院士为我国的科技名词统一事业倾注了大量的心血和精力，在他们的正确领导和广大专家的共同努力下，取得了卓著的成就。2002年，我接任此工作，时逢国家科技、经济飞速发展之际，因而倍感责任的重大；及至今日，全国科技名词委已组建了60个学科名词审定分委员会，公布了50多个学科的63种科技名词，在自然科学、工程技术与社会科学方面均取得了协调发展，科技名词蔚成体系。而且，海峡两岸科技名词对照统一工作也取得了可喜的成绩。对此，我实感欣慰。这些成就无不凝聚着专家学者们的心血与汗水，无不闪烁着专家学者们的集体智慧。历史将会永远铭刻着广大专家学者孜孜以求、精益求精的艰辛劳作和为祖国科技发展作出的奠基性贡献。宋健院士曾在1990年全国科技名词委的大会上说过："历史将表明，这个委员会的工作将对中华民族的进步起到奠基性的推动作用。"这个预见性的评价是毫不为过的。

科技名词的规范和统一工作不仅仅是科技发展的基础，也是现代社会信息交流、教育和科学普及的基础，因此，它是一项具有广泛社会意义的建设工作。当今，我国的科学技术已取得突飞猛进的发展，许多学科领域已接近或达到国际前沿水平。与此同时，自然科学、工程技术与社会科学之间交叉融合的趋势越来越显著，科学技术迅速普及到了社会各个层面，科学技术同社会进步、经济发展已紧密地融为一体，并带动着各项事业的发展。所以，不仅科学技术发展本身产生的许多新概念、新名词需要规范和统一，而且由于科学技术的社会化，社会各领域也需要科技名词有一个更好的规范。另一方面，随着香港、澳门的回归，海峡两岸科技、文化、经贸交流不断扩大，祖国实现完全统一更加迫近，两岸科技名词对照统一任务也十分迫切。因而，我们的名词工作不仅对科技发展具有重要的价值和意义，而且在经济发展、社会进步、政治稳定、民族团结、国家统一和繁荣等方面都具有不可替代的特殊价值和意义。

最近，中央提出树立和落实科学发展观，这对科技名词工作提出了更高的要求。我们要按照科学发展观的要求，求真务实，开拓创新。科学发展观的本质与核心是以人为本,我们要建设一支优秀的名词工作队伍,既要保持和发扬老一辈科技名词工作者的优良传统,坚持真理、实事求是、甘于寂寞、淡泊名利,又要根据新形势的要求,面向未来、协调发展、与时俱进、锐意创新。此外,我们要充分利用网络等现代科技手段,使规范科技名词得到更好的传播和应用,为迅速提高全民文化素质作出更大贡献。科学发展观的基本要求是坚持以人为本,全面、协调、可持续发展,因此,科技名词工作既要紧密围绕当前国民经济建设形势,着重开展好科技领域的学科名词审定工作,同时又要在强调经济社会以及人与自然协调发展的思想指导下,开展好社会科学、文化教育和资源、生态、环境领域的科学名词审定工作,促进各个学科领域的相互融合和共同繁荣。科学发展观非常注重可持续发展的理念,因此,我们在不断丰富和发展已建立的科技名词体系的同时,还要进一步研究具有中国特色的术语学理论,以创建中国的术语学派。研究和建立中国特色的术语学理论,也是一种知识创新,是实现科技名词工作可持续发展的必由之路,我们应当为此付出更大的努力。

当前国际社会已处于以知识经济为走向的全球经济时代,科学技术发展的步伐将会越来越快。我国已加入世贸组织,我国的经济也正在迅速融入世界经济主流,因而国内外科技、文化、经贸的交流将越来越广泛和深入。可以预言,21世纪中国的经济和中国的语言文字都将对国际社会产生空前的影响。因此,在今后10到20年之间,科技名词工作就变得更具现实意义,也更加迫切。"路漫漫其修远兮,吾今上下而求索",我们应当在今后的工作中,进一步解放思想,务实创新、不断前进。不仅要及时地总结这些年来取得的工作经验,更要从本质上认识这项工作的内在规律,不断地开创科技名词统一工作新局面,作出我们这代人应当作出的历史性贡献。

2004 年深秋

卢嘉锡序

科技名词伴随科学技术而生,犹如人之诞生其名也随之产生一样。科技名词反映着科学研究的成果,带有时代的信息,铭刻着文化观念,是人类科学知识在语言中的结晶。作为科技交流和知识传播的载体,科技名词在科技发展和社会进步中起着重要作用。

在长期的社会实践中,人们认识到科技名词的统一和规范化是一个国家和民族发展科学技术的重要的基础性工作,是实现科技现代化的一项支撑性的系统工程。没有这样一个系统的规范化的支撑条件,科学技术的协调发展将遇到极大的困难。试想,假如在天文学领域没有关于各类天体的统一命名,那么,人们在浩瀚的宇宙当中,看到的只能是无序的混乱,很难找到科学的规律。如是,天文学就很难发展。其他学科也是这样。

古往今来,名词工作一直受到人们的重视。严济慈先生60多年前说过,"凡百工作,首重定名;每举其名,即知其事"。这句话反映了我国学术界长期以来对名词统一工作的认识和做法。古代的孔子曾说"名不正则言不顺",指出了名实相副的必要性。荀子也曾说"名有固善,径易而不拂,谓之善名",意为名有完善之名,平易好懂而不被人误解之名,可以说是好名。他的"正名篇"即是专门论述名词术语命名问题的。近代的严复则有"一名之立,旬月踟蹰"之说。可见在这些有学问的人眼里,"定名"不是一件随便的事情。任何一门科学都包含很多事实、思想和专业名词,科学思想是由科学事实和专业名词构成的。如果表达科学思想的专业名词不正确,那么科学事实也就难以令人相信了。

科技名词的统一和规范化标志着一个国家科技发展的水平。我国历来重视名词的统一与规范工作。从清朝末年的科学名词编订馆,到1932年成立的国立编译馆,以及新中国成立之初的学术名词统一工作委员会,直至1985年成立的全国自然科学名词审定委员会(现已改名为全国科学技术名词审定委员会,简称全国名词委),其使命和职责都是相同的,都是审定和公布规范名词的权威性机构。现在,参与全国名词委领导工作的单位有中国科学院、科学技术部、教育部、中国科学技术协会、国家自然科学基金委员会、新闻出版署、国家质量技术监督局、国家广播电影电视总局、国家知识产权局和国家语言文字工作委员会,这些部委各自选派了有关领导干部担任全国名词委的领导,有力地推动科技名词的统一和推广应用工作。

全国名词委成立以后,我国的科技名词统一工作进入了一个新的阶段。在第一任主任委员钱三强同志的组织带领下,经过广大专家的艰苦努力,名词规范和统一工作取得了显著的成绩。1992年三强同志不幸谢世。我接任后,继续推动和开展这项工作。在国家和有关部门的支持及广大专家学者的努力下,全国名词委15年来按学科共组建了50多个学科的名词审定分委员会,有1800多位专家、学者参加名词审定工作,还有更多的专家、学者参加书面审查和座谈讨论等,形成的科技名词工作队伍规模之大、水平层次之高前所未有。15年间共审定公布了包括理、工、农、医及交叉学科等各学科领域的名词共计50多种。而且,对名词加注定义的工作经试点后业已逐渐展开。另外,遵照术语学理论,根据汉语汉字特点,结合科技名词审定工作实践,全国名词委制定并逐步完善了一套名词审定工作的原则与方法。可以说,在20世纪的最后15年中,我国基本上建立起了比较完整的科技名词体系,为我国科技名词的规范和统一奠定了良好的基础,对我国科研、教学和学术交流起到了很好的作用。

在科技名词审定工作中,全国名词委密切结合科技发展和国民经济建设的需要,及时调整工作方针和任务,拓展新的学科领域开展名词审定工作,以更好地为社会服务、为国民经济建设服务。近些年来,又对科技新词的定名和海峡两岸科技名词对照统一工作给予了特别的重视。科技新词的审定和发布试用工作已取得了初步成效,显示了名词统一工作的活力,跟上了科技发展的步伐,起到了引导社会的作用。两岸科技名词对照统一工作是一项有利于祖国统一大业的基础性工作。全国名词委作为我国专门从事科技名词统一的机构,始终把此项工作视为自己责无旁贷的历史性任务。通过这些年的积极努力,我们已经取得了可喜的成绩。做好这项工作,必将对弘扬民族文化,促进两岸科教、文化、经贸的交流与发展作出历史性的贡献。

科技名词浩如烟海,门类繁多,规范和统一科技名词是一项相当繁重而复杂的长期工作。在科技名词审定工作中既要注意同国际上的名词命名原则与方法相衔接,又要依据和发挥博大精深的汉语文化,按照科技的概念和内涵,创造和规范出符合科技规律和汉语文字结构特点的科技名词。因而,这又是一项艰苦细致的工作。广大专家学者字斟句酌,精益求精,以高度的社会责任感和敬业精神投身于这项事业。可以说,全国名词委公布的名词是广大专家学者心血的结晶。这里,我代表全国名词委,向所有参与这项工作的专家学者们致以崇高的敬意和衷心的感谢!

审定和统一科技名词是为了推广应用。要使全国名词委众多专家多年的劳动成果——规范名词,成为社会各界及每位公民自觉遵守的规范,需要全社会的理解和支持。国务院和4个有关部委[国家科委(今科学技术部)、中国科学院、国家教委(今教育部)和新闻出版署]已分别于1987年和1990年行文全国,要求全国各科研、教学、生产、经营以及新闻出版等单位遵照使用全国名词委审定公布的名词。希望社会各界自觉认真地执行,共同做好这项对于科技发展、社会进步和国家统一极为重要的基础工作,为振兴中华而努力。

值此全国名词委成立15周年、科技名词书改装之际,写了以上这些话。是为序。

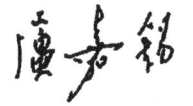

2000 年夏

钱 三 强 序

科技名词术语是科学概念的语言符号。人类在推动科学技术向前发展的历史长河中,同时产生和发展了各种科技名词术语,作为思想和认识交流的工具,进而推动科学技术的发展。

我国是一个历史悠久的文明古国,在科技史上谱写过光辉篇章。中国科技名词术语,以汉语为主导,经过了几千年的演化和发展,在语言形式和结构上体现了我国语言文字的特点和规律,简明扼要,蓄意深切。我国古代的科学著作,如已被译为英、德、法、俄、日等文字的《本草纲目》、《天工开物》等,包含大量科技名词术语。从元、明以后,开始翻译西方科技著作,创译了大批科技名词术语,为传播科学知识,发展我国的科学技术起到了积极作用。

统一科技名词术语是一个国家发展科学技术所必须具备的基础条件之一。世界经济发达国家都十分关心和重视科技名词术语的统一。我国早在 1909 年就成立了科学名词编订馆,后又于 1919 年中国科学社成立了科学名词审定委员会,1928 年大学院成立了译名统一委员会。1932 年成立了国立编译馆,在当时教育部主持下先后拟订和审查了各学科的名词草案。

新中国成立后,国家决定在政务院文化教育委员会下,设立学术名词统一工作委员会,郭沫若任主任委员。委员会分设自然科学、社会科学、医药卫生、艺术科学和时事名词五大组,聘任了各专业著名科学家、专家,审定和出版了一批科学名词,为新中国成立后的科学技术的交流和发展起到了重要作用。后来,由于历史的原因,这一重要工作陷于停顿。

当今,世界科学技术迅速发展,新学科、新概念、新理论、新方法不断涌现,相应地出现了大批新的科技名词术语。统一科技名词术语,对科学知识的传播,新学科的开拓,新理论的建立,国内外科技交流,学科和行业之间的沟通,科技成果的推广、应用和生产技术的发展,科技图书文献的编纂、出版和检索,科技情报的传递等方面,都是不可缺少的。特别是计算机技术的推广使用,对统一科技名词术语提出了更紧迫的要求。

为适应这种新形势的需要,经国务院批准,1985 年 4 月正式成立了全国自然科学名词审定委员会。委员会的任务是确定工作方针,拟定科技名词术语审定工作计划、实施方案和步骤,组织审定自然科学各学科名词术语,并予以公布。根据国务院授权,委员会审定公布的名词术语,科研、教学、生产、经营以及新闻出版等各部门,均应遵照使用。

全国自然科学名词审定委员会由中国科学院、国家科学技术委员会、国家教育委员会、中国科学技术协会、国家技术监督局、国家新闻出版署、国家自然科学基金委员会分别委派了正、副主任担任领导工作。在中国科协各专业学会密切配合下,逐步建立各专业审定分委员会,并已建立起一支由各学科著名专家、学者组成的近千人的审定队伍,负责审定本学科的名词术语。我国的名词审定工作进入了一个新的阶段。

这次名词术语审定工作是对科学概念进行汉语订名,同时附以相应的英文名称,既有我国语言特色,又方便国内外科技交流。通过实践,初步摸索了具有我国特色的科技名词术语审定的原则与方法,以及名词术语的学科分类、相关概念等问题,并开始探讨当代术语学的理论和方法,以期逐步建立起符合我国语言规律的自然科学名词术语体系。

统一我国的科技名词术语,是一项繁重的任务,它既是一项专业性很强的学术性工作,又涉及到亿万人使用习惯的问题。审定工作中我们要认真处理好科学性、系统性和通俗性之间的关系;主科与副科间的关系;学科间交叉名词术语的协调一致;专家集中审定与广泛听取意见等问题。

汉语是世界五分之一人口使用的语言,也是联合国的工作语言之一。除我国外,世界上还有一些国家和地区使用汉语,或使用与汉语关系密切的语言。做好我国的科技名词术语统一工作,为今后对外科技交流创造了更好的条件,使我炎黄子孙,在世界科技进步中发挥更大的作用,作出重要的贡献。

统一我国科技名词术语需要较长的时间和过程,随着科学技术的不断发展,科技名词术语的审定工作,需要不断地发展、补充和完善。我们将本着实事求是的原则,严谨的科学态度做好审定工作,成熟一批公布一批,提供各界使用。我们特别希望得到科技界、教育界、经济界、文化界、新闻出版界等各方面同志的关心、支持和帮助,共同为早日实现我国科技名词术语的统一和规范化而努力。

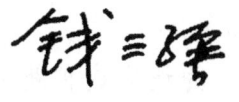

1992 年 2 月

第二版前言

细胞是生命有机体组成的基本结构单位,也是生命活动的基本功能单位。生物学家认为,每个生物学问题的最终答案,必须从细胞中寻求。细胞生物学已从过去的作为生物科学领域中最重要的前沿学科之一,发展成了今天公认的生命科学的核心学科。细胞生物学的发展促进了生物学各学科领域和医学生物学、农业生物学等快速进步和发展。

20世纪90年代初,我国科学家进行了细胞生物学名词的审定。1992年全国自然科学名词审定委员会(现称"全国科学技术名词审定委员会")公布了第一批《细胞生物学名词》(1992)1420条,对规范细胞生物学名词和促进我国细胞生物学的教学、科研起了重要作用。经过十几年的快速发展,细胞生物学展示出众多令人鼓舞的新生长点,如干细胞生物学、细胞信号转导、细胞凋亡、细胞工程等。因此之故,细胞生物学学科产生出大量新的学科名词,这些新名词的出现和应用,反映了细胞生物学在生命科学中的重要地位和发展前景。鉴于此,中国细胞生物学学会受全国科学技术名词审定委员会的委托,于2002年成立了第二届细胞生物学名词审定委员会。具体任务是:对第一批公布的细胞生物学名词进行修订和加注释义,增补新名词并进行审定和释义。

整个审定工作分为名词遴选和名词释义两个阶段。2003年8月细胞生物学名词审定委员会召开了第一次全体会议,对遴选的3200条名词进行了分组审定,并讨论了一些名词释义样条。2004年5月召开了第二次审定会议,对释义初稿进行了逐条讨论后形成了二稿。尔后经广泛征求意见及各组反复修改整理于2006年形成了《细胞生物学名词》三稿。2007年全国科学技术名词审定委员会委托杨弘远、王金发、宋今丹、章静波和王永潮五位先生对细胞生物学名词定名和释义进行复审。2007年底根据专家复审意见又召开了部分专家委员会议,对定名和释义进行了讨论和修改。2008年初全国科学技术名词审定委员会在北京组织召开了与遗传学、生物化学与分子生物学、免疫学等相邻学科的定名协调会,对个别条目的定名作到尽可能的统一。现经全国科学技术名词审定委员会审核批准,予以公布。

这次审定中,我们经过认真分析,删除部分已被淘汰或不太确切的旧名,补充大量新的名词,共收录2492条。分为总论、细胞化学、细胞结构与细胞外基质、细胞生理、细胞周期与细胞分裂、细胞分化与发育、细胞遗传、细胞通信与信号转导、细胞免疫、细胞培养与细胞工程和细胞生物学技术11部分。每条名词包括序号、汉文名、英文名和释义。正文中的汉文名大体上按学科分类和相关概念排列,因同一个名词可能与多个分支学科相关,目前的分类不一定很合理,但作为公布的规范词在本书编排时只出现一次,不重复列出。

在审定中,我们从科学概念出发,力求定名的科学性和系统性;对每一名词的释义,则力求严谨、科学和精练。

在几年的审定工作中,中国细胞生物学学会一直给予强有力的支持,并得到了细胞生物学界有关科学家热情关心和帮助,提出许多宝贵意见和有益的建议,在此深表谢意。

科学在发展,细胞生物学在探索生命奥秘的进程中将会揭示出更多令人惊叹的科学真理,创造出更多的细胞生物学名词。我们期待细胞生物学界同行,关心细胞生物学名词,在使用中提出宝贵意见和建议,以便今后修订补充,使之日臻完善。

第二届细胞生物学名词审定委员会

2009 年 4 月

第一版前言

  细胞生物学是生命科学的基础学科,也是当前生命科学前沿学科之一。近几十年来细胞生物学的研究有了迅速的发展,大量的新名词的出现,加上原有名词未实现规范化,名词的使用难免存在着一些混乱现象。因此细胞生物学名词术语的审定和统一具有十分重要的意义。

  中国细胞生物学学会受全国自然科学名词审定委员会的委托,于1986年11月成立了细胞生物学名词审定委员会。1987年6月中旬在上海召开了第一次名词审定会,在初稿的基础上拟出了细胞生物学名词征求意见稿。并在1987年10月印发全国有关专家征求意见,得到了广泛支持。许多专家不仅就已收名词提出了意见,还作了大量的增补。经过整理、修改和增补后,提出了二审稿,于1990年9月召开了第二次名词审定会议,对二审稿进行认真的审查、修正,会后再次进行修改和增补。随后于1991年5月召开了第三次名词审定会,确定了第一批审定公布的共1420条细胞生物学名词。1991年6月又将终审后的清稿分寄国内有关专家复审。专家们所提的意见经在沪细胞生物学名委委员认真讨论修改后,上报全国自然科学名词审定委员会。1991年12月经全国自然科学名词审定委员会复审后批准公布。

  这次公布的细胞生物学名词,是细胞生物学中常用的基本词,附有对应的英文。中文名词包括总论,细胞结构,细胞遗传,细胞分化,细胞生理,细胞化学,细胞免疫,细胞培养,细胞工程和细胞生物学技术等10大类。正文中的中文名词的顺序按概念体系排列。这些类别和词序主要是为了便于查找,而不是严谨的科学分类体系。

  这次名词审定过程中,注意到了科学发展中新出现的概念,收入了一些使用率较高的词汇,如"激光扫描共焦显微镜"、"同源[异型]框"等。对原有常用名词的混乱情况进行了整理,有的虽沿用已久,但因有了新的含义,故有重新定名的必要。例如染色体主缢痕纺锤丝附着的区域在光镜下可看到一个粒状结构。过去,"centromere"和"kinetochore"曾作为此结构的同义词使用。随着科学的发展,发现纺锤丝实际上与主缢痕异染色质两侧的多层蛋白质结构连接。目前文献中已将"kinetochore"专指这一蛋白质结构,"centromere"则指对"kinetochore(或 kinetochore 蛋白)"有组织和整合作用的一段非编码 DNA。考虑到"centromere"派生词较多,因而将"centromere"定为沿用已久的"着丝粒","kinetochore"则定为"动粒"。这样既尊重了沿用的习惯,也反映了科学的进展。又如初级卵母细胞的细胞核(germinal vesicle)曾订名为"生发泡",以后又改称"胚泡",而哺乳动物着床前的"囊胚(blastocyst)"也称"胚泡",在目前哺乳动物胚胎学蓬勃发展的情况下,这种混乱就难以容忍了。因而此次将"germinal vesicle"仍定为"生发泡",而将"blastocyst"定为"[囊]胚泡"。又如"parthenogenesis"原定为"孤雌生殖",以后又改称"单性生殖"。考虑到该词应有两种含义,作为一种生殖方式——雌体产生不需受精即可发育的卵子,应定为"孤雌生殖";另一方面"parthenogenesis"也指一种发育方式——卵子不经受精进行发育,应定"孤雌发育"。这次我们将这两个概念分别列成两条。

在此次审稿过程中，还考虑到名词与英文对应的统一，如"fiber"作"纤维"，"filament"作"纤丝"，复合词中作"丝"，"fibril"作"原纤维"，"微丝"对应"microfilament"，"微原纤维"对应"microfibril"。又如"site"一词，细胞遗传来源的名词作"位点"，如"加帽位点"（cap site），用于化学结构来源的作"部位"，如"抗原结合部位（antigen-binding site）"。

在历时五年的审定过程中，得到细胞生物学界和有关专家、学者的热情支持。庄孝僡、姚鑫、罗士韦教授受全国自然科学名词审定委员会的委托，对本批名词作了全面的审核。陈汉源、卢豹等先生在审定工作中给予了很大的帮助，潘平同志对意见的汇总做了大量工作，在此一并表示深切的感谢。最后希望各界的使用者，在使用过程中不断提出宝贵的意见，以便今后修订增补。

细胞生物学名词审定委员会
1991 年 12 月

编 排 说 明

一、本批公布的是细胞生物学名词,共 2492 条,每条名词均给出了定义或注释。

二、全书分 11 部分:总论、细胞化学、细胞结构与细胞外基质、细胞生理、细胞周期与细胞分裂、细胞分化与发育、细胞遗传、细胞通信与信号转导、细胞免疫、细胞培养与细胞工程、细胞生物学技术。

三、正文按汉文名所属学科的相关概念体系排列。汉文名后给出了与该词概念相对应的英文名。

四、每个汉文名都附有相应的定义或注释。定义一般只给出其基本内涵,注释则扼要说明其特点。当一个汉文名有不同的概念时,则用(1)、(2)……表示。

五、一个汉文名对应几个英文同义词时,英文词之间用","分开。

六、凡英文词的首字母大、小写均可时,一律小写;英文除必须用复数者,一般用单数形式。

七、"[ ]"中的字为可省略的部分。

八、主要异名和释文中的条目用楷体表示。"简称"、"全称"、"又称"、"俗称"可继续使用,"曾称"为被淘汰的旧名。

九、正文后所附的英汉索引按英文字母顺序排列;汉英索引按汉语拼音顺序排列。所示号码为该词在正文中的序码。索引中带"＊"者为规范名的异名或在释文中出现的条目。

目　　录

01. 总 论

01.001　细胞学　cytology
在光学显微镜水平上研究细胞的化学组成、形态、结构及功能的学科。

01.002　细胞生物学　cell biology
从细胞整体、显微、亚显微和分子等各级水平上研究细胞结构、功能及生命活动规律的学科。

01.003　分子细胞生物学　molecular cell biology
结合生物化学、遗传学,完整系统地从分子水平深入研究细胞的结构和功能的学科。

01.004　辐射细胞学　radiation cytology
研究电离辐射对细胞的生物学效应及其作用规律的学科。

01.005　分析细胞学　analytical cytology
从定量的角度对细胞的各种形态学参数、生物学特征、细胞生化成分的组成及含量以及细胞的各种功能等进行研究的学科。

01.006　超微形态学　ultramicroscopic morphology
利用电子显微镜对超出光学显微镜分辨率水平的细胞结构与功能进行研究的学科。

01.007　细胞分类学　cytotaxonomy
结合细胞学和分类学的研究方法,特别是结合染色体的数目、大小、形态和结构研究动植物自然分类的学科。

01.008　细胞形态学　cell morphology, cytomorphology
研究细胞形态、结构及其与生命过程相互关系的学科。

01.009　形态测量细胞学　morphometric cytology
通过对细胞形态的测量以探讨细胞的类型、特征、变异和发展规律的学科。

01.010　核形态学　karyomorphology
研究真核细胞核型以及染色体大小和形态的学科。

01.011　核型分类学　karyotaxonomy
根据核形态学对生物进行分类研究的学科。

01.012　细胞核学　karyology
研究细胞核的结构、功能及其变化的学科。

01.013　染色体学　chromosomology, chromosomics
研究染色体形态、结构和功能及其变化的学科。

01.014　细胞遗传学　cytogenetics, cell genetics
研究细胞中染色体遗传规律的学科。

01.015　细胞生理学　cell physiology, cytophysiology
研究细胞如何从环境中摄取营养,经代谢而获得能量,进行生长、分裂和其他功能活动,以及对环境因子产生反应的学科。

01.016　细胞化学　cytochemistry
研究细胞各种化学组分的性质、功能和分布规律的学科。

01.017　细胞病理学　cell pathology, cytopathology
根据细胞内异常状况,研究疾病发生过程中

细胞的生理功能发生改变的规律,为疾病的诊断和防治提供依据的学科。

01.018　细胞免疫学　cellular immunology
研究细胞对抗原物质反应的发生、发展和转归等规律的学科。

01.019　细胞能[力]学　cytoenergetics
研究能量在细胞内的释放和贮存、传递和转换、消耗和利用的学科。

01.020　细胞动力学　cytokinetics, cytodynamics
从时间和空间分布定量研究细胞增殖动态变化规律的学科。

01.021　细胞社会学　cell sociology
以系统论观点研究细胞和细胞群体中细胞间的社会行为,如细胞间识别、通信、集合和相互作用,以及整体和细胞群对细胞的生长、分化和死亡等活动的调控机制的学科。

01.022　生物信息学　bioinformatics
运用计算机技术和信息技术开发新的算法和统计方法,对生物实验数据进行分析,确定数据所含的生物学意义,并开发新的数据分析工具以实现对各种信息的获取和管理的学科。

01.023　基因组学　genomics
研究生物体全基因组 DNA 的序列和属性的学科。包括在 DNA(基因型)、mRNA(转录物组)和蛋白质(蛋白质组)水平上研究细胞或组织的所有基因。

01.024　细胞组学　cytomics
以基因组数据库为基础,结合基因组学和蛋白质组学的技术,在单细胞水平上获取细胞分子表型的信息,进而研究细胞系统的结构以及内部分子功能的学科。

01.025　蛋白质组学　proteomics
研究基因组编码的全部蛋白质的结构、性质

和功能的学科。

01.026　基因组　genome
个体或细胞所含的全套基因的总和。在原核生物中即一个连锁群中所含的全部遗传信息。

01.027　细胞质基因组　plasmon
细胞质中遗传物质的统称。

01.028　核基因组　nuclear genome
单倍体细胞核所含的全部基因。包括染色体基因组以及核内的染色体外所含有的基因。

01.029　细胞器基因组　organelle genome
真核细胞线粒体、叶绿体等细胞器所包含的全部 DNA 分子。

01.030　线粒体基因组　mitochondrial genome
线粒体基质中含有的全部环状 DNA 分子。每个细胞器中含有几个到几十个拷贝,每一拷贝含有几十个基因,为自身需要的蛋白质编码。

01.031　叶绿体基因组　chloroplast genome
叶绿体间质中所含的全部环状 DNA 分子。每一个细胞器中可有几十个拷贝,可编码 100 余种蛋白质。

01.032　基因组计划　genome project
一般指 20 世纪 90 年代初实施的人类基因组计划(HGP)。现泛指包括对水稻、拟南芥、酵母等模式生物的基因组分析,核心内容为基因组全序列测定。

01.033　人类基因组计划　Human Genome Project, HGP
于 20 世纪 80 年代提出,由美、英、日、中、德、法等国参加并于 2001 年完成的针对人体 23 对染色体全部 DNA 的碱基对(3 × 10^9)序列进行排序,对大约 25 000 基因进行染色体定位,构建人类基因组遗传图谱和物理图谱的国际合作研究计划。

01.034 后基因组计划 post genome project
基因组全序列测定完成后,对基因组的结构、表达、修复、功能等进行研究的计划。包括功能基因组、结构基因组和蛋白质组等研究的国际合作计划。

01.035 细胞组 cytome
有机体的细胞体系、亚体系和功能成分,并包括支持生理活动的复杂细胞动态过程(结构和功能)。

01.036 人类细胞组计划 Human Cytome Project, HCP
从细胞组水平上对人体正常和病态结构、功能进行研究的计划。

01.037 蛋白质组 proteome
(1)由一个基因组所表达的全部相应的蛋白质。(2)在一定条件下,存在于一个体系(包括细胞、亚细胞器、体液等)中的所有蛋白质。

01.038 蛋白质组计划 proteomic project
研究细胞中基因编码的全部蛋白质的组成、结构、修饰及其功能的国际合作计划。

01.039 种质学说 germ plasm theory
又称"魏斯曼学说(Weismanism)"。由魏斯曼(A. Weismann)于 1883 年提出的学说。认为生物体由种质和体质组成,遗传必须通过种质,而获得性状不能遗传,体质是由种质分化而来。

01.040 细胞学说 cell theory
最初由德国植物学家施莱登(M. Schleiden)和德国动物学家施万(T. Schwann)提出的学说。认为一切生物都由细胞组成,细胞是生命的结构单位,细胞只能由细胞分裂而来。

01.041 经典假说 classical hypothesis
又称"分隔假说(compartmental hypothesis)"。关于真核细胞起源的一种学说,主张真核细胞是由原始原核细胞通过有利突变的选择而逐渐进化产生,膜性细胞器是由原始原核细胞的质膜内褶进化而来。

01.042 内共生学说 endosymbiotic hypothesis
主张真核细胞是由祖先真核细胞吞入细菌共生进化而来的一种假说。如线粒体及叶绿体分别由内共生的能进行氧化磷酸化和能进行光合作用的原始细菌进化而来。

01.043 非内共生学说 non-endosymbiotic hypothesis
又称"细胞内分化学说"。认为原始真核细胞通过质膜的内陷、扩张和分化后形成了线粒体、叶绿体和细胞核的雏形。

01.044 内共生体 endosymbiont
真核细胞中形成互利共生关系的细菌。内共生学说主张,线粒体和叶绿体即是通过这种共生关系进化而来。

01.045 类菌体 bacteroid
根瘤菌进入宿主根部皮层细胞后,分化成膨大、形状各异、无繁殖能力,但具有很强固氮活性的细胞。

01.046 共生体 symbiosome
植物根毛细胞细胞质中由膜包围一个或几个固氮细菌形成的类菌体。相当于细胞器,与固氮功能有关。

01.047 种质 germ plasm
德国生物学家魏斯曼(A. Weismann)最初认为可代代相传的遗传物质,在生殖细胞中保留不变。

01.048 团聚体 coacervate
由俄国科学家奥巴林(А. Е. Опарин)提出的关于生命起源过程中,可能由分子小滴形成的具有类似细胞代谢活性的过渡性结构。

01.049　古核生物　archaea
曾称"古细菌(archaebacteria)"。现今最古老的生物群,为地球原始大气缺氧时代生存下来的活化石。为单细胞生物,无真正的核,染色体含有组蛋白,RNA聚合酶组成比细菌的复杂,翻译时以甲硫氨酸为蛋白质合成的起始氨基酸,细胞壁中无肽聚糖,不同于真细菌,核糖体蛋白与真核细胞的类似。许多种类生活在极端严酷的环境中。与真核生物、原核生物并列构成现今生物三大进化谱系。

01.050　原核生物　prokaryote, procaryote
由原核细胞构成的生物。细胞中无膜围的核和其他细胞器。包括古核生物和细菌。染色体分散在细胞质中,不具有完全的细胞器官并主要通过二分分裂繁殖。如细菌、蓝藻、支原体和衣原体。与古核生物、真核生物并列构成现今生物三大进化谱系。

01.051　真核生物　eukaryote, eucaryote
由真核细胞构成的生物。具有细胞核和其他细胞器。所有的真核生物都是由一个类似于细胞核的细胞(胚、孢子等)发育出来,包括除病毒和原核生物之外的所有生物。与古核生物、原核生物并列构成现今生物三大进化谱系。

01.052　支原体　mycoplasma
没有细胞壁的原核生物。对许多抗生素具有抗性,如类胸膜肺炎微生物。

01.053　蓝细菌　cyanobacterium
曾称"蓝藻(blue-green algae)"。细胞质中含有光合膜的原核生物。光合膜中含有叶绿素,可进行光合作用。

01.054　细菌　bacterium, bacteria(复)
通称"真细菌(eubacterium, true bacterium, simple bacterium)"。一大类细胞核无核膜包裹,只存在核区或拟核的裸露DNA的原始单细胞生物。含有环状DNA和70S核糖体。

01.055　真菌　fungus, fungi(复)
一类单细胞或多细胞微生物。不含叶绿素,大都能形成硬的多糖细胞壁。属于真核生物,包括真菌门和黏菌门等。

01.056　酵母　yeast
子囊菌、担子菌等几科单细胞真菌的通称。可用于酿造生产,有的为致病菌。是遗传工程和细胞周期研究的模式生物。

01.057　黏菌　slime mould
营养体为一团裸露的原生质体、多核、无叶绿素、能做变形虫式运动的一类生物。介于动物和真菌之间。包括细胞黏菌(如盘状黏菌)和非细胞黏菌(如绒泡菌)两类。

01.058　病毒　virus
仅由核酸(DNA或RNA)和蛋白质外壳构成的专营细胞内生存的寄生物。无细胞结构,为纤细的病原体。

01.059　衣壳　capsid
又称"壳体"。病毒的蛋白质外被。由包围病毒核酸外面的一个或多个蛋白质亚基的多拷贝构成。

01.060　核壳　nucleocapsid
病毒核酸加上包围的蛋白质衣壳。

01.061　原病毒　provirus
又称"前病毒"。已整合到宿主染色体基因组中的病毒DNA。

01.062　类病毒　viroid
仅由240~350个核苷酸构成的极小植物病毒。无蛋白质外壳,为裸露的感染颗粒。

01.063　DNA病毒　DNA virus
核酸为单链或双链DNA的病毒。

01.064　RNA病毒　RNA virus
核酸为RNA的病毒。

01.065　反转录病毒　retrovirus
含有反转录酶的 RNA 病毒。

01.066　肿瘤病毒　tumor virus
又称"致癌病毒(oncogenic virus)"。能引起细胞癌变的病毒。有 DNA 肿瘤病毒和 RNA 肿瘤病毒两种。

01.067　RNA 肿瘤病毒　RNA tumor virus
含有 RNA 可引发肿瘤的反转录病毒家族。其病毒外壳来自宿主细胞的质膜。

01.068　劳斯肉瘤病毒　Rous sarcoma virus, RSV, avian sarcoma virus, ASV
RNA 肿瘤病毒引起肉瘤的病毒之总称。最初由美国病理学家劳斯(F. P. Rous)于1911 年发现的一种禽类 C 型肿瘤病毒。

01.069　DNA 肿瘤病毒　DNA tumor virus
可引发肿瘤的环状或线状双链 DNA 病毒。如猿猴空泡病毒 SV40。

01.070　猿猴空泡病毒40　simian vacuolating virus 40, SV40 virus
简称"SV40 病毒"。一种微小的具有 DNA 的乳头状瘤空泡形病毒。首先是从非洲绿猴的肾组织的细胞培养中得到的。它能诱导细胞转化,已被广泛地用于基础研究及基因工程载体的组建。

01.071　腺病毒　adenovirus
一种具双链 DNA 的动物病毒。基因组大小约为 36 kb,常用于研究 DNA 复制、转录和作为基因工程载体。

01.072　转化病毒　transforming virus
可引起宿主细胞发生遗传性改变的 DNA 或 RNA 病毒。

01.073　人类免疫缺陷病毒　human immuno-deficiency virus, HIV
引起获得性免疫缺陷综合征和相关疾病的 RNA 病毒。病毒主要侵犯 CD4 T 细胞、CD4

单核细胞和 B 淋巴细胞。

01.074　病毒[粒]体　virion
又称"病毒粒子"。结构完整的单个病毒。由包含遗传物质的核心和包裹在核心周围的外壳蛋白组成。

01.075　噬菌体　bacteriophage, phage
以细菌为宿主进行复制的病毒。常用于作为 DNA 克隆的载体,如 λ 噬菌体。

01.076　λ 噬菌体　lambda bacteriophage, λ bacteriophage
一种感染大肠杆菌的病毒。

01.077　细胞　cell
能进行独立繁殖的有膜包围的生物体的基本结构和功能单位。一般由质膜、细胞质和核(或拟核)构成,是生命活动的基本单位。

01.078　原核细胞　prokaryotic cell, prokaryocyte
细胞内遗传物质没有膜包围的一大类细胞。不含膜相细胞器。

01.079　真核细胞　eukaryotic cell, eukaryocyte
细胞核具有明显的核被膜所包围的细胞。细胞质中存在膜相细胞器。

01.080　祖细胞　progenitor cell
又称"前体细胞"。发育中通过一系列分裂产生不同细胞谱系的细胞。

01.081　骨髓基质细胞　bone marrow stromal cell
成体骨髓中的一类多能干细胞。具有分化成骨细胞、软骨细胞、脂肪细胞和其他几种结缔组织细胞(如腱细胞)的潜能,亦可转分化成心肌细胞、骨骼肌细胞。

01.082　单核细胞　monocyte
血液中源自髓系干细胞的一种单个核的无颗粒细胞。可进入组织分化为巨噬细胞。

01.083 吞噬细胞 phagocyte
具有吞噬能力的细胞。哺乳动物中主要的吞噬细胞有中性粒细胞和巨噬细胞。

01.084 血细胞 haemocyte, hemocyte
血液中的细胞成分,尤指无脊椎动物中的变形血细胞,相当于哺乳动物中的白细胞。

01.085 红细胞 erythrocyte, red blood cell
脊椎动物中一种含血红蛋白的血细胞。无细胞核,也无细胞器,主要功能是运输和交换氧和二氧化碳。

01.086 红细胞血影 erythrocyte ghost
简称"血影(ghost)"。红细胞丢失细胞质后剩余的质膜部分,其形态仍维持原样。

01.087 白细胞 white blood cell, leucocyte, leukocyte
血液中除红细胞和血小板外的各种血细胞。包括淋巴细胞、多形核粒细胞和单核细胞。

01.088 粒细胞 granulocyte
又称"有粒白细胞","多形核白细胞(polymorphonuclear leukocyte)"。细胞质中含有许多微小囊性颗粒的一类多形核白细胞。颗粒中贮有多种酶。根据其颗粒对染色剂的不同反应而分为中性粒细胞、嗜酸性粒细胞和嗜碱性粒细胞。

01.089 嗜碱性粒细胞 basophil
人体血液中含量最少的一种颗粒白细胞。颗粒中含有组胺,激活时分泌组胺、肝素和软骨素,以及蛋白水解酶,且质膜上带有 IgE 的 Fc 受体,在速发型超敏反应中可释放过敏毒素反应嗜酸性粒细胞趋化因子。

01.090 嗜酸性粒细胞 eosinophil
含嗜酸性颗粒的白细胞。在抗寄生虫感染及 I 型超敏反应中发挥重要作用。

01.091 中性粒细胞 neutrophil
又称"多形核嗜中性粒细胞(polymorphonu-

clear neutrophil)"。含有可被伊红染料染成粉红色的颗粒,为血液中含量最丰富的粒细胞(约 90% 以上)。具有吞噬功能,可吞噬细菌,在机体抗感染中发挥重要作用。

01.092 血小板 platelet, thrombocyte
大量存在于血液中无核盘状小细胞(直径约 3 μm)。具有凝血和止血重要作用。

01.093 成纤维细胞 fibroblast
普遍存在于结缔组织中的一种中胚层来源的细胞。分泌前胶原、纤连蛋白和胶原酶等细胞外基质成分,伤口愈合过程中可迁移到伤口进行增殖。

01.094 脂肪细胞 adipocyte
脂肪组织的间充质细胞。含有大的充满液态脂质的膜泡。

01.095 破骨细胞 osteoclast
由分化的巨噬细胞形成的多核细胞。具有破骨功能。

01.096 骨细胞 osteocyte
存在于骨组织中被自身分泌的骨基质包围的成骨细胞。

01.097 巨核细胞 megakaryocyte
骨髓中的巨型髓样细胞。含有分叶核,细胞通过伸出突起,出芽分解成血小板。

01.098 生成细胞 founder cell
又称"奠基细胞"。在一定部位通过分裂和分化,形成特化组织的原始细胞。

01.099 支持细胞 Sertoli cell
又称"塞托利细胞"。在哺乳类睾丸中,与发育中的精母细胞和精子细胞紧密相连的柱状细胞。可提供适合于精子分化的微环境,并吞噬退化精子。

01.100 稚细胞 naive cell
分化成熟但尚未受抗原刺激的 T 细胞或 B 细胞。

01.101 卵泡细胞 granulosa cell
又称"颗粒细胞"。包绕在卵泡周围的颗粒层中的细胞。系营养细胞。

01.102 视网膜节细胞 retinal ganglion cell, RGC
视网膜最内层的神经元。伸出的轴突组成视神经，穿过视交叉进入上丘脑的视顶盖。

01.103 胶质细胞 glial cell
全称"神经胶质细胞（neuroglial cell）"。广泛分布于中枢和周围神经系统中的支持细胞。包括脊椎动物中枢神经系统中的少突胶质细胞和星形胶质细胞以及周围神经系统中的神经鞘细胞。起支持、营养和稳定内环境的作用。与神经元、血管之间可进行双向通信。

01.104 成胶质细胞 spongioblast, glioblast
从室管膜细胞向外迁移而发展成的一种过渡性胶质细胞。将进一步分化为大的神经胶质细胞，包括星形胶质细胞和少突胶质细胞。

01.105 星形胶质细胞 astrocyte
脊椎动物脑中的一种星状的胶质细胞。脊椎动物中枢神经系统中呈星形的神经胶质细胞，可调节细胞外离子和化学环境，支持脑血屏障，为神经组织提供营养物质，并在大脑瘢痕修复中起重要作用。

01.106 成星形胶质细胞 astroblast
胚胎时期的星形胶质细胞。

01.107 少突胶质细胞 oligodendrocyte
又称"少突胶质（oligodendroglia）"。高等脊椎动物中枢神经系统中具有少量分支的神经胶质细胞。包绕轴突形成髓鞘，一个细胞可包绕高达50条轴突，起绝缘作用。

01.108 施万细胞 Schwann cell
又称"神经膜细胞（neurolemmal cell）"。脊椎动物外周神经系统中包绕轴突形成髓鞘的胶质细胞。起绝缘、支持、营养等作用。

01.109 肝[实质]细胞 hepatocyte
肝脏中的主要细胞，来源于原始肠上皮，可合成、降解、转化和贮存多种物质，并分泌胆汁。

01.110 角质[形成]细胞 keratinocyte
存在于皮肤、毛发、指甲等中的一种可合成角蛋白的细胞。

01.111 黑素细胞 melanocyte
可产生黑色素的细胞。负责皮肤和毛发的色素沉着。

01.112 肌肉细胞 muscle cell
具有收缩功能的肌肉组织细胞。包括横纹肌、平滑肌和心肌细胞。

01.113 肌纤维 muscle fiber
骨骼肌的单个合胞体细胞。内含有肌原纤维。

01.114 成肌细胞 myoblast
具有单个核的、未分化的肌肉前体细胞。骨骼肌细胞是由若干成肌细胞融合而成。

01.115 肌细胞 myocyte
(1)肌肉组织中的细胞。(2)原生动物簇虫外质中的肌丝最内层的细胞。

01.116 肌上皮细胞 myoepithelial cell
位于外分泌腺上皮与基膜之间的细胞。类似于平滑肌细胞，具有收缩能力。

01.117 肌成纤维细胞 myofibroblast
含有肌动蛋白、肌球蛋白和其他肌肉蛋白的成纤维样细胞。收缩蛋白质排列成可具有收缩功能的形式。

01.118 肌管 myotube
边周含有肌原纤维的长条形多核细胞，由成肌细胞融合而成，最后分化成成熟的肌纤维。

01.119 平滑肌细胞 smooth muscle cell
一类长梭状的单核肌肉细胞。无肌节结构。

01.120 顶端细胞 apical cell
植物胚胎发生过程中，合子不等分裂后产生的两个细胞中近合点端的较大的细胞。

01.121 基细胞 basal cell
(1)植物胚胎发生过程中，合子不等分裂后产生的两个细胞中靠珠孔端的较小的细胞。(2)动物复层上皮中靠近基底膜的细胞。属于成体干细胞，不断产生功能细胞。

01.122 表皮细胞 epidermal cell
(1)植物器官或幼嫩组织表层的生活细胞。具保护功能。(2)动物体表的上皮细胞。

01.123 极化细胞 polarized cell
结构和功能上具有稳定地不对称性的细胞。

01.124 分生组织细胞 meristematic cell
植物茎尖、根尖等顶端部位或禾本科植物居间基部的分生组织中具有持久分裂能力的细胞。

01.125 叶肉 mesophyll
植物叶片内部由绿色薄壁细胞构成的组织。

01.126 栅栏组织 palisade tissue
位于叶子表皮下方排列整齐的一层或多层柱状细胞。含叶绿体多。

01.127 海绵组织 spongy tissue
位于叶子下表皮处与栅栏组织间由疏松而不规则排列的薄壁细胞组成的细胞组织。含叶绿体较少。

01.128 蜜腺 nectary
存在于花或营养组织中的多细胞腺体。分泌含有机物的液体，常有吸引昆虫的功能。

01.129 薄壁细胞 parenchyma cell
一类胞壁薄、未木质化的组成植物基本组织的生活细胞类型。具有许多重要功能，如光合作用、贮藏、分泌等。

01.130 厚角细胞 collenchyma cell
具有厚的纤维素壁的长形植物细胞。沿器官的长轴纵行排列，具有极强的韧性，为非木质化软组织提供支撑。

01.131 厚壁细胞 sclerenchyma cell
具有由初生壁和次生壁组成的厚细胞壁的细胞。细胞很强硬，不再延伸，多半死亡，为植物体提供支持。

01.132 根毛 root hair
根表皮层上的一种表皮毛。由表皮细胞伸长而成，具吸收功能。

01.133 石细胞 sclereid, stone cell
植物体中的一种厚壁组织细胞。细胞较短，具有加厚的木质化次生壁。质地坚硬，常单个或小簇存在，如梨果肉中的石细胞。

01.134 伴胞 companion cell
植物维管束中邻接韧皮部筛管的小细胞。液泡很小，与糖的装载和卸出筛管有关。

01.135 筛管 sieve tube
高等植物韧皮部中的管状结构。由筛分子组成，负责光合产物和多种有机物在植物体内的长距离运输。

01.136 气孔 stoma, stomata(复)
植物茎叶表皮层中由成对保卫细胞围成的开口。系植物与环境交换气体的通道。

01.137 保卫细胞 guard cell
植物叶片组织中形成气孔的一对肾形细胞。

01.138 副卫细胞 subsidiary cell
与气孔保卫细胞相邻接的表皮细胞。在形态上有别于其他表皮细胞。

01.139 管胞 tracheid
维管植物木质部中没有穿孔的管状细胞。有运输水分功能。

01.140　导管　vessel, trachea

维管植物木质部由柱状细胞构成的水分与无机盐长距离运输系统,次生壁厚薄不匀地加厚,端壁穿孔或完全溶解,从而形成纵向连续通道。

01.141　胚囊　embryo sac

胚珠中的卵圆囊结构。是被子植物的雌配子体,通常为 7 个细胞组成的 8 核胚囊,包括在珠孔端的 1 个卵细胞、2 个助细胞和在合点端的 3 个反足细胞,以及这两群细胞之间 1 个大的含有 2 个极核的中央细胞。受精后,受精卵在胚囊内发育成胚,受精的极核发育成胚乳。

01.142　花粉母细胞　pollen mother cell

植物花药中通过减数分裂可形成 4 个单倍体小孢子的二倍体细胞。

01.143　根冠　root cap

覆盖于根顶端分生组织的冠状细胞团。

01.144　平衡石　statolith

根冠或其他具重力感应细胞在重力影响下其细胞中沉积的淀粉质体。

01.145　平衡细胞　statocyte

含平衡石的根尖细胞。与感受地心引力有关,如根冠细胞等。

02. 细 胞 化 学

02.001　肽键　peptide bond

一个氨基酸的羧基与另一氨基酸的氨基发生缩合反应脱水成肽时,羧基和氨基形成的酰胺键。具有类似双键的特性,除了稳定的反式肽键外,还可能出现不太稳定的顺式肽键。

02.002　二硫键　disulfide bond

肽链内或肽链间两个半胱氨酸的巯基氧化而成的键。是维持蛋白质空间构象的重要共价键。

02.003　氢键　hydrogen bond

和负电性原子或原子团共价结合的氢原子与邻近的负电性原子(往往为氧或氮原子)之间形成的一种非共价键。在保持 DNA、蛋白质分子结构和磷脂双层的稳定性方面起重要作用。

02.004　亲水基　hydrophilic group

分子中易与水形成氢键的化学基团。如羟基、氨基、肽键、酯键等。

02.005　疏水键　hydrophobic bond

非极性分子或基团间的相互引力。对稳定蛋白质分子构象及生物膜磷脂双分子层起极重要作用。

02.006　范德瓦耳斯力　van der Waals force

曾称"范德华力"。由相邻中性原子或分子相互感应而产生的瞬时间的极性所造成的粒子间的一种弱作用力。

02.007　两亲性　amphiphilicity, amphipathy

分子或结构中既有疏水性部分,又有亲水性部分的特性。

02.008　亲水性　hydrophilicity

极性分子或分子的一部分在能量上适于与水相互作用而溶于水中的特性。

02.009　疏水性　hydrophobicity

非极性分子或分子的一部分在能量上不适合与水相互作用,而不溶于水的特性。

02.010　亲脂性　lipophilicity

非极性分子或原子团的脂溶性特性。即物质对脂肪、脂质的亲和性。

02.011 分配系数 partition coefficient

某种溶质在水和油中的溶解性的比例。用于测量某一生物分子的相对极性。

02.012 α螺旋 α-helix

一种最常见的蛋白质中的二级结构,肽链主链骨架围绕中心轴盘绕成螺旋状。典型的此种螺旋由18个氨基酸残基形成,为5圈螺旋,每圈含有3.6个氨基酸残基,螺距为5.4Å。在蛋白质中,多数是右手螺旋,靠氢键维持此种螺旋结构。

02.013 β转角 β-turn, β-bend, reverse turn

又称"β发夹(β-hairpin)"。蛋白质二级结构的基本类型之一,由4个氨基酸残基组成,其中第一个残基的CO基团和第四个残基的NH基团之间形成氢键,使多肽链的方向发生U形改变。

02.014 β[折叠]链 β-strand, beta-strand

蛋白质二级结构的基本类型之一,外观伸展并稍有折叠。

02.015 β片层 β-sheet, β-pleated sheet

两条或多条β折叠链通过氢键相互作用,彼此排列成的一种近似于打折的平面样结构。根据相邻肽链的走向,可分为平行、反平行和混合型三类。

02.016 域 domain

多肽链内一段类似球形的结构和功能都具有相对独立性的折叠区。

02.017 结构域 motif

又称"模体","基序"。蛋白质多肽链中可被特定分子识别和具有特定功能的三级结构元件。

02.018 EF手形 EF-hand

一种最常见的钙离子结合蛋白特异性高亲和力结构域。两个α螺旋间由一个短的环相连形成"螺旋-袢-螺旋"结构。

02.019 β-α-β结构域 β-α-β motif, beta-alpha-beta motif

又称"β-α-β模体"。蛋白质超二级结构之一,由β折叠-α螺旋-β折叠所构成的功能结构域。

02.020 螺旋-袢-螺旋结构域 helix-loop-helix motif

又称"螺旋-环-螺旋模体"。存在于转录因子的DNA结合结构域中的一种蛋白质结构域。由两个α螺旋和中间的一个袢组成,识别并结合特异的DNA序列。

02.021 螺旋-转角-螺旋结构域 helix-turn-helix motif

又称"螺旋-转角-螺旋模体"。由两个α螺旋间隔以一定角度的转角构成的结构域。其中一个α螺旋可插入DNA大沟中与专一DNA序列结合。

02.022 HMG框结构域 HMG-box motif

又称"HMG框模体"。非组蛋白与DNA结合的结构域之一。由三个α螺旋组成,具有弯曲DNA的能力。

02.023 亮氨酸拉链 leucine zipper

存在于真核生物转录因子中的一种结构域。由两个专一蛋白质分子形成的同或异二聚体中的α螺旋组成卷曲螺旋结构域。螺旋肽链中每个重复片段的第七个氨基酸残基均为亮氨酸。

02.024 锌指 zinc finger

主要存在于转录因子的DNA结合结构域中的一些蛋白质中的结构域。由多肽链绕一个锌原子折曲成发夹结构。

02.025 腺苷 adenosine, A

由核糖或脱氧核糖连接腺嘌呤形成的核苷。

02.026 腺苷一磷酸 adenosine monophosphate, AMP

简称"腺一磷"。由腺苷和一个磷酸基团连

接而成的化合物。由高能化合物 ATP 或 ADP 水解产生。

02.027　腺苷二磷酸　adenosine diphosphate, ADP

简称"腺二磷"。由腺苷和两个磷酸基组成的核苷酸。

02.028　腺苷三磷酸　adenosine triphosphate, ATP

简称"腺三磷"。由腺苷和三个磷酸基组成的核苷酸,是细胞的直接能源物质。

02.029　核苷酸　nucleotide

一个或多个磷酸基团通过与一个核苷上的糖基部位缩合成二酯键而形成的一种化合物。是构成核酸的基本单位。

02.030　环腺苷酸　cyclic adenylic acid, cyclic adenosine monophosphate, cAMP

通常指 3′,5′-环腺苷酸,一种重要的细胞信号转导的第二信使。细胞质膜上的受体与配体结合后,激活 G 蛋白,进而激活腺苷酸环化酶,催化 ATP 生成 cAMP。有广泛的生理功能。

02.031　环鸟[一磷]苷酸　cyclic guanylic acid, cyclic guanosine monophosphate, cGMP

通常指 3′,5′-环鸟苷酸,是一种重要的细胞信号转导的第二信使,广泛存在于哺乳动物组织。其代谢调节与环腺苷酸相似。由鸟苷三磷酸(GTP)经鸟苷酸环化酶催化生成。

02.032　m^{7}甲基鸟嘌呤核苷　m^{7}GpppN

在 mRNA 加工过程中,mRNA 5′端形成的 7-甲基鸟嘌呤核苷帽子结构的核苷。

02.033　脱氧核糖核酸　deoxyribonucleic acid, DNA

由四种脱氧核糖核苷酸经磷酸二酯键连接而成的长链聚合物。是遗传信息载体。

02.034　A 型 DNA　A-form DNA

一种右手双螺旋构型的 DNA。螺旋每一圈为 11 个核苷酸,核苷酸对的平面与双螺旋轴倾斜 20°角。

02.035　B 型 DNA　B-form DNA

一种右手双螺旋构型的 DNA。此构型首先由沃森(Watson)和克里克(Crick)所创用。为一种主要的 DNA 构型。螺旋的每一圈为 10 个碱基对,碱基平面与 DNA 主轴垂直。

02.036　Z 型 DNA　Z-form DNA

由嘌呤和嘧啶交替排列所构成的左手螺旋构型的 DNA,其主链磷酸核糖骨架呈 Z 形排列,故名。

02.037　线粒体 DNA　mitochondrial DNA

线粒体基质中含有的环状 DNA 分子。有多个拷贝,能编码部分线粒体蛋白质。

02.038　叶绿体 DNA　chloroplast DNA, ctDNA

叶绿体间质中含有的双链闭合环状 DNA 分子。通常有十几个拷贝。

02.039　着丝粒 DNA 序列　centromere DNA sequence

真核细胞染色体着丝粒部位可与动粒结合的 DNA 序列。

02.040　端粒 DNA 序列　telomere DNA sequence

位于染色体两端的 DNA 重复序列。可保持染色体的独立性和稳定性。

02.041　互补 DNA　complementary DNA, cDNA

利用反转录酶以 mRNA 为模板合成的 DNA。

02.042　卫星 DNA　satellite DNA

用等密度氯化铯梯度离心法分离匀质 DNA 时,在主带附近出现的副带 DNA。一般含有高度重复的 DNA 序列,其功能尚不清楚。

02.043 核糖体 DNA ribosomal DNA, rDNA
编码核糖体 RNA 的 DNA 片段。

02.044 核糖核酸 ribonucleic acid, RNA
由四种核糖核苷酸经磷酸二酯键连接而成的长链聚合物。是遗传信息载体。

02.045 核内不均一 RNA heterogeneous nuclear RNA, hnRNA
又称"核内异质 RNA","不均一核 RNA"。细胞核中的一大类分子质量不一致的 RNA 分子。被视为 mRNA 的初级转录产物,经过一系列加工步骤才能产生成熟的、有功能的 mRNA。

02.046 信使 RNA messenger RNA, mRNA
由核内不均一 RNA 剪接而成,可作为模板指导翻译产生具有特定氨基酸序列蛋白质的 RNA。

02.047 核糖体 RNA ribosomal RNA, rRNA
参加核糖体组成的 RNA。在核糖体的构成和蛋白质合成过程中起主要作用。

02.048 核 RNA nuclear RNA
细胞核内的 RNA。如核内不均一 RNA、核小 RNA、核仁小 RNA 等。

02.049 核仁 RNA nucleolar RNA
核仁中的 RNA。包括核糖体 RNA 前体、核仁小 RNA 等。

02.050 核小 RNA small nuclear RNA, snRNA
真核生物细胞核中沉降系数等于 7 和 7 以下的小分子 RNA。链长为几十到一百多核苷酸。通常尿苷酸(U)含量较高,与蛋白质组成核小核糖核蛋白颗粒参与细胞质中的前体 mRNA 的剪接。

02.051 核仁小 RNA small nucleolar RNA, snoRNA
真核生物细胞核仁中的小分子 RNA。链长为几十到一百多核苷酸。已发现的主要功能是参与细胞质中核糖体 RNA 的加工。如参与假尿苷化和 2′-甲基化。

02.052 胞质内小 RNA small cytoplasmic RNA, scRNA
真核生物细胞质中的一类由 100 ~ 300 个核苷酸组成的小分子 RNA。如 5S rRNA、5.8S rRNA 等。

02.053 同工 tRNA isoacceptor tRNA
具有不同的反密码子,但可接受同一种氨基酸的 tRNA。

02.054 核酶 ribozyme
又称"酶性核酸","RNA 催化剂"。具有催化功能的 RNA。

02.055 催化剂 catalyst
能提高化学反应速率,而本身结构不发生永久性改变的物质。如蛋白质性酶和具有催化活性的 RNA。

02.056 氨基酸 amino acid
同时含有一个或多个氨基和羧基的脂肪族有机酸。根据氨基和羧基的位置,有 α 氨基酸和 β 氨基酸等类型。参与蛋白质合成的常见的是 20 种 L-α-氨基酸。

02.057 锁链素 desmosine
仅存在于弹性蛋白中的一种罕见的氨基酸。由 4 条赖氨酸侧链经酶促反应交联形成的交联体。

02.058 肽 peptide
两个或两个以上氨基酸通过肽键共价连接形成的聚合物。自然界中主要是由组成蛋白质的 20 种氨基酸形成的肽类。根据组成氨基酸残基数目的多少,可分为寡肽和多肽。蛋白质则属于多肽。

02.059 蛋白质原 proprotein

含有原肽片段不呈现活性的蛋白质前体。经蛋白酶去除原肽片段后,可以转化为有活性的功能蛋白质。

02.060 核糖核蛋白 ribonucleoprotein, RNP
由 RNA 和蛋白质形成的复合物。

02.061 泛素 ubiquitin
在真核细胞中存在的一个小的高度保守的蛋白质。通过与蛋白质的赖氨酸残基连接,形成多聚泛素,导致被结合的蛋白质被细胞溶胶中的蛋白酶体所识别并降解之,但一些特定抑制剂可抑制其降解。

02.062 泛素化 ubiquitinoylation
在蛋白质分子一个位点上结合单个或多个泛素残基的现象。

02.063 解链蛋白质 unwinding protein
一类在 DNA 复制时使 DNA 双链分开的蛋白质。与单链 DNA 的亲和力大于对双链 DNA 的亲和力。

02.064 单链 DNA 结合蛋白 single-stranded DNA binding protein
DNA 复制过程中,在 DNA 分叉处与单链 DNA 结合的蛋白质。防止已解链的双链还原、退火,使复制得以进行。

02.065 组蛋白 histone
存在于真核生物染色质中的一组进化上非常保守的碱性蛋白质。分为 H1、H2A、H2B、H3、H4 五种类型,是构成核小体的核心。

02.066 组蛋白八聚体 histone octamer
由组蛋白 H2A、H2B、H3 和 H4 各两分子构成的真核细胞染色体中核小体结构的核心颗粒。

02.067 非组蛋白 nonhistone protein, NHP
一组极不均一的在细胞内与 DNA 结合的组织特异蛋白质(10 ~ 150 kDa)。参与基因表达调控。

02.068 高速泳动族蛋白 high mobility group protein, HMG protein
简称"HMG 蛋白"。一类核内非组蛋白,低分子质量(一般小于 30 kDa),富含电荷,因电泳迁移率高而得名。结合于核小体 DNA,与维持基因的可转录结构有关。

02.069 HU 蛋白 HU-protein
又称"细菌组蛋白"。一种组蛋白样 DNA 结合蛋白。在大肠杆菌中含量丰富,可以与形成转角或扭结的双链 DNA 发生强烈的结合,类似于哺乳类的 HMG1 蛋白。

02.070 黏连蛋白 cohesin
在姐妹染色单体分离前,沿着姐妹染色单体的长度将它们黏连在一起的蛋白质复合物。

02.071 收缩蛋白质 contractile protein
细胞中参与收缩过程的蛋白质。如肌动蛋白和肌球蛋白。

02.072 肌球蛋白 myosin
由 6 条肽链组成的纤维状蛋白质。在横纹肌中是构成粗肌丝的主要成分。头部具有 ATP 酶活性。属于可与肌动蛋白丝相互作用的马达蛋白质。

02.073 酶解肌球蛋白 meromyosin
肌球蛋白经胰蛋白酶水解后产生的片段。分为轻酶解肌球蛋白和重酶解肌球蛋白。

02.074 轻酶解肌球蛋白 light meromyosin
肌球蛋白分子经胰蛋白酶水解后,只有尾段的片段。

02.075 重酶解肌球蛋白 heavy meromyosin
肌球蛋白经胰蛋白酶水解后,带有肌球蛋白头部的片段。

02.076 肌球蛋白轻链激酶 myosin light chain kinase
依赖 Ca^{2+}/钙调蛋白催化肌球蛋白 II 磷酸

化的激酶。磷酸化后,肌球蛋白Ⅱ尾部展
开,便于装配成双极肌丝。

02.077 肌动球蛋白 actomyosin
肌肉收缩时肌动蛋白与肌球蛋白瞬时接触
形成的复合物。

02.078 肌动蛋白 actin
真核细胞中含量丰富,构成肌动蛋白丝的一
种蛋白质。以单体和多聚体两种形式存在。

02.079 球状肌动蛋白 globular actin, G-
actin
简称"G肌动蛋白"。由一条多肽链构成的
球形分子的单体肌动蛋白。

02.080 纤丝状肌动蛋白 filamentous actin,
F-actin
简称"F肌动蛋白"。在中性盐溶液中,由球
状的G肌动蛋白单体经过组装后形成的纤
维状的肌动蛋白,是肌肉细肌丝和真核细胞
骨架中微丝的主要组分。

02.081 [肌动蛋白]解聚蛋白 depactin, ac-
tin-depolymerizing protein
从棘皮动物卵分离出的一种可使肌动蛋白
解聚的蛋白质。分子质量17.6 kDa,主要存
在于肌动蛋白纤维骨架快速变化的部位,与
肌动蛋白纤丝结合并引起肌动蛋白纤维的
快速解聚形成球状肌动蛋白单体。

02.082 肌动蛋白断裂蛋白 actin fragmen-
ting protein
结合并剪切肌动蛋白的一类蛋白质。

02.083 肌动蛋白结合蛋白 actin-binding
protein
在细胞中与肌动蛋白单体或肌动蛋白纤维
结合的、能改变其特性的蛋白质。

02.084 消去蛋白 destrin
存在于许多脊椎动物组织(特别是神经细
胞)中的F肌动蛋白的解聚因子。调节肌动

蛋白丝的装配,其活性不依赖于pH变化。

02.085 肌动蛋白解聚因子 actin depolymer-
izing factor, ADF
具有调节肌动蛋白聚合作用的肌动蛋白结
合蛋白。能使微丝解聚,并可和G肌动蛋白
结合,但不使肌动蛋白丝封端。调节发育中
的骨骼肌细胞肌动蛋白的聚集,具有解聚F
肌动蛋白和结合G肌动蛋白的能力。与丝
切蛋白在功能上相似,但为不同基因的产
物。有核定位结构域,与肌动蛋白的相互作
用受磷酸肌醇的调节。

02.086 丝切蛋白 cofilin
一种与肌动蛋白丝一侧结合的蛋白质。能
切割肌动蛋白,对pH敏感,与原肌球蛋白共
享F肌动蛋白结合域的13个氨基酸残基。

02.087 载肌动蛋白 actophorin
在原生动物中发现的一种肌动蛋白解聚因
子。含有与脊椎动物中的切丝蛋白高度同
源序列,具有切断肌动蛋白丝和隐藏G肌动
蛋白的作用。

02.088 交联蛋白 cross-linking protein
具有两个和多个肌动蛋白结合位点,能同时
结合多条肌动蛋白丝,将多条肌动蛋白丝交
连成束或凝胶状网的蛋白质。包括成束蛋
白和凝溶胶蛋白。

02.089 [肌动蛋白]成束蛋白 dematin
与红细胞质膜结合的使肌动蛋白丝横连成
束的蛋白质(分子质量52 kDa)。含SH3功
能域,属肌动蛋白成束蛋白家族,维持红细
胞膜的稳定。

02.090 丝束蛋白 fimbrin, plastin
上皮刷状缘微绒毛芯部的肌动蛋白结合蛋
白。在肌动蛋白丝之间形成横桥,使肌动蛋
白丝连接成紧密的束。

02.091 绒毛蛋白 villin
在微绒毛中,将肌动蛋白丝横连成束的一种

肌动蛋白结合蛋白。

02.092 凝溶胶蛋白 gelsolin
使肌动蛋白聚合的肌动蛋白结合蛋白。在高浓度钙离子条件下，又可导致肌动蛋白丝切断，与细胞溶胶的胶态变化有关。在体内和体外都可以促进肌动蛋白成核。

02.093 肌动蛋白相关蛋白 actin-related protein，Arp
促进肌动蛋白丝聚合的蛋白质复合物。与肌动蛋白在结构上具有同源性。在体内和体外都可以促进肌动蛋白的成核，其作用就像一个模板，类似于微管组织中心的γ球蛋白复合体。

02.094 成核蛋白 nucleating protein
又称"核化蛋白"。在细胞骨架纤维组装过程中几个蛋白单体先组装成多聚体形成一个核心，然后其他单体继续添加形成长纤维分子，起核心作用的蛋白质。

02.095 辅肌动蛋白 actinin
集中分布在Z盘和与质膜结合的应力纤维点状黏附端的一种肌动蛋白结合蛋白。分为α和β辅肌动蛋白两种，α辅肌动蛋白可将肌动蛋白丝连接起来；β肌动蛋白丝可缩短F肌动蛋白丝的长度。

02.096 细丝蛋白 filamin
一种将肌动蛋白丝横向交联的蛋白质。具有两个肌动蛋白结合位点，把肌动蛋白丝相互交织成网。

02.097 片段化蛋白 fragmin
从黏菌(*Physarum polycephalum*)中分离出的一种肌动蛋白结合蛋白。对微丝具有切割、加帽活性。

02.098 肌动蛋白粒 actomere
由未聚合的抑丝蛋白-肌动蛋白复合物和一小段肌动蛋白丝束组成的结构。一旦抑丝蛋白-肌动蛋白复合物发生解离，则引起肌动蛋白聚合成丝。

02.099 中心体肌动蛋白 centractin
脊椎动物中与中心体相关的一种肌动蛋白同源物(与肌肉肌动蛋白同源性为50%)。具有高度的种间保守性。

02.100 切割蛋白 severin
一种从盘基网柄菌(*Dictyostelium discoideum*)分离得到的、依赖于钙的、断裂F肌动蛋白的蛋白质。可与微丝的正端形成不可逆结合，促进微丝解聚。

02.101 抑微丝蛋白 aginactin
从盘基网柄菌(*Dictyostelium discoideum*)中分离出的一种热激相关蛋白。可与肌动蛋白丝正端(钝端)的加帽蛋白结合，抑制肌动蛋白丝聚合的作用。

02.102 微丝切割蛋白 adseverin
从肾上腺髓质中分离的得到的一种肌动蛋白调节蛋白。与凝溶胶蛋白的作用类似，对肌动蛋白丝有切割、成核和加帽活性。

02.103 纤丝切割蛋白 filament severing protein
能结合在微丝中部，并将微丝切断的一类蛋白质。如凝溶胶蛋白。

02.104 原肌球蛋白调节蛋白 tropomodulin
可同肌动蛋白丝负端(肌动蛋白和原肌球蛋白)相结合的加帽蛋白。从而可使细肌丝保持稳定。

02.105 原肌球蛋白 tropomyosin
分子细长，可同时结合7个肌动蛋白分子的一种肌动蛋白结合蛋白。使肌动蛋白纤维稳定，并在肌肉收缩的调节中起重要作用。

02.106 肌钙蛋白 troponin
结合在横纹肌细肌丝上的一种调节蛋白。可被一定浓度的钙离子激活，在横纹肌收缩中起着开关的作用。

02.107 双解丝蛋白 twinfilin
酵母肌动蛋白解聚因子。含两个肌动蛋白解聚因子同源功能域,位于皮层肌动蛋白细胞骨架中,可与 G 肌动蛋白以 1∶1 比例形成紧密的复合物,在肌动蛋白细胞骨架动态变化中起调节作用。

02.108 加帽蛋白 capping protein
又称"封端蛋白(end-blocking protein)"。通过与肌动蛋白丝的一端或两端的结合调节肌动蛋白丝长度的一类蛋白质。

02.109 帽结合蛋白质 cap binding protein
又称"mRNA 帽结合蛋白质(mRNA cap binding protein)"。结合于真核信使核糖核酸(mRNA)分子 5′端帽子结构的蛋白质。在翻译起始阶段促使 mRNA 与核糖体小亚基相结合。

02.110 Z 帽蛋白 CapZ protein
从网柄菌属和棘变形虫属(*Acanthamoeba*)中发现的微丝加帽蛋白。与横纹肌 Z 盘细肌丝钩突状末端结合。广泛分布于脊椎动物细胞中,在非肌肉细胞胞核中占优势。与 β 辅肌动蛋白相同。

02.111 伴肌动蛋白 nebulin
横纹肌肌节中的一种最大的肌动蛋白结合蛋白。从 Z 盘伴行细肌丝一直延伸到细肌丝的末端。在肌节装配中起控制细肌丝长度的作用,稳定肌丝结构,缺失时发生肌无力现象。

02.112 肌巨蛋白 titin, connectin
又称"肌联蛋白"。脊椎动物横纹肌中纵跨 M 线与 Z 盘间的巨型纤维蛋白。分子质量高达 3000 kDa,是目前已知的最大的蛋白质之一。与粗肌丝的装配和位置固定有关。

02.113 肌萎缩蛋白 dystrophin
又称"肌养蛋白"。曾称"肌营养不良蛋白"。一种少量存在于正常肌肉中的蛋白质。在多种肌营养不良症患者中缺乏或异常,起到将细胞骨架锚定于质膜上的作用。

02.114 单体稳定蛋白 monomer-stabilizing protein
与肌动蛋白单体结合,使肌动蛋白单体不能聚合成肌动蛋白丝的蛋白质。如胸腺素。

02.115 单体隔离蛋白 monomer-sequestering protein
能够与球状肌动蛋白结合并抑制其聚合的蛋白质。

02.116 [肌动蛋白]抑制蛋白 profilin
可与球状肌动蛋白结合成复合物的肌动蛋白结合蛋白。抑制纤丝状肌动蛋白的聚合。

02.117 微管相关蛋白质 microtubule-associated protein, MAP
以恒定比例与微管结合的蛋白质。决定不同类型微管的独特属性。

02.118 微管蛋白 tubulin
构成微管的蛋白亚单位。由 α 微管蛋白和 β 微管蛋白组成异二聚体,在微管组织中心中还有 γ 微管蛋白。

02.119 τ 蛋白 τ protein, tau protein
可保持微管的稳定和将微管交联成束的一种微管相关蛋白质。主要存在于轴突中。

02.120 微管连接蛋白 nexin
纤毛轴丝的相邻外周微管二联丝间组成横桥的蛋白质。

02.121 微管成束蛋白 syncolin
在鸡红细胞中发现的与微管相关的蛋白质。可将微管结合成束。

02.122 γ 微管蛋白环状复合物 γ-tubulin ring complex, γ-TuBC
γ 微管蛋白和其他蛋白构成的蛋白复合物。是微管的一种高效的集结结构,在中心体中是微管装配的起始结构。

02.123 微管溃散蛋白 catastrophin

一种使微管去稳定的蛋白质。与微管相关蛋白质的作用相反,可与微管正端专一结合,使微管缩短。

02.124 抑微管装配蛋白 stathmin

又称"微管去稳定蛋白","癌蛋白18(oncoprotein 18,Op18)"。增殖细胞的细胞质中广泛存在的磷蛋白。分子质量为19 kDa,可与微管蛋白二聚体结合,抑制微管蛋白向微管上添加,从而促进微管解聚。

02.125 微管重复蛋白 microtubule repetitive protein

从锥虫(*Trypanosoma brucei*)膜骨架分离得到的大分子的热稳定蛋白。具多个由38个氨基酸残基组成的重复序列,每个重复具有结合微管蛋白的活性,可稳定微管。

02.126 导向蛋白 chartin

从成神经细胞瘤细胞分离出的一种微管结合蛋白。分子质量分别为64 kDa、67 kDa和80 kDa。受神经生长因子调节,影响微管的分布。

02.127 发动蛋白 dynamin

又称"缢断蛋白"。一种可引起微管在ATP介导下滑向正端的微管结合蛋白质。具有组织特异性。参与网格蛋白包被小泡形成的发动蛋白是一种胞质溶胶蛋白,能结合并水解鸟苷三磷酸(GTP),螺旋缠绕在包被小泡的颈部,收缩缢断小泡与质膜间的连接,形成包被小泡。

02.128 马达蛋白质 motor protein

又称"摩托蛋白质"。利用ATP水解产生的能量驱动自身携带运载物沿着肌动蛋白丝或微管运动的蛋白质。

02.129 动力蛋白 dynein

一种具有ATP酶活性的巨大的蛋白质复合体。由2条重链、4条轻链、3～4条中间链组成。胞质动力蛋白可利用ATP能量沿微管向微管的负端移动,与有丝分裂活动中染色体向两极的移动有关;纤毛中动力蛋白则构成了轴丝的侧臂,使相邻的微管二联丝之间产生相对滑动。

02.130 动力蛋白臂 dynein arm

附在纤毛外周二联丝(微管二联体)上的由动力蛋白组成的侧臂。

02.131 动力蛋白激活蛋白 dynactin, dynein activator complex

真核细胞中激活胞质动力蛋白的多亚基蛋白质复合物。可介导动力蛋白结合运载物,参与膜泡运输。

02.132 驱动蛋白 kinesin

具有ATP酶活性的一类微管动力蛋白。由两条重链和数条轻链组成,可利用水解ATP提供的能量沿微管向微管的正端移动,与小泡、细胞器运输和有丝分裂过程中染色体移向两极有关。

02.133 驱动蛋白相关蛋白3 kinesin-associated protein 3, Kap3

简称"Kap3蛋白"。驱动蛋白家族成员,向着微管负端移动,参与有丝分裂活动。

02.134 驱动蛋白结合蛋白 kinectin

内质网膜和其他膜上的整合蛋白质。可与驱动蛋白结合,是驱动蛋白驱动小泡运动的膜结合点。

02.135 快蛋白 prestin

又称"急拍蛋白"。存在于哺乳动物耳蜗内耳外毛细胞基侧部质膜中的一种动力蛋白。是起放大声效作用的穿膜阴离子转运蛋白,受膜电位改变的影响,分子自身发生构象变化,引起细胞的高度发生急速变化,使声效机械放大。

02.136 轴丝动力蛋白 axoneme dynein

又称"纤毛动力蛋白(ciliary dynein)"。纤

毛或鞭毛中组成外周二联丝侧臂的蛋白质。是外周二联丝相互滑动的动力来源。

02.137 纤细蛋白 tenuin
细胞黏着连接处质膜下的一种蛋白质（400 kDa）。与微丝束和质膜的结合有关。

02.138 黏着斑蛋白 vinculin
结合在点状黏附的细胞质膜胞质面的蛋白质。通过踝蛋白将微丝与质膜的整联蛋白相连。

02.139 无脊椎连接蛋白 innexin
无脊椎动物中构成类似脊椎动物间隙连接连接子蛋白的蛋白质。

02.140 泛连接蛋白 pannexin
无脊椎动物和脊椎动物中均存在的构成膜通道的蛋白质。通道允许 ATP 通过,普遍存在于神经元细胞中,在结构上不同于脊椎动物和无脊椎动物的连接子蛋白。

02.141 连接子蛋白 connexin
组成间隙连接连接子的 4 次穿膜蛋白质。6 个连接子蛋白组装形成一个连接子,由相邻细胞的两个连接子构成一个间隙连接。

02.142 斑珠蛋白 plakoglobin
存在于细胞与细胞间黏合连接处的蛋白质。是桥粒和黏合带的组分。

02.143 斑联蛋白 zyxin
从黏合连接中分离出的一种蛋白质成分。是肌动蛋白丝装配的调节物,在结构和功能上将细胞外配体与细胞骨架连接起来。

02.144 桥粒胶蛋白 desmocollin
桥粒中的一类糖蛋白。有 130 kDa 和 115 kDa两种,与细胞间黏合有关。

02.145 桥粒黏蛋白 desmoglein
桥粒中的一种穿膜糖蛋白（165 kDa）。与细胞间黏合有关。

02.146 桥粒斑蛋白 desmoplakin
桥粒斑中的一类蛋白质。有 240 kDa、210 kDa 和 81 kDa 三种,介导桥粒斑与中间丝连接。

02.147 闭合蛋白 occludin
特异定位于紧密连接的分子质量为 65 kDa 的整合蛋白质。是组成紧密连接的主要蛋白质成分之一。

02.148 密封蛋白 claudin
构成紧密连接的一种小的分子质量为 20 ~ 27 kDa 的穿膜蛋白。

02.149 张力蛋白 tensin
细胞和细胞外基质结合部位的黏着斑中与肌动蛋白相结合的蛋白质。具有 SH2 功能域,能使酪氨酸磷酸化,可维持微丝锚着点的张力,参与信号转导,将信号传递系统与细胞骨架联系起来。

02.150 外周蛋白 peripherin
存在于中枢神经系统神经元和外周神经系统感觉神经元中的蛋白质。是Ⅲ型中间丝的组成成分,与神经丝三聚体蛋白共表达。

02.151 核纤层蛋白 lamin
构成核纤层结构的蛋白质。包括 A、B、C 三种,A 和 C 的 C 端序列与角蛋白的头、尾区同源。在细胞周期中发生磷酸化与去磷酸化的周期性变化,调节核被膜的解体与装配。

02.152 神经[上皮]干细胞蛋白 nestin
曾称"巢蛋白"。首先在神经干细胞中发现的一种Ⅵ型中间丝蛋白。与轴突生长有关,在上皮细胞中亦存在。

02.153 晶状体蛋白 phakinin
眼晶状体的特异蛋白（47 kDa）。可与晶状体丝蛋白共装配成念珠状中间丝。

02.154 晶状体丝蛋白 filensin

晶状体纤维细胞中组成中间丝的蛋白质。

**02.155　神经丝蛋白　neurofilament protein,
　　　　 NFP**

构成神经细胞轴突中间丝的蛋白质。由三种特定的蛋白亚基(NF-L,NF-M,NL-H)组装而成。其功能是提供弹性使神经纤维易于伸展和防止断裂。

02.156　细胞角蛋白　cytokeratin

上皮细胞中等纤维蛋白的统称。

02.157　角[质化]蛋白　keratin

主要存在于上皮细胞中的含硫的中间丝蛋白。是构成毛发、角、指甲、表皮的重要组成成分。

**02.158　胶质细胞原纤维酸性蛋白　glial
　　　　 fibrillary acidic protein, GFAP**

中枢神经系统星形胶质细胞特异性的Ⅲ型中间纤丝蛋白。为星形胶质细胞分化的标志,在发育、创伤愈合及疾病过程中其表达受调节。

02.159　波形蛋白　vimentin

存在于间充质来源细胞(如成纤维细胞)和体外培养的细胞中的一种中间纤丝蛋白(58 kDa)。其一端与核膜相连,另一端与细胞表面处的桥粒或半桥粒相连,将细胞核和细胞器维持在特定的空间。

02.160　结蛋白　desmin

肌肉细胞所特有的一种中间纤丝蛋白(约53 kDa)。其功能是使肌纤维连在一起。

02.161　联丝蛋白　synemin

与结蛋白和波形蛋白结合在一起的一种中间丝结合蛋白(230 kDa)。

02.162　聚丝蛋白　filaggrin

哺乳动物皮肤基底细胞中透明角质颗粒的碱性蛋白质成分。可专同中间丝结合。

02.163　中间丝结合蛋白　intermediate fila-

ment associated protein, IFAP

一类在结构和功能上与中间丝有密切联系,但其本身并非中间丝组分的蛋白质。使中间纤维交联成束、成网,并把中间纤维交联到质膜或其他骨架成分上。目前已知约15种,分别与特定的中间纤维结合。

02.164　丝连蛋白　epinemin

一种分子质量为44.5 kDa的中间丝结合蛋白。以单聚体存在,在非神经细胞中与波形蛋白结合。

02.165　网蛋白　plectin

细胞质基质中含量丰富的一种蛋白质(300 kDa)。与多种中间丝共存,与中间丝、微管和肌球蛋白粗丝的交联和锚定有关。

02.166　丝联蛋白　internexin, α-internexin

存在于神经元中的中间纤丝蛋白(68 kDa)。是中枢神经系统神经元中Ⅳ型中间纤维的亚基。

02.167　运输蛋白　transport protein

又称"转运蛋白","膜运输蛋白(membrane transport protein)"。介导一种或多种专一性离子或小分子穿膜移动的任何膜整合蛋白的统称。不涉及运输机制。

02.168　离子转运蛋白　ion transporter

由蛋白质构成的离子通道。

02.169　载体蛋白　carrier protein

生物膜中运载离子或分子穿膜的蛋白质。

**02.170　磷脂交换蛋白　phospholipid ex-
　　　　 change protein**

介导内质网与线粒体、过氧化物酶体之间的磷脂交换的一类载体蛋白。

02.171　运铁蛋白　transferrin

能与金属结合的一类分子质量约76～81 kDa的糖蛋白。广泛地存在于脊椎动物的体液细胞中,负责将肝组织的铁向其他组织的细胞运输。

02.172　通道蛋白　channel protein
能形成穿膜充水小孔或通道的蛋白质。担负溶质的穿膜转运,如细菌细胞膜的膜孔蛋白。

02.173　水孔蛋白　aquaporin, AQP
又称"水通道蛋白"。一个高度保守的膜运输蛋白家族,蛋白质形成同四聚体,每一亚基多次穿膜构成穿膜通道,允许水和亲水性小分子(如甘油)穿过生物膜。

02.174　[膜]孔蛋白　porin
分布于线粒体外膜、叶绿体膜和革氏阴性菌外膜中的穿膜蛋白。其三聚体形成的孔蛋白通道允许分子质量小于 600 Da 的水溶性溶质通过。

02.175　膜蛋白质　membrane protein
与细胞质膜相结合的蛋白质。包括整合蛋白质和周边蛋白质两大类。

02.176　整合蛋白质　integral protein
又称"[膜]内在蛋白质(intrinsic protein)"。含有一个或多个疏水性片段嵌插在膜脂双层中的膜蛋白质。

02.177　[膜]周边蛋白质　peripheral protein
又称"[膜]外在蛋白质(extrinsic protein)"。一类和细胞质膜结合比较松散的不插入脂双层的蛋白质。可以通过提高离子强度和加入螯合剂,将它们从细胞质膜上解离并释放到溶液中。

02.178　穿膜区　transmembrane domain, transmembrane region
穿膜蛋白肽链穿过膜脂双层的区段。由约 20~25 个疏水性氨基酸形成 α 螺旋构成。

02.179　穿膜蛋白　transmembrane protein
又称"跨膜蛋白"。一类双亲性的蛋白质。具有亲水区段和疏水区段,其疏水区段穿膜

与脂分子双层内部的疏水尾部相互作用,而其亲水区段则暴露于膜两侧。

02.180　带 3 蛋白　band 3 protein
人类红细胞中的一种分子质量为 90 kDa 的膜蛋白质。可作为阴离子转运和交换的对输载体,并具有碳酸酐酶活性催化二氧化碳生成和二氧化碳运输的作用。

02.181　迁移蛋白质　movement protein
植物病毒表达的蛋白质。可介导病毒从感染细胞进入相邻细胞。

02.182　突触融合蛋白　syntaxin
突触前膜中的一种引导突触小泡与靶膜融合的整合蛋白质。与突触泡停靠到突触前膜及释放递质有关。

02.183　核转运蛋白　karyopherin
又称"核周蛋白"。一组与转运分子穿过核孔复合体进入或输出核有关的蛋白质。既可与运载物结合,也可被核孔蛋白所识别和结合,协助运载物穿过核孔。

02.184　[核]输入蛋白　importin
将在细胞质中结合的蛋白质经核孔复合体运进核内的蛋白质。

02.185　[核]输出蛋白　exportin
将在核内结合的蛋白质在 Ran 蛋白协助下经核孔复合体运到细胞质的蛋白质。

02.186　mRNA 输出蛋白　mRNA exporter
可与信使核糖核蛋白颗粒(mRNP)结合的二聚体蛋白质。通过与核孔蛋白相互作用引导 mRNP 穿过核孔复合体进入细胞质。

02.187　核孔蛋白　nucleoporin
组成调节蛋白和核酸进出核的核孔复合体的蛋白质的总称。

02.188　亲核蛋白　karyophilic protein
在细胞质内合成后,需要或能够进入细胞核内发挥功能的一类蛋白质。其肽链中带有

核定位信号。

02.189 核质蛋白 nucleoplasmin
真核生物细胞核中的一种酸性热稳定蛋白。可同组蛋白 H2A 和 H2B 结合,协助核小体的装配。

02.190 核蛋白 nucleoprotein
真核细胞中定位于细胞核内的蛋白质的总称。

02.191 核仁蛋白 nucleolin
核仁中的一种主要的多功能蛋白质(100 kDa)。在核质之间起穿梭转运作用。

02.192 核仁小核糖核蛋白 small nucleolar ribonucleoprotein, snoRNP
存在于核仁中由小 RNA 分子和 RNA 修饰酶组成的复合物。参与 rRNA 的编辑加工过程。

02.193 [核仁]纤维蛋白 fibrillarin
存在于真核细胞核仁卷曲小体中的高度保守性的核仁蛋白。与 U3-核仁小核糖核蛋白结合,在快速增殖的细胞中表达较多。

02.194 中心粒周蛋白 pericentrin
中心粒周区域的保守性蛋白。其浓度在中期最高,在末期最低。与有丝分裂和减数分裂过程中微管的形成有关。

02.195 亲中心体蛋白 centrophilin
利用着丝粒的单克隆抗体检测出来的一种微管结合蛋白质。其存在并不局限于着丝粒部位,亦为有丝分裂细胞中纺锤体极体的主要抗原。

02.196 核糖体结合糖蛋白 ribophorin
内质网膜上的糖蛋白。当膜蛋白或分泌蛋白共翻译穿膜时其与核糖体发生相互作用。

02.197 分泌蛋白质 secretory protein
由糙面内质网上核糖体合成,然后送往高尔基体,加工成分泌泡,最终释放到胞外的蛋

白质。

02.198 停靠蛋白质 docking protein
又称"船坞蛋白质"。存在于内质网膜上的信号识别颗粒受体蛋白。能够与结合有信号序列的信号识别颗粒结合,将正在合成蛋白质的核糖体引导到内质网上。

02.199 网格蛋白 clathrin
又称"成笼蛋白"。一种进化上高度保守的蛋白质。由三条重链和三条轻链构成的蛋白质复合物,是网格蛋白包被小泡的主要组分。

02.200 三脚蛋白[复合体] triskelion
网格蛋白的分子六聚体(由 3 条重链和 3 条轻链组成)在电镜下呈现的一种三腿状结构。

02.201 衔接蛋白 adaptin
将网格蛋白结合到网格蛋白包被小泡膜表面上的衔接体复合物中的一种蛋白质。

02.202 衔接体蛋白质 adaptor protein
在细胞内信号传递途径中,凡是在不同蛋白质间起连接作用的蛋白质的通称。

02.203 钙连蛋白 calnexin
存在于内质网中需钙离子的凝集素样分子伴侣蛋白。可与新合成的尚未折叠完全的蛋白质的寡糖链结合,防止蛋白质彼此聚集和泛素化,避免折叠不完全的蛋白质离开内质网,并使其折叠完全。

02.204 钙网蛋白 calreticulin
一种普遍存在且高度保守的内质网钙结合蛋白。具有调节钙平衡、协助蛋白质的折叠和加工、参与抗原提呈、血管发生及凋亡的调节等多种生物学功能。

02.205 支架蛋白质 scaffold protein
带有多个蛋白质结合域可把信号转导途径中与该途径相关的蛋白质组织成群的蛋白

质。

02.206 内收蛋白 adducin
又称"聚拢蛋白"。红细胞膜骨架蛋白质,异源二聚体。与钙调蛋白结合,对装配和维持血影蛋白-肌动蛋白网络起重要作用。

02.207 桩蛋白 paxillin
位于平滑肌黏着斑、致密斑和骨骼肌肌腱与神经肌肉接点的细胞骨架蛋白。与黏着斑蛋白结合。

02.208 内披蛋白 involucrin
又称"囊包蛋白"。与毛透明蛋白共同构成角质细胞包膜支架的蛋白质。在角质细胞分化时,首先出现在表皮棘层的上层细胞中的标志性蛋白质。

02.209 黏着蛋白质 adhesion protein
存在于细胞外基质中的与细胞黏附于基质有关的一类蛋白质。包括纤连蛋白、层粘连蛋白和血纤蛋白原等。在细胞的黏附、迁移、增殖、分化等活动中起作用。

02.210 纤连蛋白 fibronectin
细胞外基质中的黏着糖蛋白。可和细胞外基质其他成分、纤维蛋白以及整联蛋白家族细胞表面受体结合,影响细胞活动。

02.211 层粘连蛋白 laminin, LN
基膜中的主要蛋白质成分,由 α、β、γ 三条肽链构成的不对称十字形分子。质膜中的整联蛋白为其受体。

02.212 整联蛋白 integrin
一类质膜上的、作为细胞黏附分子受体的蛋白质。由 α 和 β 两种亚基组成的异源二聚体,其性质决定了细胞所能结合的黏附分子的类型。介导与其他细胞表面或细胞外基质间的黏合。

02.213 血影蛋白 spectrin
红细胞质膜下方的二聚体蛋白质。和踝蛋白、肌动蛋白以及其他成分构成膜支持结构。

02.214 踝蛋白 talin
一种和整联蛋白 β 亚基结合的细胞骨架蛋白。参与激活整联蛋白,与信号转导有关。

02.215 锚蛋白 ankyrin
将血影蛋白与红细胞质膜上的整联蛋白相连的球形蛋白。

02.216 巢蛋白 nidogen, entactin
又称"哑铃蛋白"。存在于所有的基膜中的一种哑铃状的硫酸化的糖蛋白。与层粘连蛋白 1 对 1 结合成稳定的复合物,也与Ⅳ型胶原结合。

02.217 软骨粘连蛋白 chondronectin
软骨基质中的非胶原糖蛋白(180 kDa)。可与Ⅱ型胶原及硫酸软骨素蛋白聚糖等大分子结合,也可与软骨细胞作用,影响软骨细胞的增殖、分化等活动。

02.218 钙黏着蛋白 cadherin
动物组织中一类钙离子依赖性的细胞间黏附分子。已发现有 100 多种,典型的有上皮(E)、神经(N)、胎盘(P)、肌肉(M)、血管内皮(VE)等。

02.219 血型糖蛋白 glycophorin
人红细胞上的一种含量丰富的穿膜糖蛋白。肽链由 131 个氨基酸残基组成,肽链被高度 O-糖基化,且富含末端唾液酸,N 端携带有 MN 血型抗原。

02.220 联蛋白 catenin
与钙黏蛋白的细胞质区结合的一种蛋白质。也同微丝结合,从而加强细胞间的黏附。分为 α 联蛋白(102 kDa)、β 联蛋白(88 kDa)、γ 联蛋白(80 kDa)三种类型。

02.221 结合蛋白 bindin
存在于海胆精子顶体中的一种蛋白质。受

精时与卵的卵黄膜发生物种特异性结合。

02.222 顶体蛋白 acrosin
存在于精子顶体中的无活性的丝氨酸蛋白酶前体。

02.223 结瘤蛋白 nodulin
大豆等植物根部在结瘤过程中诱导产生的一种膜整合蛋白质。

02.224 辐蛋白 spokein
纤毛轴丝中组成放射辐的蛋白质。

02.225 钙结合蛋白质 calcium-binding protein
可与钙结合的蛋白质。包括两类:一类为EF手形蛋白,如钙调蛋白;另一类可与钙和磷脂结合,归类于膜联蛋白,常作为信号传递的中介体,激活下游信号组分,有的为钙离子运输体。

02.226 钙调蛋白 calmodulin, CaM
又称"钙调素"。广泛存在于真核细胞中的一种结合钙的调节蛋白质。结合钙离子后可发生构象变化,暴露出疏水区。因胞质溶胶中的钙离子浓度不同而得以与不同的蛋白质相互作用,调节细胞的活动。

02.227 钙周期蛋白 calcyclin
与催乳素受体相关的钙结合蛋白(约10 kDa)。为含有EF手形结构域的小的钙结合蛋白家族成员之一,在细胞周期中受到调节。

02.228 脑发育调节蛋白 drebrin
与神经元生长和调节脑发育相关的肌动蛋白结合蛋白。其表达与发育阶段相关。

02.229 铁蛋白 ferritin
哺乳动物肝、脾、骨髓中的贮铁蛋白。

02.230 蛋白感染粒 prion, proteinatious infectious particle, PrP
又称"朊病毒","普里昂"。存在于细胞(主要为神经元)质膜外表面的基因(PrP)表达的正常蛋白质(无感染性)构象发生畸形折叠后形成的一种具有感染性的致病蛋白质。不含 DNA,是疯牛病、绵羊瘙痒病等的病原体。

02.231 分子伴侣 chaperone, molecular chaperone
存在于原核生物和真核生物细胞质以及细胞器中可协助新生肽链正确折叠的一类蛋白质。

02.232 伴侣蛋白 chaperonin
存在于原核生物、线粒体和叶绿体中的分子伴侣蛋白的一个亚组。直接帮助新生肽链和解折叠的蛋白质肽链折叠成具有生物功能构象的蛋白质。包括 GroEL 和热激蛋白60 等。

02.233 热激蛋白 heat shock protein, Hsp
广泛存在于原核细胞和真核细胞中的一类在生物体受到高温等逆境刺激后大量表达的保守性蛋白质家族。在肽链折叠或解折叠变化中发挥作用。目前已知有 Hsp100、Hsp90、Hsp70、Hsp60、Hsp40 和小 Hsp 等亚类。

02.234 成肌蛋白 myogenin
又称"肌细胞生成蛋白","成肌素"。肌肉调节基因 $myoD$ 原癌基因家族成员的表达产物。发育中,调节肌肉生成。

02.235 肌红蛋白 myoglobin
肌肉中的一种贮氧蛋白。由 153 个氨基酸残基组成,含有血红素,和血红蛋白同源,与氧的结合能力介于血红蛋白和细胞色素氧化酶之间,可帮助肌细胞将氧转运到线粒体。

02.236 血红蛋白 hemoglobin, haemoglobin, Hb
存在于脊椎动物、某些无脊椎动物血液和豆

科植物根瘤中的一组红色含铁的携氧蛋白质。具有 4 个亚基。

02.237 血蓝蛋白 hemocyanin, haemocyanin

存在于许多软体动物和节肢动物中的一种蓝色、含铜、不含血红素的携氧蛋白质。由 20 ~ 40 个亚基组成,在电镜下呈特征性立方体外形。

02.238 糖蛋白 glycoprotein

肽链上共价连接一条或多条寡糖链的蛋白质。分泌蛋白质和质膜外表面的蛋白质大都为糖蛋白。

02.239 脂蛋白 lipoprotein

与脂质相结合的水溶性蛋白质。通常根据其密度分为极低密度脂蛋白、低密度脂蛋白、高密度脂蛋白、极高密度脂蛋白和乳糜微粒。每一种脂蛋白中均含有相应的载脂蛋白。

02.240 鞭毛蛋白 flagellin

构成细菌鞭毛的主要蛋白成分。单体的分子质量为 20 ~ 40 kDa。

02.241 菌毛蛋白 pilin, fimbrillin

构成细菌鞭毛的主要蛋白质亚单位。与纤连蛋白和唾肽结合。

02.242 藻胆[色素]蛋白 phycobilin protein

存在于蓝细菌和红藻中的含藻胆素的蛋白质。为光合作用辅助色素。

02.243 藻蓝蛋白 phycocyanin

存在于一些藻类、特别是蓝细菌中的藻胆蛋白。

02.244 藻红蛋白 phycoerythrin

存在于一些藻类、特别是红藻中的红色藻胆蛋白。

02.245 别藻蓝蛋白 allophycocyanin, APC

又称"异藻蓝蛋白"。蓝细菌和红藻中的一种捕光蛋白。是叶绿素的一种辅助色素,试

验中可用作荧光探针。

02.246 叶绿素 chlorophyll

植物叶绿体内含有卟啉环的主要光合作用色素。可吸收光能用于光合作用。光合细菌中含有细菌叶绿素,它不同于植物叶绿素之处在于它所含的吡咯环具有更强的还原性。

02.247 叶褐素 phaeophyll

叶绿素 a 和叶绿素 b 降解,失去镁的铁青色产物。

02.248 藻褐素 fucoxanthin

又称"墨角藻黄素","岩藻黄质"。从某些褐藻及细菌中提炼的吸收值为 500 ~ 580 nm 的色素。

02.249 孢粉素 sporopollenin

孢子和花粉外壁主要成分,是类胡萝卜素和类胡萝卜素酯的氧化衍生物。性质坚固具抗酸、抗生物分解的特性。

02.250 光敏色素 phytochrome

又称"植物光敏素"。存在于植物中并与光周期相联系的一种发色团-蛋白质复合物。可吸收红光,启动植物许多生理过程,如发芽、生长、开花等。

02.251 质体蓝蛋白 plastocyanin

又称"质体蓝素"。叶绿体中的一种电子载体蛋白。系电子传递链的一个组分,每一分子含两个铜原子,与光系统 II 紧密相连。

02.252 酶原粒 zymogen granule

由高尔基体形成的一种由膜包围的胞质颗粒。其作用是贮存和分泌由内质网上的核糖体所合成的酶原。

02.253 翻转酶 flippase

(1)将磷脂分子从内质网膜的胞质面脂单层转移到腔面脂单层,造成脂分子在脂双层不对称分布的酶。是一个蛋白质家族。(2)又

称"flp-frp 重组酶（flp-frp recombinase）"。酵母中负责特定 DNA 片段重排的系统。在其存在下,一段 DNA 在 frp 位点被切除,末端再重新连接。

02.254 磷酸激酶 phosphokinase
简称"激酶（kinase）"。催化磷酸基从 ATP 转移给第二底物的酶。根据被磷酸化的氨基酸残基种类,分为丝氨酸/苏氨酸型和酪氨酸型等。

02.255 蛋白激酶 protein kinase
将 ATP 的 γ 磷酸基转移到底物特定的氨基酸残基上,使蛋白质磷酸化的一类磷酸转移酶。根据其底物蛋白被磷酸化的氨基酸残基种类,可将它们分为 5 类:蛋白丝氨酸/苏氨酸激酶、蛋白酪氨酸激酶、蛋白组氨酸激酶、蛋白色氨酸激酶和蛋白天冬氨酰基/谷氨酰基激酶。

02.256 蛋白激酶 A protein kinase A, PKA
简称"A 激酶（A kinase）"。又称"依赖 cAMP 的蛋白激酶（cAMP-dependent protein kinase）"。一种由环腺苷酸（cAMP）激活,催化将磷酸基从 ATP 转移至蛋白质的丝氨酸和苏氨酸残基上的蛋白激酶。

02.257 蛋白激酶 B protein kinase B
通过磷酸肌醇被募集到质膜而被激活的一种蛋白丝氨酸/苏氨酸激酶。

02.258 蛋白激酶 C protein kinase C, PKC
又称"依赖 Ca^{2+}/钙调蛋白的蛋白激酶（Ca^{2+}/calmodulin-dependent protein kinase）"。一类可使丝氨酸/苏氨酸残基磷酸化的蛋白激酶。有多种亚类,不同的亚类有不同的激活方式,其中典型的亚类可被二酰甘油和 Ca^{2+} 浓度的提高所激活。

02.259 促分裂原活化的蛋白激酶 mitogen-activated protein kinase, MAPK
简称"MAP 激酶"。一种被细胞外增殖分化的诱导信号而激活的蛋白质丝氨酸/苏氨酸激酶。

02.260 蛋白质酪氨酸激酶 protein tyrosine kinase, PTK
特异地将蛋白质底物上某些酪氨酸残基磷酸化的蛋白激酶。可以调节该蛋白质的功能。

02.261 受体酪氨酸激酶 receptor tyrosine kinasee, RTK
细胞表面一类具有细胞外受体结构域、可使酪氨酸磷酸化的穿膜受体蛋白。

02.262 非受体酪氨酸激酶 nonreceptor tyrosine kinase
一类本身没有受体结构或不与受体偶联的酪氨酸激酶。与受体酪氨酸激酶相对。

02.263 黏着斑激酶 focal adhesion kinase, FAK
在黏着斑复合物形成中发挥关键作用的一种非受体酪氨酸激酶。

02.264 蛋白磷酸酶 protein phosphatase
催化磷酸化氨基酸残基脱磷酸的酶。与蛋白激酶一起配合调节底物蛋白质的磷酸化作用,调控多种细胞生物学过程。根据底物蛋白质分子上磷酸化的氨基酸残基的种类主要分为蛋白质丝氨酸/苏氨酸磷酸酶、蛋白质酪氨酸磷酸酶和双特异性磷酸酶。

02.265 蛋白质丝氨酸/苏氨酸磷酸酶 protein serine/threonine phosphatase
特异地水解蛋白质底物上的丝氨酸/苏氨酸磷酸酯键,脱去磷酸,从而调节该蛋白质功能的酶。

02.266 蛋白质酪氨酸磷酸酶 protein tyrosine phosphatase, PTP
又称"磷酸酪氨酸磷酸酶（phosphotyrosine phosphatase）"。特异地水解蛋白质底物上的酪氨酸磷酸酯键,脱去磷酸,从而调节该蛋白质功能的酶。

02.267 双特异性磷酸酶 dual specificity phosphatase

一类既可使酪氨酸残基脱磷酸，又可使丝氨酸/苏氨酸残基脱磷酸的酶分子。在促分裂原活化的蛋白激酶信号途径对多种信号分子的介导中起不可替代的作用。

02.268 促凝血酶原激酶 thromboplastin

血浆中可将凝血酶原转变为凝血酶的物质。但不是一种单一的物质。

02.269 糖基转移酶 glycosyltransferase

催化一种单糖单元从一个活化载体（如糖核苷酸衍生物）转移到另一个糖或氨基酸接受体上的酶。

02.270 磷脂酰肌醇-3-羟激酶 phosphatidylinositol 3-hydroxy kinase, PI3K

催化磷脂酰肌醇的磷酸化，形成3-磷酸磷脂酰肌醇的酶。参与信号转导，对细胞的存活和增殖起重要的作用。

02.271 葡糖醛酸糖苷酶 glucuronidase

溶酶体中的可水解蛋白聚糖中葡萄糖醛酸糖苷键的酶。

02.272 次黄嘌呤鸟嘌呤磷酸核糖基转移酶 HGPRT transferase

可催化磷酸核糖转移至次黄嘌呤或鸟嘌呤生成次黄嘌呤核苷酸或鸟嘌呤核苷酸的酶。

02.273 氨基酸通透酶 amino acid permease

细胞膜上的与氨基酸转运有关的载体蛋白。

02.274 通透酶 permease

能提高质膜通透性的蛋白质统称。

02.275 腺苷酸环化酶 adenylate cyclase, adenylyl cyclase, cAMPase

催化腺苷三磷酸（ATP）形成环腺苷酸（cAMP）的膜结合酶。是细胞内某些信号传递途径中的重要成分。

02.276 鸟苷酸环化酶 guanylate cyclase, cGMPase

催化鸟苷三磷酸（GTP）转变为环鸟苷酸（cGMP）的酶。

02.277 磷脂促翻转酶 phospholipid scramblase

非特异性地催化磷脂穿膜双向翻转运动的酶。

02.278 解折叠酶 unfoldase

参与蛋白质解折叠的酶。属分子伴侣。

02.279 溶酶体酶 lysosomal enzyme

位于溶酶体内的一类降解性酶。其中多数适合在酸性条件下发挥作用，如酸性磷酸酶等。

02.280 酸性水解酶 acid hydrolase

在酸性条件下具有活性的水解酶类。如溶酶体酶。

02.281 髓过氧化物酶 myeloperoxidase, MPO

存在于中性粒细胞嗜天青颗粒中的一种过氧化物酶。通过把 H_2O_2 和 Cl^- 变为次氯酸破坏外来物质。该系统具有强大的抗细菌、真菌和病毒作用。

02.282 *N*-聚糖酶 *N*-glycanase

细胞质基质中负责切除错误折叠糖蛋白中天冬酰胺连接的寡糖链的酶。酶的作用有助于后续的蛋白质降解。

02.283 磷酸酶 phosphatase

通过水解磷酸单酯使分子去磷酸化的酶。

02.284 磷脂酶 phospholipase, phosphatidase

水解磷脂酯键的一类酶。

02.285 核糖核酸酶 ribonuclease, RNase

水解 RNA 磷酸二酯键的酶。

02.286 鞘磷脂酶 sphingomyelinase

水解鞘磷脂并生成磷酸胆碱及神经酰胺的酶。神经酰胺为细胞内第二信使分子,具有诱导细胞凋亡等生物效应。

02.287 胰蛋白酶 trypsin

由胰腺分泌的一种内肽酶,最初分泌物为胰蛋白酶原,经降解而成为具有活性的酶。主要作用于精氨酸或赖氨酸羧基端的肽键。

02.288 透明质酸酶 hyaluronidase

又称"铺展因子(spreading factor)"。存在于蛇毒和细菌中,催化水解透明质酸中 N-乙酰-β-D-葡糖胺与 D-葡糖醛酸之间的 1,4-连键的酶。降低透明质酸对细菌和毒物在组织中扩散的阻滞作用。

02.289 一氧化氮合酶 nitric oxide synthase, NOS

催化精氨酸生成一氧化氮的酶。

02.290 降解体 degradosome

又称"RNA 降解体(RNA degradosome)"。大肠杆菌中可降解 mRNA 的多酶复合物。含有核酸内切酶、外切酶和核酸磷酸化酶等。

02.291 蛋白酶体 proteasome

存在于所有真核细胞中,降解细胞质溶酶体外蛋白质的体系。由 10～20 个不同亚基组成,可显示多种肽酶活性。

02.292 糖基化 glycosylation

在酶作用下,蛋白质或脂质分子添加糖残基的过程。

02.293 N-糖基化 N-glycosylation

在酶催化下蛋白质肽链的某些特定的天冬酰胺残基侧链氮原子上加上糖基的过程。

02.294 O-糖基化 O-glycosylation

在酶催化下蛋白质肽链的丝氨酸、苏氨酸或其他带羟基的氨基酸残基侧链羟基上顺序地逐个加上糖基的过程。

02.295 去糖基化 deglycosylation

在糖缀合物中除去糖基的过程。

02.296 磷酸化 phosphorylation

生物分子结合磷酸基团的过程。

02.297 去磷酸化 dephosphorylation

生物分子去掉磷酸基团的过程。系生物调节分子活性所普遍采用的一种机制,与磷酸化相对应。

02.298 葡萄糖 glucose

在活细胞代谢活动中起主要作用的六碳糖。以糖原(动物)或淀粉(植物)聚合物形式贮存在细胞中。

02.299 甘露糖 mannose

一种与 D-葡萄糖相似的六碳醛糖。是糖蛋白中的重要糖单位。

02.300 寡糖 oligosaccharide

由 2～10 个单糖单元通过糖苷键连接成的直链或支链糖。

02.301 N-连接寡糖 N-linked oligosaccharide

结合在糖蛋白的天冬酰胺侧链氨基上的分支寡糖链。

02.302 O-连接寡糖 O-linked oligosaccharide

结合在糖蛋白的丝氨酸或苏氨酸羟基侧链上的寡糖链。

02.303 多糖 polysaccharide

由单糖聚合成的线性或分支的聚合物。包括糖原、淀粉、氨基聚糖(如透明质酸)和纤维素。

02.304 脂多糖 lipopolysaccharide

一种水溶性的糖基化的脂质复合物。是革兰氏阴性菌外膜中的重要成分,可刺激宿主细胞产生白介素和肿瘤坏死因子。

02.305　淀粉　starch

由 D-葡萄糖单体组成的同聚物。包括直链淀粉和支链淀粉两种类型,为植物中糖类的主要贮存形式。

02.306　糖原　glycogen

完全由葡萄糖组成的分支长链多糖。为动物中糖类的主要贮存形式。

02.307　*N*-乙酰葡糖胺　*N*-acetylglucosamine

一种氨基己糖衍生物,是许多杂多糖的组成成分。如糖蛋白、糖脂、氨基聚糖、细菌肽聚糖和壳多糖等中均含有。

02.308　*N*-乙酰胞壁酸　*N*-acetylmuramic acid

由乳糖残基的 C-3 上通过醚键结合 *N*-乙酰氨基葡糖所组成。是细菌细胞壁肽聚糖的糖单位。

02.309　*N*-乙酰神经氨酸　*N*-acetylneuraminic acid

又称"唾液酸(sialic acid)"。由 *N*-乙酰氨基甘露糖和丙酮酸缩合而成的九碳糖。是动物细胞质膜表面糖蛋白和糖脂的重要糖单位。

02.310　甘露糖-6-磷酸　mannose-6-phosphate

在高尔基体中,溶酶体酶的甘露糖基磷酸化后生成的 6-磷酸衍生物。是溶酶体酶的分拣信号。

02.311　磷酸肌酸　phosphocreatine, creatine phosphate

在肌肉或其他兴奋性组织(如脑和神经)中由肌酸与磷酸组成的一种高能磷酸化合物。是高能磷酸基的暂时贮存形式。由肌酸磷酸激酶调节其合成和降解,以缓冲 ATP 的浓度。

02.312　磷酸肌醇　phosphoinositide

一类肌醇磷脂的代谢产物,由磷酸与肌醇酯化生成的化合物。是磷脂酰肌醇的组成部分。

02.313　脂质　lipid

不溶于水而溶于非极性溶剂的一大类不均一的有机小分子。包括脂肪、蜡、磷脂、糖脂和类固醇。

02.314　髓磷脂　myelin

由神经鞘脂结合蛋白质组成,是构成神经髓鞘的基本成分。起绝缘作用。

02.315　鞘脂　sphingolipid

又称"神经鞘脂质"。含有二氢鞘氨醇及其同系物异构体或其衍生物的脂质。在脑和神经组织中含量特别丰富。

02.316　磷脂　phospholipid, PL

含有一个或多个磷酸基的脂质。是构成细胞膜的主要脂分子。主要分为鞘磷脂及甘油磷脂两大类。

02.317　鞘磷脂　sphingomyelin

由神经鞘氨醇、脂肪酸、磷酸基和胆碱组成的磷酸神经鞘脂质。如神经酰胺。与蛋白质及多糖构成神经纤维或轴突的保护层,具有绝缘作用。

02.318　甘油磷脂　glycerophosphatide

组成细胞膜脂双层分子的主要成分。为双亲性分子。脂肪酸酯化连接到甘油的 C-1 和 C-2 上,极性头通过磷酸二酯键与甘油相连,由于头部的化学性质不同而分成不同的磷脂,如磷脂酰丝氨酸、磷脂酰胆碱等。

02.319　磷脂酰胆碱　phosphatidylcholine, PC

又称"卵磷脂(lecithin)"。磷脂酰基与胆碱的羟基酯化形成的甘油磷酸酯。是动植物细胞的必需组分,富含于神经组织,特别是髓鞘和蛋黄中,是动物细胞膜中含量最丰富的磷脂。

02.320 磷脂酰丝氨酸 phosphatidylserine, PS
磷脂酸的磷酸基与丝氨酸的羟基生成酯键所构成的甘油磷脂。与磷脂酰胆碱、磷脂酰乙醇胺间可以互相转化。正常情况下位于质膜脂双层的膜内侧,细胞凋亡时外翻,使质膜外侧的磷脂酰丝氨酸明显增加。

02.321 脑磷脂 cephalin
以前指一组类似卵磷脂但含有 2-乙醇胺或 L-丝氨酸以取代胆碱的磷脂酸酯。现指磷脂酰乙醇胺和磷脂酰丝氨酸的统称。在体内广泛分布,尤富集于脑和脊髓,临床上可用作止血药和肝功能检查的试剂。

02.322 磷脂酰乙醇胺 phosphatidylethano-lamine, PE
乙醇氨通过磷酸二酯键与磷脂酸结合的缩醛磷脂。是高等植物和动物细胞中的一种主要甘油磷酯,原核生物中也很丰富。

02.323 磷脂酰甘油 phosphatidylglycerol, PG
磷脂酸与甘油的缩合产物。

02.324 磷脂酰肌醇 phosphatidylinositol, PI
存在于生物膜中的一种磷酸甘油脂。含有通过羧基与磷脂酸相连的肌醇-4-磷酸和 4,5-二磷酸衍生物。在信息传递过程中起调节作用。

02.325 糖基磷脂酰肌醇 glycosylphosphati-dylinositol
由脂肪酰基链疏水部分和糖基、磷酸基极性部分组成的双性分子。以脂肪酰基插入膜,是一种使蛋白质附着到膜的非胞质面的锚定化合物。

02.326 糖基磷脂酰肌醇锚定蛋白 glyco-sylphosphatidylinositol-anchored pro-tein
通过糖基磷脂酰肌醇插入于内质网膜和质膜的一类整合蛋白质。如内质网膜中新合成的分泌蛋白质和质膜的表面受体等。

02.327 糖脂 glycolipid
在鞘脂类的极性端带有糖基或寡糖的膜脂分子。

02.328 脑啡肽 enkephalin
由五个氨基酸残基组成的具有吗啡样活性的神经肽。

02.329 组胺 histamine
广泛存在于生物组织中的一种血管活性胺类物质。特别是在肥大细胞和嗜碱性粒细胞中含量较高,在变态反应过程中释放,可引起血管舒张、毛细血管通透性提高和平滑肌收缩。

02.330 一氧化氮 nitric oxide
在细胞中由精氨酸脱氨产生的气体。起气体信号分子的作用,可调节平滑肌的收缩。

02.331 寡霉素 oligomycin
淀粉酶产色链丝菌（*Streptomyces diastato-chromogenes*）产生的多烯抗生素。为氧化磷酸化能量转移的抑制剂之一,与 F_0F_1-ATP 酶的 F_0 部分结合,阻塞质子通道,从而抑制 ATP 的合成和分解。

02.332 解偶联剂 uncoupler
可解除跨线粒体内膜或叶绿体类囊体膜的质子动力的化学物质。抑制 ATP 合成。

02.333 长春花碱 vinblastine
具有抑制微管形成和破坏纺锤体的一种吲哚生物碱。

02.334 长春花新碱 vincristine
一种结合微管蛋白并干扰微管组装的细胞毒性生物碱。

02.335 氨基蝶呤 aminopterin
叶酸的结构类似物。是二氢叶酸还原酶的抑制剂。

02.336 氨甲蝶呤 amethopterin, methotrexate

叶酸的类似物,较氨基蝶呤多了一个甲基。是二氢叶酸还原酶的抑制剂。

02.337 秋水仙碱 colchicine

又称"秋水仙素"。可与微管蛋白异二聚体结合,抑制微管装配的一种生物碱。常用于制备中期染色体。

02.338 秋水仙酰胺 colcemid, colchamine

秋水仙碱的衍生物。具有较强的抑制微管装配的作用,为有丝分裂抑制剂。

02.339 松胞菌素 cytochalasin

又称"细胞松弛素"。真菌的一类代谢产物。可抑制 G 肌动蛋白添加到集结部位,从而干扰肌动蛋白丝的聚合,破坏肌动蛋白丝的装配。常用的有松胞菌素 B 和松胞菌素 D。

02.340 鬼笔环肽 phalloidin

由鬼笔鹅膏真菌(*Amanita phalloides*)产生的一种环肽。可与 F 肌动蛋白结合,使 F 肌动蛋白保持稳定。其荧光标记物是鉴定 F 肌动蛋白的重要试剂。

02.341 紫杉醇 taxol

从紫杉(*Taxus brevifolia*)的树皮中提出的一种化合物。是微管的特异性稳定剂,可促进微管的装配和保持微管稳定。

03. 细胞结构与细胞外基质

03.001 超微结构 ultrastructure

又称"亚显微结构(submicroscopic structure)"。超出光学显微镜分辨水平的细胞结构的统称。

03.002 显微结构 microscopic structure

在光学显微镜下看到的细胞结构。

03.003 [细]胞间桥 intercellular bridge

相邻细胞间胞质的直接连接。如精原细胞和精细胞胞质未完全断开时,子细胞间的细胞间桥。

03.004 生物膜 biomembrane

围绕细胞或细胞器的脂双层膜。由磷脂双层结合有蛋白质和胆固醇、糖脂构成,起渗透屏障、物质转运和信号转导的作用。细胞内的膜系统与质膜的统称。

03.005 单位膜 unit membrane

由脂双层及嵌合蛋白质构成的一层生物膜。在电镜下呈现出"暗-明-暗"三层式结构。

03.006 细胞膜 cell membrane

曾指质膜,现泛指包括细胞质和细胞器的界膜。由磷脂双层和相关蛋白质以及胆固醇和糖脂组成。

03.007 质膜 plasma membrane, plasmalemma

将细胞内外环境分开的一层单位膜。由磷脂双层结合有脂类和蛋白质构成,是细胞内外信息和物质交流的屏障。

03.008 胞质面 cytosolic face

质膜朝向细胞质的一面。

03.009 质膜外面 exoplasmic face

质膜朝向细胞外的一面

03.010 表膜 pellicle

原生动物表面的覆盖层。包括质膜和质膜下的支持结构。

03.011 间体 mesosome

又称"中膜体"。细菌细胞质膜内陷构成的

胞质内膜折叠结构。与 DNA 复制和细胞分裂有关。

03.012 脂单层 lipid leaflet
构成生物膜脂双层中的任一层。分为细胞质层和质外层两个单层。

03.013 脂双层 lipid bilayer
由两层脂质分子以疏水性烃链的尾端相对,以极性头部朝向表面所形成的片层结构的通称。

03.014 脂筏 lipid raft
又称"膜筏(membrane raft)"。一种非均一性富集固醇和鞘脂的高动态小型域。约 10～200 nm 大小,能使细胞过程隔室化。有时小型筏会借助蛋白质-蛋白质以及蛋白质-脂质的相互作用稳定地形成较大平台。

03.015 膜流动性 membrane fluidity
在生理温度范围内生物膜处于二维黏稠流体状态的特性。

03.016 膜再循环 membrane recycling
细胞的胞吞作用过程中部分质膜(包括受体等)以膜囊的形式进入细胞内,卸载胞吞物质后,膜囊又返回质膜,重被利用的再循环过程。

03.017 磷脂双层 phospholipid bilayer
磷脂形成的片层结构,两层磷脂分子以疏水性的烃链尾向内相对排列,极性头向外(水相)。是构成细胞各种膜的基本结构。

03.018 细胞外被 cell coat
又称"糖萼(glycocalyx)"。覆盖在细胞质膜表面的一层黏多糖物质。以共价键和膜蛋白或膜脂结合形成糖蛋白或糖脂,对膜蛋白有保护作用,并在分子识别中起重要作用。

03.019 微绒毛 microvillus
动物细胞表面向外伸出的指状突起。

03.020 刷状缘 brush border
小肠上皮向腔面在显微镜下貌似刷状的微绒毛。

03.021 菌毛 pilus, pili(复), fimbrium, fimbria(复)
又称"伞毛"。某些细菌的表面上伸出的中空毛发状结构。其主要成分为菌毛蛋白,与细菌间或细菌和动物细胞黏合有关。细菌细胞接合过程中是供体细胞向受体细胞传递 DNA 的通道。

03.022 纤毛 cilium
从真核细胞表面延伸出来的膜包围的运动结构。具有微管束组成的核心,能够进行重复的拍击运动。许多细胞的表面具有大量的纤毛,单细胞生物借其游动。

03.023 静纤毛 stereocilium
一种位于耳的毛细胞游离面上似"管风琴"样的大的刚性微绒毛。其内含有一微丝束而不是微管束,不是真正的纤毛。

03.024 根丝体 rhizoplast
多种纤毛虫和鞭毛虫,与纤毛基部相连的显横纹的收缩结构。

03.025 纤毛小根系统 rootlet system
纤毛虫和鞭毛虫中与鞭毛基体结合的微管系统。

03.026 鞭毛 flagellum
(1)鞭毛虫和精子的鞭状延伸物。由中心粒长出,具有与纤毛相同的结构,但要长得多,其功能是推动细胞运动。(2)细菌细胞表面伸出的长丝状物。

03.027 轴丝 axial filament, axoneme
真核细胞纤毛或鞭毛中心由纵行平行排列的微管束及其相关蛋白构成的芯部。负责纤毛或鞭毛的运动。

03.028 基体 basal body, basal granule
又称"毛基体(kinetosome)","生毛体

（blepharoplast）"。真核细胞的纤毛或鞭毛基底部由微管及其相关蛋白质构成的短筒状结构。与中心粒的结构十分相似,是轴丝生长的根基。

03.029 副基体 parabasal body
某些寄生性鞭毛虫中近核处与动基体结合的一种结构。

03.030 动基体 kinetoplast
(1)动鞭毛虫纲动物中靠近鞭毛基体的一种结构,与细胞骨架紧密结合。(2)大线粒体中由环状 DNA 组成的一团盘形结构,内含有多拷贝线粒体基因组。

03.031 基片 basal plate
纤毛或鞭毛基部的质膜下方存在的板状致密结构。

03.032 km 纤维 km-fiber
纤毛虫原生动物毛基索的纤毛基部的下方或一侧纵向排列的微管束。

03.033 伪足 pseudopodium
原生动物或白细胞暂时性伸出的片状或条形突起。用于运动和摄食。

03.034 丝足 filopodium
细胞表面向外伸出的靠微丝支持的细长突起。

03.035 微棘 microspike
又称"微端丝"。动物细胞表面伸出的丝足。

03.036 叶足 lobopodium
移动中的组织细胞的前缘伸出的半圆形伪足。

03.037 片足 lamellipodium
细胞表面的薄片状突起。外被质膜,内部有肌动蛋白丝网络支撑,与细胞运动和胞吞有关。

03.038 足体 podosoma, podosome

巨噬细胞和破骨细胞的一种点状黏附复合物。内含踝蛋白、丝束蛋白和 F 肌动蛋白等。复合物形成环带,与靶细胞接触,将细胞部分消化吸收。

03.039 轴足 axopodium
原生动物太阳虫类等周体辐射伸出的细小的突起。由呈放射状复杂排列的微管支持。

03.040 胞口 cytostome
某些原生动物口沟末端的椭圆形小孔。

03.041 胞咽 cytopharynx
某些原生动物中,与胞口后端相连并深入内层的弯曲短管。与胞口构成原生动物的营养胞器。

03.042 胞肛 cytoproct, cytopyge
纤毛虫后端将废弃食物泡排出的区域。

03.043 陷窝 caveola
又称"胞膜窖"。动物细胞膜筏微区处的内陷小窝。不包有衣被,膜中含有陷窝蛋白、胆固醇、糖鞘脂和糖基磷脂酰肌醇锚定蛋白等。

03.044 陷窝蛋白 caveolin
又称"窖蛋白"。细胞质膜陷窝部位的一类多次穿膜整合蛋白。

03.045 细胞连接 cell junction
细胞表面可与其他细胞或细胞外基质结合的特化区。

03.046 紧密连接 tight junction, zonula occludens
又称"封闭连接(occluding junction)"。上皮细胞顶端侧面质膜中的封闭蛋白和密封蛋白在细胞间构成的密封连接。两膜之间不留空隙,使胞外物质不能通过。

03.047 黏着连接 adhering junction, adherens junction, zonula adherens
又称"锚定连接(anchoring junction)"。上皮

细胞间或上皮细胞与细胞外基质间的连接结构。胞质面连接有肌动蛋白丝或中间丝。根据连接中所涉及的细胞外基质和细胞骨架的关系分为桥粒、半桥粒、黏着带和黏着斑4种类型。

03.048　桥粒　desmosome

相邻细胞间的一种斑点状黏着连接结构。其质膜下方有盘状斑，与 10 nm 粗的中间丝相连，使相邻细胞的细胞骨架间接地连成骨架网。

03.049　半桥粒　hemidesmosome

上皮细胞与其下方其膜间形成的特殊连接，在形态上类似半个桥粒，但其蛋白质成分与桥粒有所不同，胞内连有中间丝。

03.050　黏着斑　plaque，focal adhesion，focal contact

通过整联蛋白锚定到细胞外基质上的一种动态的锚定型细胞连接。整联蛋白的细胞质端通过衔接蛋白质与肌动蛋白丝相连。

03.051　黏着带　adhesion belt

又称"带状桥粒（belt desmosome）"。位于上皮细胞紧密连接的下方，靠钙黏着蛋白同肌动蛋白相互作用，将两个细胞连接在一起，其质膜内侧与肌动蛋白丝相连。

03.052　张力丝　tonofilament

与桥粒相连的直径为 10 nm 的中间丝。被中间丝结合蛋白交联成的中间丝束。

03.053　间隙连接　gap junction

动物细胞中，由连接子构成的细胞间通信连接。允许分子质量小于 1000 Da 的分子通过，使相邻细胞间形成电偶联和代谢偶联。

03.054　连接子　connexon

间隙连接的多亚基复合体单元。每一个连接子由 6 个穿膜的连接蛋白组成的筒状，中央有直径 1.5 nm 的通道。

03.055　分隔连接　septate junction

无脊椎动物上皮中的一种细胞连接，电镜下呈现为梯形形态。

03.056　细胞黏附　cell adhesion

在细胞识别的基础上，同类细胞发生聚集形成细胞团或组织的过程。

03.057　细胞黏附分子　cell adhesion molecule，CAM

介导细胞与细胞间或细胞与胞外基质间相互接触和结合的从多分子的统称。大多数为糖蛋白，分布于细胞表面。

03.058　外质体　ectoplast

变形虫质膜下方毗邻质膜的一层无颗粒细胞质。

03.059　原生质体　protoplast

脱去细胞壁的植物、真菌或细菌细胞。

03.060　亚原生质体　sub-protoplast

植物原生质体分离所得到的不完整原生质体。

03.061　共质体　symplast

（1）植物原生质体间通过胞间连丝相连接，使整个植物体的原生质连成为的一个整体。（2）多核的合胞体。

03.062　合胞体　syncytium

含有由一层细胞膜包绕的多个核的细胞质团。通常是由于两个以上细胞发生融合或一个细胞分裂不完全所致，后者来自于核发生了分裂，而未发生细胞质分裂。

03.063　质外体　apoplast

植物细胞原生质体外围由细胞壁、胞间隙和导管组成的系统。是水和溶质在植物体内运输的通道。

03.064　乳突　papilla

植物表皮层细胞上软的突起。属表皮毛的一种类型。

03.065 毛状体 trichome
植物表皮细胞上的突起。包括毛、鳞片等。

03.066 微原纤维 microfibril
植物细胞壁的基本结构单位。在高等植物细胞壁及多数藻类中由纤维素构成;某些真菌中由壳多糖构成;少数藻类中由甘露聚糖或木聚糖构成。

03.067 细胞壁 cell wall
植物细胞、真菌和细菌细胞外表面由多糖类物质组成的起支持作用的结构。

03.068 初生细胞壁 primary cell wall
植物细胞有丝分裂产生子细胞后,细胞生长时期形成的壁。含果胶质较多,无木质素,允许细胞生长和扩张。壁上细微的纤维丝呈现各种不同排列方向。

03.069 次生细胞壁 secondary cell wall
细胞初生壁表面增大停止后,成壁物质继续淀积在初生壁上而形成的胞壁层。纤维丝在这里呈现一定的平行排列。

03.070 珠光壁 nacreous wall
筛分子壁上常见的非木质化的胞壁加厚。水合度高,光镜下可见其呈珠光。

03.071 纹孔场 pit field
细胞壁内侧凹陷或呈腔室的地方。此处初生壁不再次生加厚,常为成束胞间连丝所贯穿。

03.072 筛域 sieve area
筛分子壁上纹孔状区域。常有胞间连丝贯穿。低等植物中不形成筛板,仅见筛域。

03.073 筛板 sieve plate
被子植物筛分子穿孔的端壁。筛分子构成维管植物韧皮部的筛管。

03.074 筛孔 sieve pore
筛板上孔径为 $0.5 \sim 1.0\ \mu m$ 的孔道。由端壁上原有的胞间连丝发育而成,为筛管中汁液在系列筛分子间集流运行的通道。

03.075 胞壁内突生长 wall ingrowth
胞壁内侧多处位点上壁向内突入、生长的现象。质膜表面积因之明显扩大,为传递细胞的特征。

03.076 凯氏带 Casparian band, Casparian strip
某些植物根内皮层细胞的最初发育阶段,纵向壁和横向壁上形成的一条细的木栓质或类木质素的沉积带。

03.077 花粉外壁 exine
花粉粒壁的外壁,孢粉素为其主要成分。

03.078 花粉内壁 intine
花粉粒壁的内壁,相当于初生壁。

03.079 孢子中壁 mesospore
孢子壁的内层。

03.080 孢子外壁 exospore
孢子壁的外层。

03.081 萌发孔 aperture
花粉粒壁上凹陷区域。此处外壁薄,花粉萌发时经此而突出。

03.082 吸器 haustorium
真菌或高等植物细胞或组织中的可穿入相邻组织,吸收营养的一种突起。其胞壁常内突生长,具有传递细胞的特征。

03.083 胞间连丝 plasmodesma
又称"[细]胞质桥(cytoplasmic bridge)"。贯穿细胞壁沟通相邻细胞的细胞质连线。为细胞间物质运输与信息传递的重要通道,通道中有一连接两细胞内质网的连丝微管。

03.084 初生胞间连丝 primary plasmodesma
植物细胞分裂后期细胞板上孔道中最初形成的胞间连丝。

03.085 次生胞间连丝 secondary plasmodes-

ma

在长成细胞的壁上因细胞发育或功能变化重新形成的胞间连丝。

03.086 连丝小管 desmotubule

胞间连丝中央由膜围成的一个狭窄的筒状结构。其两端与两个细胞的内质网相连。

03.087 [胞]外连丝 ectodesma

贯穿植物表皮细胞外侧壁的一种胞间连丝样纤细通道。从胞腔延伸到胞壁表面,是细胞内、外间物质交流的途径。

03.088 乌氏体 Ubisch body

又称"球状体(orbicule)"。花药内绒毡层内表面上的一种仅数微米大小的颗粒物。

03.089 胞质孔环 cytoplasmic annulus

植物细胞胞间连丝中质膜与连丝小管之间的"套袖"状细胞质区,横断面呈环状。

03.090 颈区 neck region

胞间连丝的出口或入口处的紧缩区。其收缩与开放具有调节物质通行的功能。

03.091 共质域 symplasmic domain

植物体内细胞间具有通信和代谢产物相互运输的既定组织或细胞团。其胞间连丝各具有特定的通透性,域间则缺少这种相互关系。

03.092 外质 ectoplasm, ectosarc, exoplasm

细胞膜内侧紧紧相接的无颗粒的细胞质部分。具有溶胶-凝胶转化的特性,黏性较高。

03.093 内质 endoplasm

细胞质内部富含颗粒且布朗运动和胞质环流显著的部分。黏性低,富于流动性,并占据细胞质的大部分。

03.094 原生质 protoplasm

活细胞的全部物质。现已很少使用。

03.095 细胞质 cytoplasm

细胞中包含在细胞膜内的内容物。在真核细胞中指细胞膜以内核以外的部分,内含有细胞器和细胞骨架等结构。

03.096 皮质 cortex

动物细胞质膜内面的一层特化的细胞质。富含肌动蛋白,与细胞表面的分子运动相关。

03.097 皮层 cortex

植物茎和根中表皮与维管束之间的薄壁组织。

03.098 周质间隙 periplasmic space

革兰氏阴性菌的质膜与外膜之间,或革兰氏阳性菌的质膜与肽聚糖壁之间的空间。

03.099 周质 periplasm

(1)紧贴某些卵菌类卵囊壁内的原生质。含有退化的核,并参与卵孢子壁的形成作用。
(2)有丝分裂中核膜破裂后围绕在染色体和纺锤体周围的部分细胞质和核质的混合物。

03.100 胞质溶胶 cytosol

曾称"细胞基质(cell matrix)"。细胞质中除膜性细胞器和不溶性细胞骨架以外的可溶性部分。

03.101 细胞器 organelle

真核细胞内具有一定形态、执行特定功能的结构。如线粒体、叶绿体、内质网和高尔基体等。

03.102 线粒体 mitochondrion

真核细胞中由双层高度特化的单位膜围成的细胞器。主要功能是通过氧化磷酸化作用合成ATP,为细胞各种生理活动提供能量。

03.103 线粒体内膜 mitochondrial inner membrane

双层线粒体膜的内层膜。膜中装配有氧化磷酸化电子传递链,是合成ATP的主要场所。

03.104　线粒体基质　mitochondrial matrix
线粒体内膜所围空间中含有的所有物质。
包括三羧酸循环的酶系等。

03.105　线粒体外膜　mitochondrial outer
　　　　　membrane
双层线粒体膜的外层膜。膜上分布有蛋白
质转运体。

03.106　线粒体嵴　mitochondrial crista
线粒体内膜向内室折叠构成的双层膜褶或
小管。膜上嵌插有 F_0F_1-ATP 合酶和氧化磷
酸化电子传递链的成分。

03.107　亚线粒体小泡　submitochondrial ves-
　　　　　icle
又称"亚线粒体颗粒(submitochondrial parti-
cle)"。经超声处理破碎线粒体,线粒体膜
碎片形成的小泡。线粒体内膜形成的小泡,
其基质面暴露在外。

03.108　线粒体核糖体　mitoribosome
线粒体基质中所含的核糖体。类似于原核
生物核糖体。

03.109　肌粒　sarcosome
肌细胞中的线粒体。

03.110　OXA 复合体　oxidase assembly com-
　　　　　plex, OXA complex
线粒体内膜、叶绿体类囊体膜和细菌质膜上
的一种蛋白质转运体。线粒体中的 OXA 可
介导线粒体基质中的蛋白质插入线粒体内
膜。

03.111　TOM 复合体　TOM complex
为线粒体外膜上的蛋白质转运体(transloca-
tor of the outer mitochondrial membrane,
TOM)。负责将全部核编码的线粒体蛋白
运进膜间隙,并协助将穿膜蛋白插入外膜。

03.112　TIM 复合体　TIM complex

为线粒体内膜上的蛋白质转运体(transloca-
tor of the inner mitochondrial membrane,
TIM)。负责将核编码的线粒体蛋白质运进
基质,也介导一些蛋白质插入内膜。

03.113　膜间隙　intermembrane space
存在于线粒体、叶绿体的内膜和外膜之间的
空间。

03.114　叶绿体　chloroplast
植物细胞中由双层膜围成,含有叶绿素能进
行光合作用的细胞器。间质中悬浮有由膜
囊构成的类囊体,内含叶绿体 DNA。

03.115　叶绿体被膜　chloroplast envelope
叶绿体外围的双层单位膜。包括外膜和内
膜。

03.116　叶绿体基质　chloroplast stroma
叶绿体内膜所围空间内除类囊体之外的所
有液相物质。

03.117　叶绿体基粒　chloroplast granum
在叶绿体基质中,由许多圆盘状类囊体堆叠
而成的摞状结构。

03.118　基质片层　stroma lamella
叶绿体基质中基粒间较大的类囊体片层。

03.119　基粒片层　granum lamella
叶绿体基质中小的类囊体一个一个叠在一
起构成的膜片层。

03.120　类囊体　thylakoid
叶绿体基质中由单位膜围成的扁平囊。

03.121　基粒类囊体　granum-thylakoid
叶绿体基质中构成基粒的小的类囊体。

03.122　基质类囊体　stroma-thylakoid
在叶绿体基质中,连接于基粒之间的不发生
堆叠的较大的类囊体。

03.123　前质体　proplastid
尚未充分发育的质体。双层膜包围的腔内

含少量小膜泡和膜片层。

03.124 质体 plastid
植物细胞中由双层膜包围的具有光合作用和贮藏功能的细胞器。根据所含色素和功能的不同,质体可分为白色体、叶绿体和色质体。

03.125 色质体 chromoplast
除叶绿体以外,含色素的无类囊体结构的质体。

03.126 白色体 leucoplast
一类无色的质体。包括黄化质体和贮藏质体(如造粉体)。

03.127 造粉体 amyloplast
参与淀粉合成和贮藏淀粉大颗粒的无色质体。

03.128 黄化质体 etioplast
在黑暗条件下,前质体小泡融合速度减慢,并转变为排列成网格的小管的三维晶格结构的质体。在光照下它可转变为叶绿体。

03.129 油质体 oleosome, elaioplast
又称"造油体"。植物细胞中含脂质的圆球体。是种子和果实中的贮藏颗粒。

03.130 圆球体 spherosome
植物细胞中来源于内质网的小泡,是贮藏脂质的细胞器。

03.131 裸质体 gymnoplast
高等植物无壁的细胞。

03.132 糊粉粒 aleurone grain
许多植物种子的胚、胚乳或外胚乳内贮藏蛋白质物质的膜围颗粒。

03.133 淀粉核 pyrenoid
存在于某些叶绿体中含有蛋白质的小体。在绿藻中,与淀粉合成有关。

03.134 叶褐体 phaeoplast
褐藻中含有藻褐素的质体。

03.135 藻胆[蛋白]体 phycobilisome
在红藻及蓝藻蓝中以别藻蓝蛋白为核心,并具有藻蓝蛋白与藻红蛋白组成的辐射棒状结构,可转移光能到叶绿素 a 分子,并在细胞中聚集形成的特殊颗粒。有规则的排列在类囊体的表面。

03.136 藻红体 rhodoplast
红藻类、隐藻类等细胞中所含有的光合细胞器。含藻胆蛋白(藻红蛋白和藻蓝蛋白)的红色质体。

03.137 内膜系统 endomembrane system
真核细胞中,在结构、功能上具有连续性的、由膜围成的细胞器或结构。包括内质网、高尔基体、溶酶体、内体和分泌泡以及核膜等膜结构,但不包括线粒体和叶绿体。

03.138 内质网 endoplasmic reticulum, ER
真核细胞细胞质内广泛分布的由膜构成的扁囊、小管或小泡连接形成的连续的三维网状膜系统。分为糙面内质网和光面内质网两种。

03.139 光面内质网 smooth endoplasmic reticulum
膜表面没有核糖体附着的内质网。主要与脂质的合成有关。

03.140 糙面内质网 rough endoplasmic reticulum
膜表面有核糖体附着的内质网。是分泌蛋白和膜蛋白质等的合成与加工场所。

03.141 动质 ergastoplasm
细胞学早期,在光镜水平下观察到的与碱性染料具有亲和力的一种细胞质成分。即现称的内质网。

03.142 微粒体 microsome
在细胞匀浆和差速离心过程中获得的由破

碎的内质网膜形成的直径介于 20～200nm 的膜泡。

03.143　转运体　translocon, translocator
又称"易位子"，"易位蛋白质"。糙面内质网膜中的多蛋白质复合物。可形成通道，新生分泌蛋白合成时通过转运体进入内质网腔，也可利用水解 GTP 将内质网腔中的损伤蛋白质转运到细胞质溶质中。

03.144　Sec61 复合体　Sec61 complex
构成哺乳动物内质网膜的蛋白质转运的蛋白质复合体。介导新生多肽链从细胞质溶质进入内质网腔。

03.145　肌质网　sarcoplasmic reticulum
横纹肌肌纤维中的特化内质网膜囊网络。系内质网的变态形式，囊腔中隐藏有高浓度的钙离子，钙离子的释放引起肌肉收缩。

03.146　核糖［核蛋白］体　ribosome
由核糖体 RNA 和蛋白质组成的颗粒结构。包括大小两个亚单位，是细胞质、线粒体和叶绿体中合成蛋白质的细胞器。

03.147　多核糖体　polyribosome, polysome
在蛋白质合成过程中，结合在信使核糖核酸（mRNA）上的一簇正在合成肽链的核糖体。每个核糖体可以独立完成一条肽链的合成。

03.148　高尔基［复合］体　Golgi body, Golgi apparatus, Golgi complex
真核细胞胞质中近核部位主要由扁平膜囊和小泡规则堆摞而成的结构。是意大利科学家高尔基（Golgi）在 1898 年发现的，普遍存在于真核细胞中的一种细胞器。含有多种糖基化酶，负责将来自内质网的蛋白质进行加工和分选，以便分送到细胞不同部位或细胞外。

03.149　分散［型］高尔基体　dictyosome
植物细胞中分散存在的高尔基体。

03.150　顺面　cis-face
又称"形成面"。高尔基体面向细胞核的一面。内质网合成的物质经运输小泡由此面进入高尔基体。

03.151　反面　trans-face
又称"成熟面"。高尔基体具有极性，面向质膜的呈凹形的一面。物质从此面离开高尔基体运送到细胞表面或其他细胞器。

03.152　顺面高尔基网　cis-Golgi network
由高尔基体顺面的扁囊和小管连接成的网络。接收由内质网来的小泡。

03.153　反面高尔基网　trans-Golgi network
由高尔基体反面的扁囊和小管连接成的网络。加工物通过此部位运出高尔基体，为分选与包装加工物的主要部位。

03.154　潴泡　cistern, cisterna
存在于高尔基体和内质网中由膜围成的扁囊和小泡。

03.155　液泡　vacuole
简称"泡"。植物细胞中由单层膜围成的贮存水、离子和营养物质（如葡萄糖，氨基酸等）的细胞器。膜上含有各种转运蛋白。

03.156　液泡形成体　tonoplast
又称"液泡膜"。植物细胞中围绕液泡的膜。

03.157　小泡　vesicle
细胞内由单位膜包围而成的含有特殊内含物的封闭囊泡。

03.158　收缩泡　contractile vacuole
又称"伸缩泡"。原生动物细胞质中随原生质的流动而转移的小泡。位置不固定，可有节律地收缩，维持体内外渗透压平衡和排出部分废物。

03.159　溶酶体　lysosome
真核细胞中一种膜包围的异质的消化性细胞器。是细胞内大分子降解的主要场所。

03.160 初级溶酶体 primary lysosome
只含酸性水解酶而不含被消化物质（底物）、尚未进行消化活动的溶酶体。

03.161 次级溶酶体 secondary lysosome
已经进行消化活动的溶酶体。内含溶酶体酶和消化底物，以及消化产物。根据所消化的物质来源不同，分为自噬溶酶体和异噬溶酶体。

03.162 自噬溶酶体 autophagolysosome
又称"自[体吞]噬泡(autophagic vacuole)"。融入细胞自身多余或衰老细胞器（如线粒体和内质网等）的一类次级溶酶体。在细胞内起清道夫作用。

03.163 异噬溶酶体 heterophagic lysosome
又称"异体吞噬泡(heterophagic vacuole)"。细胞通过胞吞作用吞入异物，形成吞噬泡和胞饮泡，这些内吞泡与初级溶酶体融合后形成的复合体。

03.164 吞噬溶酶体 phagolysosome
病原体或异物被吞噬细胞吞入，形成吞噬小体，再与初级溶酶体相融合形成的胞内消化结构。对病原体或异物产生消化作用。

03.165 残余体 residual body
含有未被消化的残存物质的溶酶体。可通过类似胞吐的方式将内容物排出细胞。

03.166 吞噬体 phagosome
细胞吞噬大的细胞外颗粒状物质后形成的由膜包围的结构。

03.167 异[吞]噬体 heterophagosome
经吞噬作用或胞饮作用形成的细胞质小泡。与溶酶体融合，内含物被酸性水解酶消化。

03.168 自[体吞]噬体 autophagosome
由细胞内退变或损伤的细胞器被双层膜包围形成的结构。与初级溶酶体融合，形成自噬溶酶体，使内含物得以消化。

03.169 内[吞]体 endosome
细胞质中经胞吞作用形成的一种脱衣被膜围的细胞器，直径约 300 ~ 400 nm。按发生阶段分为早期内体和晚期内体。

03.170 早期内体 early endosome
由于细胞的胞吞作用而形成的含有胞吞物质的膜结合的细胞器。通常是管状和小泡状的网络结构集合体。

03.171 晚期内体 late endosome
内部 pH 值变酸，将胞吞物分拣到溶酶体，被消化的内体。具有分选作用，能够分选与配体结合的受体，让它们再循环到细胞质膜表面或高尔基体反面网络。

03.172 再循环内体 recycling endosome
在穿胞运输途径中从早期内体表面伸出的管状结构相互融合形成的早期内体与质膜之间的中间站。

03.173 多泡体 multivesicular body
细胞内存在高尔基体周围的由早期内体界膜中的一些特定微区向内凹陷、脱落形成的一种细胞器。在大小为 500 nm 左右的液泡内含有许多 20 ~ 80 nm 的小泡。与质膜融合时将微小囊泡释放到细胞外。

03.174 外排体 exosome
活细胞晚期内体膜特定部位内陷芽生成并分泌到细胞外的一种膜性小囊泡。可携带多种成分，如主要组织相容性复合体，可提呈抗原激活 T 细胞，并在细胞间起免疫通信物的作用。

03.175 溶酶体贮积症 lysosomal storage disease
由于遗传性缺陷导致的先天性缺乏一种或多种溶酶体酶，使其相应底物不能消化积聚在细胞内而造成的疾病。

03.176 微体 microbody
由单层膜围绕的内含一种或几种氧化酶类

的异质性细胞器。包括过氧化物酶体和乙醛酸循环体。

03.177 过氧化物酶体 peroxisome
细胞质中含有氧化酶、过氧化物酶和过氧化氢酶的细胞器。

03.178 微过氧化物酶体 microperoxisome
存在于大多数细胞中的直径为 150～250 nm 的小过氧化物酶体。

03.179 乙醛酸循环体 glyoxysome
植物细胞中含有乙醛酸循环酶的细胞器。也含有过氧化氢酶，催化脂肪酸氧化。

03.180 细胞骨架 cytoskeleton
真核细胞中与保持细胞形态结构和细胞运动有关的纤维网络。包括微管、微丝和中间丝。

03.181 微梁网 microtrabecular network, microtrabecular lattice
由于实验方法不当，在细胞核中呈现出的网络结构。现已弃用。

03.182 微管 microtubule, MT
由微管蛋白原丝组成的不分支的中空管状结构。直径约 25 nm，是细胞骨架成分，与细胞支持和运动有关。纺锤体、真核细胞纤毛、中心粒等均系由微管组成的细胞器。

03.183 微管组织中心 microtubule organizing center, MTOC
细胞中微管生成的发源区。具有 γ 微管球蛋白，如中心粒动粒和纤毛基体的邻近区。

03.184 自组装 self-assembly
某些细胞结构可由其亚单位自行装配而成的特性。如微管蛋白装配成微管的过程。

03.185 正端 plus end
远离微管组织中心微管生长速度快的一端。

03.186 负端 minus end

靠近微管组织中心微管生长速度慢的一端。

03.187 踏车现象 tread milling
微丝或微管在一定条件下，其正端有亚基不断地添加的同时，负端有亚基不断地脱落，使一纤维在一端延长而另一端缩短的交替现象。

03.188 中心体 centrosome
曾称"中心质（centroplasm）"。主要见于动物细胞中的一种近核的细胞结构。由一对中心粒和中心粒周物质组成，中心粒周物质起微管组织中心作用。

03.189 中心粒 centriole
动物细胞中位于核附近由 9 组三联体微管围成的成对圆筒状结构。两颗中心粒在一端相互垂直，在分裂间期中位于核的一侧，细胞分裂时逐渐移向两极，与有丝分裂器的组建有关。

03.190 原中心粒 procentriole
由微管进行新装配但尚未成熟的中心粒。

03.191 中心球 centrosphere
又称"中心粒周区（pericentriolar region, PCR）"。由中心粒周围物质组成的球形区。

03.192 中心粒周物质 pericentriolar material, PCM
又称"中心体基质（centrosome matrix）"。动物细胞中围绕中心粒的无定形的电子致密物质。

03.193 原丝 protofilament
蛋白质亚基以端点对端点的方式连接成的线形链。原丝之间在侧面相连，形成诸如微管或中间丝这样的细胞骨架成分。

03.194 丝 filament
组成原纤维的亚级线状结构。由亚单位分子聚合形成，如肌丝、神经丝、中间丝。

03.195 动纤丝 kinetodesma

纤毛虫中与纤毛基体垂直相连的细胞质丝束。

03.196 肌线 myoneme
纤毛虫原生动物中的收缩细胞器。

03.197 微丝 microfilament, MF
真核细胞内由肌动蛋白组成的直径为 5 ~ 7 nm 的骨架纤丝。

03.198 中间丝 intermediate filament, IF
又称"中间纤维","10 nm 丝"。存在于真核细胞中介于微丝和微管之间,直径约 10 nm 的纤丝。是最稳定的细胞骨架成分,主要起支撑作用。因组成的蛋白质不同而有不同的命名。

03.199 角蛋白丝 cytokeratin filament
存在于各种上皮细胞中的由角蛋白组成的中间丝。

03.200 结蛋白丝 desmin filament
存在于各种肌肉细胞中由结蛋白组成的中间丝。

03.201 神经胶质丝 glial fibril acidic protein filament
神经胶质细胞、星形细胞中由胶质纤维酸性蛋白组成的中间丝。

03.202 核纤层蛋白丝 lamin filament
真核细胞构成核纤层由核纤层蛋白组成的中间丝。

03.203 波形蛋白丝 vimentin filament
存在于中胚层来源细胞,如成纤维细胞和软骨细胞中由波形蛋白组成的中间丝。

03.204 [念]珠状纤丝 beaded filament, beaded-chain filament
由晶状体丝蛋白、波形蛋白和晶状体蛋白组成的晶状体特有的中间丝。

03.205 肌丝 myofilament
组成肌原纤维的细丝。包括粗肌丝和细肌丝两种。

03.206 粗肌丝 thick myofilament, thick filament
又称"肌球蛋白丝(myosin filament)"。横纹肌中的肌球蛋白II丝,直径约 12 ~ 14 nm,仅存于肌肉细胞中。

03.207 细肌丝 thin myofilament, thin filament
又称"肌动蛋白丝(actin filament)"。横纹肌中与 Z 盘相连,直径约 7 ~ 9 nm 的纤丝。由 F 肌动蛋白、原肌球蛋白和肌钙蛋白组成。

03.208 肌原纤维 myofibril
由粗肌丝和细肌丝规则排列构成的肌纤维亚单位。

03.209 肌节 sarcomere
横纹肌细胞中肌原纤维上的重复单位。两条 Z 盘之间的结构为一个肌节,由相互交错的粗肌丝(肌球蛋白)和细肌丝(肌动蛋白)的阵列组成。

03.210 肌质 sarcoplasm
横纹肌纤维中的细胞质。

03.211 肌小管 sarcotubule
横纹肌中对应于肌节部位,围绕在肌原纤维外围的纵行细管。为肌质网的一部分,两端与端池相连。

03.212 胞内小管 intracellular canaliculus
质膜内陷插入细胞质形成的细管。

03.213 横小管 transverse tubule, T-tubule
简称"T 小管"。横纹肌纤维在暗带与明带交界处,肌膜内陷,环绕肌原纤维形成的小管。与传导电兴奋和引起肌肉收缩有关。

03.214 肌膜 sarcolemma
横纹肌纤维的质膜。

03.215 明带 I band, light band
又称"I带"。横纹肌肌节中的单折光带。只含细肌丝。

03.216 暗带 A band, dark band
又称"A带"。横纹肌肌节中粗肌球蛋白丝所在的区段。具有重折光性。

03.217 M线 M band, M line
横纹肌肌节暗带的中心区。只含粗肌丝。

03.218 Z盘 Z disc
又称"Z线（Z line）"。肌原纤维相邻两肌节交接处的盘状结构。为α辅肌动蛋白集中处，与细肌丝相连。

03.219 应力纤维 stress fiber
由肌动蛋白丝和肌球蛋白Ⅱ丝组成的可收缩丝束。具有肌节结构，一端与穿膜整联蛋白连接，与细胞运动有关。

03.220 附着斑 attachment plaque
平滑肌细胞中，肌动蛋白丝的一端与质膜相连的致密结构。由α辅肌动蛋白和附着斑蛋白组成。

03.221 神经元 neuron
又称"神经细胞（nerve cell）"。高等动物神经系统的结构和功能单位。包括细胞体、轴突和树突。

03.222 神经丝 neurofilament
存在于神经细胞轴突中的一种特化的中间丝。除有支持作用外，还与物质运输有关。

03.223 核周体 perikaryon
神经元除轴突和树突外的围核细胞本体。

03.224 轴突 axon
神经细胞长的突起。可远距离快速传导神经脉冲，从细胞本体向其他细胞传递信号。

03.225 树突 dendrite
神经细胞伸出的树枝状细胞突起。接受邻近细胞的刺激传到细胞本体。

03.226 突触 synapse
神经细胞的一种特化连接，神经递质信号分子可通过此连接从一个神经细胞传递到另一个神经细胞或肌肉细胞。

03.227 运动终板 motor end plate
又称"神经肌肉接点（neuromuscular junction）"。运动神经元轴突末梢与肌纤维间的一种化学突触结构。

03.228 髓鞘 myelin sheath
神经膜细胞的质膜沿着轴索的轴心螺旋缠绕形成的多层脂双层结构。主要成分为髓磷脂，具有高度绝缘性。

03.229 神经原纤维 neurofibril
在光镜下观察到的神经元中的细丝。包括微管和神经丝。

03.230 双核体 dikaryon
真菌菌丝每一区间含有的两个来自不同亲体的核。

03.231 多形核 polymorphic nucleus
哺乳动物颗粒白细胞中形状不规则的核。

03.232 [细]胞核 nucleus
简称"核"。真核细胞中最大的由膜包围的最重要的细胞器。是遗传物质贮存、复制和转录的场所。主要包括核被膜、核基质、染色质和核仁四部分。

03.233 真核 eukaryon
有核膜包围的细胞核。

03.234 拟核 nucleoid
又称"类核"，"原核（prokaryon）"。原核细胞中DNA集中但无核膜包围的区域。

03.235 [配子]原核 pronucleus
真核生物受精卵中发生融合前的卵核或精核。

03.236 大核 macronucleus

又称"滋养核（trophonucleus）"。原生动物纤毛虫类细胞中含有的两个核中较大的那个核。为营养核,与有性生殖无关。

03.237 小核 micronucleus

原生动物纤毛虫类细胞中含有的两个核中较小的那个核。具有遗传功能。

03.238 微核 micronucleus

细胞的染色体发生断裂后,细胞进入下一次分裂时,染色体片段不能随有丝分裂进入子细胞,而在细胞质中形成直径小于主核的,嗜色与主核一致,完全与主核分开的圆形或椭圆形核。

03.239 营养核 vegetative nucleus

植物花粉成熟过程中核经有丝分裂形成两个子核,向着大液泡的那个核。经胞质分裂,发育成一个大的营养细胞。

03.240 生殖核 generative nucleus

植物花粉成熟过程中核经有丝分裂形成两个子核,贴近壁的那个核。

03.241 管核 tube nucleus

又称"粉管核"。花粉管中的营养核。对花粉管的生成作用不大。

03.242 核液 nuclear sap, karyolymph

相对核内颗粒部分（如染色质）而言的细胞核内的液体部分。

03.243 核质 nucleoplasm, karyoplasm

真核细胞中细胞核内除核仁外,所含的其他部分物质。

03.244 核质比 nuclear-cytoplasmic ratio

又称"核质指数（nucleoplasmic index）"。细胞中细胞核与细胞质的体积比。用公式表示为:$NP = V_n/(V_c - V_n)$,式中 NP 为核质比,V_c 和 V_n 分别表示细胞和细胞核的体积。

03.245 外切体 exosome

存在于真核生物和古核生物细胞核中由多于5种核酸外切酶构成的大蛋白质复合体。可降解各种 RNA。

03.246 核被膜 nuclear envelope

简称"核膜（nuclear membrane）"。真核细胞内包围细胞核的双层膜结构。包括内核膜、外核膜、核周腔、核孔复合体、核纤层,是细胞核与细胞质之间的界膜。

03.247 外核膜 outer nuclear membrane

向着胞质侧的一层核膜。常与糙面内质网相连,其外表面上也常附有大量核糖体颗粒。

03.248 内核膜 inner nuclear membrane

面向核基质近核质侧与外核膜平行排列的一层核膜。其内表面光滑,没有核糖体颗粒。

03.249 核周隙 perinuclear space

又称"核周池（perinuclear cistern）"。真核细胞构成核被膜的两层核膜之间的空隙。充有液体,宽约 10 ~ 40 nm。

03.250 环孔片层 annulate lamella

某些动物卵母细胞中的一种细胞器,与核被膜相连。与所含的信使 RNA 合成微管蛋白相关。

03.251 核孔[复合体] nuclear pore [complex]

核被膜上沟通核质和细胞质的复杂隧道结构,由多种核孔蛋白构成。隧道的内、外口和中央有由核糖核蛋白组成的颗粒,对进出核的物质有控制作用。

03.252 [核孔复合体]中央颗粒 central granule

又称"中央栓（central plug）"。位于核孔复合体中心,呈颗粒状或棒状的运输蛋白质。向外伸出 8 个呈辐射状对称的环形辐。

03.253 胞质环 cytoplasmic ring

位于核孔复合体结构边缘胞质面一侧的环状结构。与柱状亚单位相连,环上有 8 条对称分布的伸入胞质中的短纤维(30 ~ 50 nm)。

03.254 核质环 nucleoplasmic ring

位于核孔复合体结构边缘核质面一侧的孔环状结构。与柱状亚单位相连,环上对称地连有 8 条长约 100 nm 的细纤维伸向核内,纤维的颗粒状末端彼此连接形成一个直径约 60 nm 的小环。

03.255 核篮 nuclear basket

从核孔复合体内口核质侧伸出的纤维相互汇聚形成的一种捕鱼笼式的结构。

03.256 柱状亚单位 column subunit

核孔复合体结构的一部分,位于核孔复合体边缘,连接胞质环与核质环,起支撑作用。

03.257 环状亚单位 annular subunit

核孔复合体中,排列在通道正中间从四周伸向中央颗粒的蛋白质颗粒。

03.258 腔内亚单位 luminal subunit

核孔复合体结构的一部分,位于柱状亚单位外侧、接触核膜的核孔区域。穿过核膜伸入双层核膜的膜间隙,起锚定核孔复合体的作用。

03.259 孔膜区 pore membrane domain

核孔复合体周围含有一些特有蛋白质成分(如糖蛋白 gp210、核孔膜蛋白 Pom121 等)的核膜。

03.260 核仁 nucleolus

由核仁组织区 DNA、RNA 和核糖体亚单位等成分组成的球形致密结构。在电镜下可区分成纤维中心、致密纤维组分和颗粒组分三个区域。

03.261 颗粒组分 granular component

在电镜下观察到的核仁中直径为 15 ~ 20 nm 的核糖核蛋白颗粒,为正在加工成熟核糖体亚单位的前体颗粒。

03.262 [核仁]颗粒区 pars granulosa

核仁中颗粒成分集中的区域。

03.263 [核仁]纤维区 pars fibrosa

核仁中纤维成分分布的区域。

03.264 [核仁]纤维中心 fibrillar center, FC

核仁中核糖体 DNA(rDNA)所在的部位。

03.265 [核仁]无定形区 pars amorpha

核仁中除颗粒区和纤维区以外的区域。

03.266 致密纤维组分 dense fibrillar component

在电镜下观察到的核仁中电子密度最高的部分,由致密的纤维构成,含有 rRNA 和一些特异性的结合蛋白。

03.267 核仁结合染色质 nucleolar associated chromatin

在电镜下所观察到的包围着核仁的染色质。

03.268 核仁染色质 nucleolar chromatin

核仁中含有核糖体 DNA(rDNA)序列的染色质片段。

03.269 核仁组织区 nucleolus organizer region, nucleolus organizing region, NOR

位于染色体次缢痕处,含有多拷贝核糖体 RNA 基因,具有组织形成核仁能力的染色质区。

03.270 核仁组织染色体 nucleolar-organizing chromosome

含有核仁组织区的染色体。能在核糖体 RNA 基因部位形成核仁。

03.271 核球 karyosphere

由核仁、染色体和核仁样小体紧密组合成的复合体。

03.272 核仁线 nucleolonema
大多数细胞中核仁所含的线状核仁蛋白质结构。

03.273 核仁内粒 nucleolinus
核仁原纤维中心。

03.274 核网 nuclear reticulum, nuclear network
静止期染色体存在的状态,呈现为弥散的颗粒连线网。

03.275 染色质 chromatin
间期细胞核中由 DNA 和组蛋白构成的染色物质。

03.276 常染色质 euchromatin
间期核中染色质纤维折叠压缩程度低,处于伸展状态,染料着色浅的染色质。富含单拷贝 DNA 序列。

03.277 异染色质 heterochromatin
间期核中染色质纤维折叠压缩程度高,处于凝缩状态,染料着色深的染色质。富含重复 DNA 序列。

03.278 组成性异染色质 constitutive heterochromatin
又称"恒定性异染色质"。在整个细胞周期内总是处于凝缩状态的异染色质。

03.279 兼性异染色质 facultative heterochromatin
生物体一定时期处于凝缩失活状态的染色质,而在其他时期松展为常染色质。

03.280 螺线管 solenoid
真核细胞染色质包装的二级结构。有组蛋白 H1 存在时,直径 10 nm 的核小体念珠结构螺旋盘绕,形成外径 30 nm、内径 10 nm、螺距 11 nm 的一种染色质结构,每一螺旋圈

有 6 个核小体,组蛋白 H1 对这一结构的稳定起重要作用。

03.281 核小体 nucleosome
组成真核细胞染色体的基本结构单位,由组蛋白和大约 200 个 bp 的 DNA 组成的直径约 10 nm 的球形小体。其核心由 H2A、H2B、H3 和 H4 四种组蛋白各两个分子组成八聚体构成。

03.282 染色质纤维 chromatin fiber
电镜下所见到的染色质的基本结构单位,粗约 30 nm,是由线状 DNA 双螺旋和组蛋白、非组蛋白、少量 RNA 以及同 DNA、RNA 合成有关的酶构成的复合物。

03.283 染色质凝缩 chromatin condensation
细胞分裂过程的前期,染色质纤维进一步紧密卷曲凝缩,形成染色体的过程。

03.284 核基质 nuclear matrix
又称"核骨架(nuclear skeleton, karyoskeleton)"。细胞核内主要由非组蛋白质构成的精密的三维纤维网架结构。即除核被膜、核纤层-核孔复合体体系、染色体骨架与核仁以外的网架结构体系。与染色质的复制、转录和 RNA 加工有关。

03.285 核纤层 nuclear lamina
位于细胞核内核膜下与染色质之间的、由中间纤维相互交织而形成的一层高电子密度的蛋白质网络片层结构。在细胞分裂过程中对核被膜的破裂和重建起调节作用。

03.286 染色体支架 chromosome scaffold
染色体去掉组蛋白后在电镜下显示出的蛋白质性基本构架。

03.287 [细]胞外基质 extracellular matrix
由细胞分泌到细胞外间充质中的蛋白质和多糖类大分子物质。构成复杂的网架,连接组织结构、调节组织的发育和细胞生理活动。

03.288 [细]胞外基质受体 extracellular matrix receptor
特异性识别和结合细胞外基质成分的细胞表面受体。细胞外基质成分通过与其受体相结合,启动细胞内一定的信号传递途径,调节细胞活动。

03.289 间充质 mesenchyme
动物中尚未特化的结缔组织。由一薄层细胞外基质和埋藏的细胞组成。

03.290 结缔组织 connective tissue
动物组织间起支持作用的组织。由大量细胞外基质和埋藏的细胞组成。

03.291 胶原 collagen
细胞外基质中的一种张力强度很高的纤维状蛋白质。富含甘氨酸和脯氨酸,是构成细胞外基质的骨架。

03.292 胶原纤维 collagen fiber
细胞外基质的骨架成分,由胶原分子有序排列并相互交联构成的纤维,具有很高的抗张力强度。

03.293 胶原原纤维 collagen fibril
组成胶原纤维的亚单位丝,由三股螺旋的胶原分子通过侧连,有序排列成的直径约50～200 nm 的纤维结构。

03.294 前胶原 procollagen
带有前肽序列的胶原前体分子,由三股前 α 链螺旋构成。前肽序列被专一性酶切除后,产生原胶原。

03.295 原胶原 tropocollagen
前胶原在细胞外被特异性蛋白酶水解切除两端的端肽后生成的分子。由原胶原分子自动装配成胶原原纤维。

03.296 弹性纤维 elastic fiber
细胞外基质中由弹性蛋白组成的,具有弹性的纤维。是细胞外基质中的主要纤维成分

之一。

03.297 弹性蛋白 elastin
细胞外基质中形成弹性纤维的蛋白质。具有随机卷曲和交联性能。

03.298 原弹性蛋白 protoelastin
弹性蛋白的前体分子。

03.299 蛋白聚糖 proteoglycan
由糖胺聚糖与线性多肽共价结合成的多糖和蛋白质复合物。能够形成水性的胶状物,主要存在于脊椎动物结缔组织和细胞表面中。

03.300 黏结蛋白聚糖 syndecan
一类整合在成纤维细胞和表皮细胞质膜内的硫酸乙酰肝素蛋白聚糖。其细胞外区可与多种细胞外基质蛋白结合,细胞内区则与肌动蛋白丝相连。为一个家族,有 4 个成员。

03.301 糖胺聚糖 glycosaminoglycan
由氨基糖、糖醛酸二糖单元重复排列构成的一类直链多糖,是蛋白聚糖多糖侧链的组分。包括透明质酸、硫酸软骨素、硫酸角质素、硫酸皮肤素、肝素和硫酸乙酰肝素等。

03.302 透明质酸 hyaluronic acid, hyaluronan
糖胺聚糖的一种,由葡糖醛酸和 N-乙酰氨基葡糖形成的多糖,不含硫酸基取代。

03.303 透明质酸黏素 hyalherin
识别并结合透明质酸糖链的一族细胞黏附分子。包括 CD44 及蛋白聚糖的连接蛋白等。

03.304 肝素 heparin
N-硫酸化程度高和艾杜糖醛酸含量较多的一种糖胺聚糖。是由 D-β-葡糖醛酸(或 L-α-艾杜糖醛酸)和 N-乙酰氨基葡糖形成重复二糖单位组成的黏多糖。由紧靠血管的

肥大细胞产生,并贮存于肥大细胞的颗粒中,应一定的刺激而释放,具有抗凝血作用。

03.305 硫酸乙酰肝素 heparan sulfate, HS
又称"硫酸类肝素"。N-硫酸化较低而乙酰化程度较高及艾杜糖醛酸含量较少的一种糖胺聚糖。是由 L-α-艾杜糖醛酸(或 D-β-葡糖醛酸)和 N-乙酰氨基葡糖形成的重复二糖单位组成的黏多糖。普遍存在于各种细胞的表面,参与膜结构以及细胞之间和细胞与基质之间的相互作用。

03.306 硫酸角质素 keratan sulfate
糖胺聚糖的一种,由半乳糖和 N-乙酰氨基葡糖形成的重复二糖单位组成的多糖,并在两种糖基的 C-6 位羟基处都可能有硫酸根取代。

03.307 硫酸软骨素 chondroitin sulfate
糖胺聚糖的一种,由 D-葡糖醛酸和 N-乙酰氨基半乳糖以 β-1,4-糖苷键连接而成的重复二糖单位组成的多糖,并在 N-乙酰氨基半乳糖的 C-4 位或 C-6 位羟基上发生硫酸酯化。大量存在于动物软骨中。

03.308 硫酸皮肤素 dermatan sulfate
糖胺聚糖的一种,由 N-乙酰氨基半乳糖-β-1,4-L-艾杜糖醛酸-α(或 D-葡萄糖醛酸-β)-1,3 的二糖重复单位构成的多糖,在 N-乙酰氨基半乳糖的 C-4 位等处常有硫酸根取代。

03.309 基[底]膜 basement membrane, basal lamina
又称"基板"。上皮细胞下面特化的细胞外基质,由Ⅳ型胶原、层粘连蛋白及硫酸乙酰肝素蛋白聚糖等构成的网状结构。对上皮细胞、内皮细胞等的生命活动具有重要影响。

03.310 黏附受体 adhesion receptor
动物细胞质膜中可与细胞外基质成分结合,从而介导细胞和细胞外基质黏合的蛋白质。

如整联蛋白。

03.311 纤维素 cellulose
由葡萄糖单元共价连接的长链所组成的结构多糖。是植物细胞壁的主要组成成分。

03.312 半纤维素 hemicellulose
植物细胞壁中与纤维素紧密结合的几种不同类型多糖混合物。包括木聚糖、木葡聚糖和半乳葡甘露聚糖等。

03.313 木聚糖 xylan
由 D-木糖通过 β-1,4 连接而成的产物。是植物细胞壁中半纤维素的组分。

03.314 磷壁酸 teichoic acid
存在于一些革兰氏阳性菌细胞壁中的一类多糖,以通过磷酸二酯键连接的糖醇(甘油或核糖醇)为主链;一部分糖基多数作为侧链接在糖醇的羟基上,也可作为主链的一部分。

03.315 糖醛酸磷壁酸 teichuronic acid
存在于一些革兰氏阳性菌细胞壁中的一类多糖,由二糖重复单位组成,在重复单位中含有糖醛酸。

03.316 阿拉伯聚糖 araban
由阿拉伯糖聚合形成的多糖。是植物细胞壁的组成成分之一,可溶于热水中,常作为非主要成分归属于果胶类物质。

03.317 半乳聚糖 galactan
一类由半乳糖连接而成的多糖。在植物细胞壁中,半乳聚糖常与阿拉伯聚糖一起,形成阿拉伯半乳聚糖,是果胶等物质的组成成分。在海藻中,以半乳聚糖为主,形成琼脂和角叉聚糖等多糖。

03.318 阿拉伯半乳聚糖 arabinogalactan
由阿拉伯糖和半乳糖聚合形成的多糖。属于果胶类物质,是植物细胞壁的组成成分之一。

03.319 果胶 pectin
植物中的一种酸性多糖，是细胞壁中一个重要组分。最常见的结构是 α-1,4 连接的多聚半乳糖醛酸。此外，还有鼠李糖等其他单糖共同组成的果胶类物质。

03.320 伸展蛋白 extensin
植物细胞壁中富含羟脯氨酸的糖蛋白。通过肽链间的交联形成网络系统，与纤维素网系相辅，增强细胞壁的韧性和刚性。

03.321 木栓质 suberin
木栓组织细胞壁上和内皮层凯氏带上的不透水的脂质物质。

03.322 木质素 lignin
一种广泛存在于植物体中的无定形的、分子结构中含有氧代苯丙醇或其衍生物结构单元的芳香性高聚物。形成纤维支架，具有强化木质纤维的作用。

03.323 愈伤葡萄糖 callose
又称"胼胝质"。β-D-呋喃葡糖残基以 β-1,3-糖苷键连接而成的葡聚糖。存在于植物细胞壁中，是植物受伤快速反应的产物，电镜下呈电子透明状，常见于筛板的筛孔处和胞间连丝的颈区。

03.324 基质金属蛋白酶 matrix metalloproteinase，MMP
水解细胞外基质的蛋白裂解酶。包括基质中以及整合于质膜中的各种胶原酶和弹性蛋白酶等。

03.325 组织金属蛋白酶抑制物 tissue inhibitor of metalloproteinase，TIMP
存在于动物体内细胞外基质中的金属蛋白酶抑制物。具有调节细胞外基质重建，刺激细胞增殖和抑制肿瘤细胞侵袭的作用。

04. 细 胞 生 理

04.001 通透性 permeability
膜允许离子或分子穿过的性质。可用定性和定量方法测得。质膜的通透性是影响细胞进行内外物质交换的重要因素。

04.002 渗透作用 osmosis
膜两侧溶液浓度存在差异，造成化学势能差，在势能差的驱动下，溶剂穿过对溶质不透膜的过程。

04.003 渗透压 osmotic pressure
水从低渗溶液穿过半透膜进入高渗溶液时产生的压力。

04.004 膨压 turgor pressure
细胞吸水膨胀时对胞壁产生的压力。

04.005 膨胀运动 turgor movement
因膨压变化引起的运动。如保卫细胞膨压的变化引起的气孔开闭。

04.006 膜电位 membrane potential
膜两侧由于存在着正负离子微小差异所造成的电位差。

04.007 还原电位 reduction potential
原子或分子获得一个电子的电位变化。符号为"E"。

04.008 质子动力 proton motive force
穿膜的质子（H^+）浓度梯度和电位梯度所含有的势能。

04.009 自由能 free energy
在恒温、恒压条件下，体系中可用于做功的能量。符号为"G"。

04.010 电化学梯度 electrochemical gradient

一种离子在膜两侧的浓度差和电荷差所造成的势能。可产生引起离子穿膜移动的驱动力。

04.011 化学渗透 chemiosmosis

离子穿过选择性透性膜扩散的过程。质子由高浓度区穿膜扩散到低浓度区的质子动力可用于合成 ATP。

04.012 化学渗透[偶联]学说 chemiosmotic [coupling] hypothesis

英国生物化学家米切尔（P. Mitchell）于 1961 年提出的关于 ATP 合成机制的学说，主张电子沿电子传递链传递，造成穿线粒体内膜的质子浓度梯度，质子浓度梯度势能驱动 ATP 合酶催化合成 ATP。

04.013 结合变构模型 binding-change model

20 世纪 60 年代美国学者博耶（P. Boyer）在研究 ATP 酶结合构象变化的基础上，提出的 ATP 合酶合成 ATP 的机制模型，主张在 H^+ 浓度梯度的驱动下，F_0 的 c 环和 F_1 的 γ 轴旋转时，F_1 的 3 个活性部位轮流发生构象变化，合成 ATP。

04.014 腺苷三磷酸酶 adenosine triphosphatase, ATPase

简称"ATP 酶"。能催化 ATP 水解产生 ADP 和无机磷酸并释放自由能的酶。

04.015 ATP 合酶 ATP synthase

又称"F_0F_1-ATP 酶（F_0F_1-ATPase）"，"F_0F_1 复合物（F_0F_1 complex）"，"F 型 ATP 酶（F-type ATPase）"。结合于线粒体内膜、叶绿体类囊体膜和细菌质膜上由多亚基组成的复合物。在氧化磷酸化和光合磷酸化过程可催化 ATP 的合成。

04.016 液泡质子 ATP 酶 vacuolar proton ATPase

又称"V 型[质子]泵（V-type [proton] pump）"，"V 型 ATP 酶（V-type ATPase）"。

存在于液泡膜、内吞体和溶酶体膜和破骨细胞、肾小管细胞质膜上的质子泵。结构与 ATP 合酶类似，但反电化学梯度将 H^+ 从细胞质溶质中抽提到膜的外质面，以维持液泡、内吞体、溶酶体和其他酸性泡的低 pH 值。因与液泡（vacuole）膜有关故名。

04.017 P 型 ATP 酶 P-type ATPase

又称"P 型[离子]泵（P-type [ion] pump）"。分布于各种生物细胞质膜中的 ATP 动力泵的一类，含有两个相同的催化性 α 亚基，转运时至少有一个 α 亚基被磷酸化（phosphorylated）故名。包括有植物、真菌和细菌的 H^+ 泵和高等真核生物中的钠钾 ATP 酶、钙酶等。

04.018 钠钾 ATP 酶 sodium-potassium ATPase, Na^+, K^+-ATPase

又称"钠钾泵（sodium-potassium pump）"，"钠泵（sodium pump）"。利用 ATP 水解把 Na^+ 泵出，而把 K^+ 泵入细胞的一种酶。存在于动物细胞质膜上，是维持细胞膜电位的重要装置。

04.019 钙 ATP 酶 calcium ATPase

又称"钙泵（calcium pump，Ca^{2+}-pump）"。肌细胞肌质网膜上的整合蛋白质。起钙泵 ATP 酶的作用，可将钙离子泵入肌质网腔，降低肌质中的钙离子浓度，终止肌肉收缩。

04.020 泵 pump

具有 ATP 酶活性的穿膜蛋白。可利用水解 ATP 产生的能量，将离子或小分子逆电化学梯度穿膜运输。

04.021 膜泵 membrane pump

存在于膜上转运离子的蛋白质。如钠钾 ATP 酶和钙 ATP 酶等。

04.022 离子通道 ion channel

细胞膜上能调节和转运特异离子穿膜的通道。都是穿膜的整合蛋白质。供离子顺电化学梯度穿过脂双层。

04.023 电压门控离子通道 voltage-gated ion channel

在细胞膜或内质网膜上形成贯穿脂双层膜的亲水性孔道的穿膜蛋白。广泛分布在各类可兴奋细胞的细胞膜上,对膜电位变化敏感并随之而开启,是神经元等细胞转导电信号的基础。按照最容易通过的离子而被命名为钠通道、钾通道等。

04.024 钾[渗]通道 potassium [leak] channel, K^+-channel

动物细胞质膜上的能选择性地使 K^+ 通过的电压门控离子通道。

04.025 钠通道 sodium channel

膜上存在的允许少量的 Na^+ 顺其电化学梯度进入细胞的通道。

04.026 钙通道 calcium channel

专门针对钙离子的膜通道。如肌质网膜上的电压门控离子通道。

04.027 递质门控离子通道 transmitter-gated ion channel

神经和肌细胞突触后膜结合上专一性的细胞外神经递质才开放的离子通道。具有将化学信号转变为电信号的功能。能使突触后质膜的通透性发生改变,从而引起膜电位改变,促使神经冲动传递下去。

04.028 钙调动 calcium mobilization, Ca^{2+}-mobilization

磷酸肌醇(主要为肌醇三磷酸)通过作用于受体而引起内质网等胞内钙库膜上的 Ca^{2+} 通道打开,进而引起胞内 Ca^{2+} 浓度升高的现象。

04.029 代谢偶联 metabolic coupling, metabolic cooperation

小分子质量(小于 1 kDa)代谢物(如核苷酸、氨基酸等)在相邻细胞间通过间隙连接或胞间连丝的传递。

04.030 胞间运输 intercellular transport

物质通过细胞连接或胞间连丝的移动过程。

04.031 胞内运输 intracellular transport

细胞内物质在各细胞器间的移动过程。

04.032 跨细胞运输 transcellular transport

溶质从上皮细胞或内皮细胞一侧穿过质膜被吸收进入细胞内,随后穿过细胞质从另一侧被送到细胞外间隙的移动过程。实际上是穿越细胞的运输方式。

04.033 穿膜运输 transmembrane transport

又称"穿膜转运"。物质从膜的一侧穿膜运到另一侧的运输方式。是由结合在膜上的转运蛋白将它们直接穿越膜运达细胞不同的拓扑空间。

04.034 被动运输 passive transport

又称"被动转运"。离子或小分子在浓度差或电位差的驱动下顺电化学梯度穿膜的运输方式。

04.035 被动扩散 passive diffusion

离子或小分子在浓度差或电位差的驱动下,不需要任何特定的转运介质或载体,而通过膜转运的一种形式。不需要直接的能量输入。

04.036 简单扩散 simple diffusion

又称"单纯扩散","自由扩散(free diffusion)"。小分子由高浓度区向低浓度区的自行穿膜运输。属于最简单的一种物质运输方式,不需要消耗细胞的代谢能量,也不需要专一的载体。

04.037 易化扩散 facilitated diffusion

又称"促进扩散","协助扩散"。通过运输蛋白形成亲水环境,使极性分子顺电化学梯度穿膜的被动运输方式。

04.038 主动运输 active transport

又称"主动转运"。特异性运输蛋白消耗能量使离子或小分子逆浓度梯度穿膜的运输方式。

04.039 单向转运 uniport
小分子顺浓度梯度穿膜的蛋白质介导的协助扩散。同一膜上,一种物质穿膜的转运与另一种物质跨越此膜转运无关的现象。负责单向转运的是一类穿膜转运蛋白。

04.040 协同运输 co-transport, coupled transport
又称"协同转运"。一种分子的穿膜运输依赖于另一种分子同时或先后穿膜的运输方式。后者从高浓度到低浓度的运输可为前者逆浓度梯度的运输提供能量。分为对向运输和共运输两类。

04.041 对向运输 antiport
又称"反向转运"。由同一种膜蛋白将两种不同的离子或分子分别向膜的相反方向穿过细胞膜的运输过程。

04.042 共运输 symport
又称"同向转运"。两种溶质分子以同一方向的穿膜运输方式。在这种方式中,物质的逆浓度梯度穿膜运输与所依赖的另一物质的顺浓度梯度的穿膜运输两者的运输方向相同。

04.043 同向转运体 symporter
将两种溶质以同向穿膜运输的载体蛋白。

04.044 反向转运体 antiporter
体现对向运输的载体蛋白。

04.045 门控运输 gated transport
细胞溶胶与细胞核之间通过核孔复合体的蛋白质的选择性运输。核孔复合体起选择门的作用,使专一性大分子和大分子集合体进行主动运输方式。

04.046 回收运输 retrieval transport
应在内质网中起作用的蛋白质,进入了高尔基体后,又被包装成COPI有被小泡送回内质网的运输方式。

04.047 轴突运输 axonal transport
细胞器或分子沿神经细胞轴突的定向运输方式。可以是顺向的(从细胞体向外)或逆向的(向着细胞体)。

04.048 逆向轴突运输 retrograde axonal transport
神经细胞轴突中小泡或物质由末梢沿微管向细胞本体的运输方式。

04.049 靶向运输 targeting transport
蛋白质在细胞基质中合成后,按其氨基酸序列中分拣信号的有无以及分拣信号的性质被选择性地送到细胞不同部位的过程。

04.050 共翻译运输 cotranslational transport
分泌蛋白合成过程中肽链边合成边转移至内质网腔中的运输方式。

04.051 离子载体 ionophore
可有选择地结合专一离子,并携带其穿过不透性膜的脂溶性小分子。

04.052 小泡运输 vesicular transport
细胞器之间和细胞分泌通过运输小泡进行的物质运输方式。

04.053 运输小泡 transport vesicle
在细胞器之间转运蛋白质的小泡。它们从一个细胞器的膜上芽生、与另一个细胞器的膜融合,完成蛋白质的小泡运输。

04.054 分泌小泡 secretory vesicle
来自反面高尔基网的囊泡。通过与质膜融合进行胞吐作用,把内容物释放到细胞外。

04.055 有被小窝 coated pit
胞吞过程中,质膜内陷所形成的、胞质面上附有由网格蛋白或其他蛋白质包被的凹陷。

04.056　有被小泡　coated vesicle
质膜胞质面由特定蛋白质(网格蛋白或其他
蛋白质)包被成的有被小窝从膜上缢断后形
成的运输小泡。

04.057　有被液泡　coated vacuole
质膜胞质面由特定蛋白质(网格蛋白或其他
蛋白质)包被成的有被小窝从膜上缢断后形
成的膜泡。

**04.058　网格蛋白有被小窝　clathrin-coated
pit, COP**
胞饮过程中,质膜内陷所形成的、胞质面上
附着有网格蛋白包被的区域。

**04.059　网格蛋白有被小泡　clathrin-coated
vesicle**
覆盖有网格蛋白衣被的运输小泡。介导从
质膜和高尔基体开始的小泡运输。

**04.060　COPⅠ有被小泡　COPⅠ-coated
vesicle**
覆盖有 COPⅠ衣被的运输小泡。介导从高
尔基体向内质网的逆向运输以及高尔基体
膜囊之间的运输。

**04.061　COPⅡ有被小泡　COPⅡ-coated
vesicle**
覆盖有 COPⅡ衣被的运输小泡。介导从内
质网向高尔基体的运输。

**04.062　衣被蛋白Ⅰ　coatomer proteinⅠ,
COPⅠ**
由 7 个亚基组成的复合体,是组成 COPⅠ衣
被的主要成分。其包被的小泡将蛋白质从
高尔基体反面反向运输到内质网;或是从反
面高尔基扁囊运往顺面的高尔基扁囊。

**04.063　衣被蛋白Ⅱ　coatomer proteinⅡ,
COPⅡ**
由 5 个亚基组成的复合体,是组成 COPⅡ衣
被的主要成分。其包被的小泡将蛋白质从
内质网运往高尔基体。

04.064　N-乙基马来酰亚胺敏感性融合蛋白
**N-ethylmaleimide-sensitive factor, N-
ethylmaleimide-sensitive fusion pro-
tein, NSF**
又称"N-乙基顺丁烯二酰亚胺敏感性融合蛋
白"。一种具有 ATP 酶活性的同四聚体胞
质蛋白质。介导高尔基体中间区与反面区
间的小泡运输。

**04.065　可溶性 NSF 附着蛋白　soluble NSF
attachment protein, SNAP**
参与介导膜泡的融合过程的 N-乙基马来酰
亚胺敏感性融合蛋白的连接蛋白。在囊泡
停泊位点,识别并结合囊泡膜上的受体 v-
SNARE 和靶膜上受体 t-SNARE,启动融合
复合物的组装,膜融合复合物催化囊泡与靶
膜的融合。

**04.066　可溶性 NSF 附着蛋白受体　soluble
NSF attachment protein receptor,
SNARE**
简称"SNAP 受体"。囊泡膜和质膜上的整
合蛋白大家族,是膜融合时 SNAP 的附着
点。可指导囊泡的定向运输。有存在于囊
泡膜上的 SNAP 受体(vesicle-SNARE, v-
SNARE)和靶膜上的 SNAP 受体(target-
SNARE, t-SNARE)两种。与 SNAP 相互作
用,可促进囊泡与靶膜的融合。

**04.067　ADP-核糖基化因子　ADP-ribosyla-
tion factor, ARF**
一类在真核细胞中广泛存在的高丰度 N-豆
蔻酰化的单体 GTP 结合蛋白。可激活 ADP-
核糖基化转移酶,介导网格蛋白和 COPⅠ有
被小泡与高尔基体膜的结合。

04.068　Rab 蛋白　Rab protein
存在于质膜和细胞器膜中的一类调节型的
小分子 GTP 结合蛋白 Ras 超家族中最大的
亚家族。能够结合 GTP 并将 GTP 水解,通
过 GTP-GDP 的循环来调节小泡的融合。与
Rab 效应子一起参与运输小泡到靶膜的停

靠过程。

04.069　Rab 效应子　Rab effector
能与 Rab 蛋白特异结合的蛋白质。与 Rab 蛋白一起参与运输小泡到靶膜的停靠过程。

04.070　吞排作用　cytosis
动物细胞中胞吞作用和胞吐作用的统称。

04.071　吞排循环　endocytic-exocytic cycle
胞吞和胞吐作用的交替进行,质膜不断发生减少和增加的变化,可使细胞的表面积和体积保持不变。

04.072　胞吞途径　endocytic pathway
细胞外蛋白质等大分子物质从细胞表面到细胞内某种膜内室(如内体、溶酶体)的分拣和运输途径。

04.073　胞吐[作用]　exocytosis
又称"外排作用"。运输小泡或分泌颗粒与质膜融合,将内容物释放到细胞外的现象。

04.074　胞吞[作用]　endocytosis
又称"内吞作用"。通过质膜内陷形成膜泡,将物质摄入细胞内的现象。包括吞噬和胞饮。

04.075　吞噬[作用]　phagocytosis
吞噬细胞摄取颗粒物质的过程。

04.076　胞饮[作用]　pinocytosis
又称"吞饮[作用]"。活细胞不靠通透性而且借助质膜向胞内生芽形成内吞小泡或主动运输方式从外界中摄取可溶性物质的过程。

04.077　受体介导的胞吞　receptor-mediated endocytosis
质膜经内陷将结合在细胞表面专一受体上的细胞外物质摄取到细胞内的过程。质膜逐渐内陷并脱离质膜后形成膜围小泡(早期内吞体)。

04.078　胞吞转运　transcytosis
上皮细胞将胞外大分子在一侧以受体介导胞吞作用摄入胞内,经内体分拣,小泡穿过细胞质转运,在另一侧将物质外排到胞外间隙的运输过程。

04.079　微胞饮　micropinocytosis
质膜内陷形成直径小于 100 nm 的胞饮小泡进行的胞饮作用。

04.080　自[体吞]噬　autophagy
细胞自身一部分内容物被次级溶酶体消化的过程。消化产物可作为营养物再利用,或用于细胞分化中的细胞结构重建。

04.081　异体吞噬　heterophagy
细胞吞噬感染的病毒、细菌或其他一些颗粒等的过程。

04.082　分泌自噬　crinophagy
在分泌肽类激素细胞中,溶酶体与一部分分泌颗粒融合,将其降解以清除过多激素的现象。

04.083　自溶　autolysis
细胞或细胞物质被细胞自身所含有的一些酶所消化的现象。

04.084　分泌　secretion
细胞合成产物的释放。包括局质分泌、顶质分泌和全质分泌等。

04.085　外分泌　exocrine, excrine
分泌物进入管腔,不经血循环发挥作用的分泌方式。

04.086　内分泌　endocrine
分泌的产物为激素,进入血循环,作用于靶细胞的分泌方式。

04.087　自分泌　autocrine
分泌物作用于分泌细胞自身及同类细胞的分泌方式。

04.088　旁分泌　paracrine
分泌物作用于紧邻靶细胞,进行细胞间信号传递的分泌方式。

04.089　顶质分泌　apocrine
细胞分泌时将细胞顶端和分泌物一起排出的分泌方式。如乳腺的分泌。

04.090　全质分泌　holocrine
整个分泌细胞由腺体分泌出去的分泌方式。

04.091　局质分泌　merocrine
分泌泡与质膜融合,将分泌物释放到细胞外的分泌方式。

04.092　颗粒性分泌　granulocrine
由高尔基体或内质网形成分泌泡的分泌方式。

04.093　分泌途径　secretory pathway
将定位于内质网、高尔基体、溶酶体的可溶性蛋白和膜蛋白,以及质膜蛋白质和分泌到细胞外的分泌蛋白质进行合成和分拣的细胞途径。

04.094　连续性分泌　constitutive secretion
又称"固有分泌"。细胞合成的分泌物不受调节的并持续不断地被细胞分泌出去的分泌方式。

04.095　受调分泌　regulated secretion
在一些分泌细胞中,分泌物贮存在分泌颗粒中,只有在细胞受到胞外信号作用时才分泌到细胞外的一种选择性分泌方式。

04.096　胞内共生　endosymbiosis
一种生物以互利的形式共生在另一种生物细胞中的现象。如原生动物细胞中的共生细菌。

04.097　质壁分离　plasmolysis
植物细胞在高渗液环境中,液泡内水分外渗出质膜,原生质体收缩,部分质膜与细胞壁脱离的现象。

04.098　质壁分离复原　deplasmolysis
去除高渗溶液后质壁分离的细胞回复原状的现象。

04.099　细胞溶解　cytolysis
又称"细胞裂解"。细胞处于低渗环境中,渗透失衡,吸水膨胀发生破裂的现象。

04.100　溶血　haemolysis, hemolysis
血红细胞在低渗溶液作用下,细胞肿胀、破裂释放出血红蛋白的过程。

04.101　同型融合　homotypic fusion
来源于相同细胞器的小泡互相融合的现象。

04.102　核穿壁　nuclear extrusion
植物细胞核物质从一个细胞穿入相邻细胞的现象。

04.103　细胞运动　cell movement
细胞本身的形态变化和细胞质流动。与细胞内的肌动蛋白和肌球蛋白细胞骨架变化有关。

04.104　细胞移动　cell locomotion
又称"细胞迁移(cell migration)"。一个细胞或一群细胞从一处移动到它处的过程。如动物胚胎形态发生过程中的细胞移动。

04.105　变形运动　amoeboid movement, amoeboid locomotion
细胞在前端伸出伪足爬行的运动方式。伪足的伸出与细胞趋化性和细胞质的溶胶-凝胶变化有关。

04.106　细胞运动性　cell mobility
细胞具有主动移动和迁移能力的特性。如单细胞生物的游动和多细胞生物体内的各种细胞运动,这种性质与生俱来。

04.107　细胞向性　cytotropism
细胞向着或背离其他细胞运动的特性。

04.108　趋化性　chemotaxis

细胞或生物体向着或避开某些化学物质的特性。

04.109 边缘起皱 ruffling
又称"边缘波动"。爬行动物细胞在前缘变皱膜运动过程中出现突起褶皱变化的现象。

04.110 细胞社会性 cell sociality
多细胞生物体中的细胞与细胞或细胞外基质之间所形成的相互作用、相互协调的依存关系。

04.111 胞质运动 cytoplasmic movement
细胞内细胞质的流动。如胞质环流和变形虫伪足的伸缩。

04.112 胞质环流 cyclosis, cytoplasmic streaming
植物细胞中胞质绕液泡环形缓慢流动的现象。动力来自肌动蛋白与肌球蛋白的相互作用。

04.113 肌丝滑动模型 sliding filament model
肌肉收缩机制模型,主张肌肉收缩是由于肌动蛋白丝与肌球蛋白丝相互滑动的结果。

04.114 微管滑动机制 sliding microtubule mechanism
主张真核细胞纤毛的摆动是由于轴丝中相邻外周二联丝微管间相互滑动引起。

04.115 滚翻机制 flip-flop mechanism
膜脂双层中的磷脂分子从一个单层翻转到另一单层的运动。

04.116 光合作用 photosynthesis
植物、藻类和某些细菌利用叶绿素,在光的照射下将水和二氧化碳转变为糖类,并释放氧的复杂过程。

04.117 光反应 light reaction
又称"光系统电子传递反应(photosystem electron-transfer reaction)"。通过叶绿素等光合色素分子吸收、传递光能,并将光能转化为化学能,形成 ATP 和 NADPH 的过程。包括光能的吸收、传递和光合磷酸化等过程。

04.118 原初反应 primary reaction
叶绿素分子从被光激发至引起第一个光化学反应为止的过程。包括光能的吸收、传递与转换,即光能被聚光色素分子吸收,并传递至作用中心,在作用中心发生最初的光化学反应,使电荷分离从而将光能转化为电能的过程。

04.119 反应中心 reaction center
叶绿体光系统中由一对中心叶绿素分子和其他色素分子以及蛋白质组成的复合物,是将捕获的光能转化为化学能的结构。

04.120 反应中心叶绿素 reaction-center chlorophyll
光反应中心具有光化学活性的一种特殊状态的叶绿素 a 分子。

04.121 电子传递 electron transport
在线粒体内膜中,通过一系列电子载体,由电子还原供体传递到氧的电子流;或者叶绿体类囊体膜中由水传递到 $NADH^+$ 的电子流。

04.122 电子传递链 electron transport chain
又称"呼吸链(respiratory chain)"。逐渐提高氧化还原电位的电子载体系列。如线粒体内膜中的 4 个大的多蛋白质复合物和泛醌以及可在膜间隙中扩散的细胞色素 c,电子通过此系列,由还原的电子供体(NADH)传递给氧。

04.123 电子载体 electron carrier
可将电子从供体分子传递给受体分子,进行氧化还原反应的分子或离子。

04.124 细胞色素 cytochrome
一种以铁-卟啉复合体为辅基的血红素蛋白。在氧化还原过程中,血红素基团的铁原子可以传递单个的电子而不必成对传递,其中的铁通过 Fe^{3+} 和 Fe^{2+} 两种状态的变化传递电子。主要有细胞色素 a、细胞色素 b、细胞色素 c 和细胞色素 d 四类。

04.125　铁硫蛋白　iron-sulfur protein
仅以铁硫复合物为辅基的一组蛋白质。参与电子传递的主要途径,包括呼吸作用、光合作用、羟化作用以及细菌的氢和氮的固定。铁与蛋白质中的含硫配体结合成铁-硫中心。

04.126　铁硫中心　iron-sulfur center
电子运输蛋白中由 2 个或 4 个铁原子结合等数的硫原子所组成的金属簇。

04.127　泛醌　ubiquinone
又称"辅酶 Q(coenzyme Q)"。呼吸和光合作用的电子传递链中的一种小的一类带有长的异戊二烯侧链的脂溶性醌类的可移动电子载体分子。是唯一的一种非蛋白质结合的辅基。

04.128　质体醌　plastoquinone
叶绿体中参加电子传递链一个组分的醌。与光系统 II 密切相连。

04.129　醌循环　quinone cycle
脂溶性可移动的泛醌在膜内通过氧还反应,反复传递电子和从基质泵出氢的过程。氧化型泛醌接受一对电子,并从基质中摄取质子。每对电子通过泛醌-H_2-细胞色素 c 还原酶复合物有 4 个质子被转运到内膜外。

04.130　黄素蛋白　flavoprotein, FP
由一条多肽结合一个以黄素核苷酸作为辅基的蛋白质。每个辅基能够接受和提供两个质子和两个电子,起递氢体和电子传递体的作用。

04.131　黄素腺嘌呤二核苷酸　flavin adenine dinucleotide, FAD
核黄素的一种辅酶形式。通过接受来自于

供体分子的两个电子和来自于溶液的两个质子,参与氧化反应。

04.132　还原型黄素腺嘌呤二核苷酸　reduced flavin adenine dinucleotide, $FADH_2$
三羧酸循环中产生的激活的载体分子。

04.133　烟酰胺腺嘌呤二核苷酸　nicotinamide adenine dinucleotide, NAD
又称"辅酶 I"。一种脱氢酶的辅酶,是氧化作用中的电子载体。氧化底物时烟酰胺腺嘌呤二核苷酸分子中的烟酰胺环接受一个氢离子和两个电子。

04.134　烟酰胺腺嘌呤二核苷酸磷酸　nicotinamide adenine dinucleotide phosphate, NADP
又称"辅酶 II"。烟酰胺腺嘌呤二核苷酸的磷酸化形式,是光合作用等生物过程中的电子载体。

04.135　还原型烟酰胺腺嘌呤二核苷酸　reduced nicotinamide adenine dinucleotide, NADH
又称"还原型辅酶 I"。烟酰胺腺嘌呤二核苷酸的还原形式,是氧化磷酸化过程中的电子载体。

04.136　还原型烟酰胺腺嘌呤二核苷酸磷酸　reduced nicotinamide adenine dinucleotide phosphate, NADPH
又称"还原型辅酶 II"。烟酰胺腺嘌呤二核苷酸磷酸的还原形式,是光合作用等过程中的电子载体。

04.137　NADH-细胞色素 b_5 还原酶　NADH-cytochrome b_5 reductase
在动物组织脂肪酸脱饱和电子传递途径中,催化将 NADH 上的氢原子转至该酶辅基 FAD 上(形成 $FADH_2$),从而使传递链中下一个成员细胞色素 b_5 铁卟啉蛋白中的铁离子得以还原。

04.138 NADH 脱氢酶复合体 NADH dehydrogenase complex

又称"NADH-辅酶 Q 还原酶(NADH-coenzyme Q reductase)"。由至少 16 条肽链、辅基黄素单核苷酸(FMN)和铁-硫中心组成的一个传递电子的复合体。NADH 脱氢酶催化将 NADH 上的氢原子传递给与其结合牢固的辅基 FMN、铁-硫中心再将氢从辅基上脱下转移给呼吸链中的下一个成员辅酶 Q。

04.139 细胞色素氧化酶 cytochrome oxidase

具有电子传递链末端的酶。具有质子泵的作用,可将 H^+ 由基质抽提到膜间隙,同时可通过血红素中铁原子的氧化还原变化,把电子传递给还原的氧形成水。

04.140 光电子运输 photoelectron transport

光合作用初级阶段,与反应中心相关的光驱电子传递。

04.141 光系统 photosystem

光合生物中,能够吸收光能,并将其转变为化学能的多蛋白质复合物。分为光系统Ⅰ和光系统Ⅱ,每一系统均由含叶绿素的捕光复合物和含叶绿素的反应中心所组成。

04.142 光系统Ⅰ photosystem Ⅰ, PSⅠ

类囊体膜中吸收波长为 700 nm 光的光系统。

04.143 光系统Ⅱ photosystem Ⅱ, PSⅡ

类囊体膜中吸收波长为 680 nm 光的光系统。

04.144 捕光复合物 light-harvesting complex, LHC

光系统本身之外的色素-蛋白质复合物。含有为光系统收集光能的天线色素。按与光系统的关系,分为 LHCⅠ和 LHCⅡ。

04.145 光合单位 photosynthetic unit

光合膜中的光合色素(叶绿素、类胡萝卜素)和蛋白质分子集合体。可捕获光子向光系统Ⅰ或光系统Ⅱ的光反应中心传递光能。

04.146 卡尔文循环 Calvin cycle

又称"光合碳还原环(photosynthetic carbon reduction cycle)","C_3 循环(C_3 cycle)"。20世纪 50 年代卡尔文(Calvin)等人提出的高等植物及各种光合有机体中二氧化碳同化的循环过程。由核酮糖-1,5-双磷酸羧化酶/加氧酶催化核酮糖-1,5-双磷酸的羧化而形成 3-磷酸甘油酸的复杂生化反应。产生的磷酸果糖可在叶绿体中产生淀粉。

04.147 光呼吸 photorespiration

光合作用细胞在光照条件下,消耗 ATP、产生二氧化碳的反应。

04.148 三羧酸循环 tricarboxylic acid cycle

又称"柠檬酸循环(citric acid cycle)","克雷布斯循环(Krebs cycle)"。体内物质糖、脂肪或氨基酸有氧氧化的主要过程。通过生成的乙酰辅酶 A 与草酰乙酸缩合生成三羧酸(柠檬酸)开始,再通过一系列氧化步骤产生 CO_2、NADH 及 $FADH_2$,最后仍生成草酰乙酸,进行再循环,从而为细胞提供了降解乙酰基而提供产生能量的基础。由克雷布斯(Krebs)于 20 世纪 30 年代最先提出。

04.149 C_3 途径 C_3 pathway

在卡尔文循环中,将 CO_2 固定后直接形成三碳分子的途径。

04.150 C_4 途径 C_4 pathway, Hatch-Slack pathway

又称"C_4 循环(C_4 cycle)"。在某些热带或亚热带起源的植物中,CO_2 最初固定于叶肉细胞,在磷酸烯醇式丙酮酸羧化酶的催化下将 CO_2 连接到磷酸烯醇式丙酮酸上生成四碳化合物——草酰乙酸,经胞间连丝运向维管束鞘细胞,参与卡尔文循环,合成同化物的途径。

04.151　C_3植物　C_3 plant

通过卡尔文循环进行碳同化的植物。

04.152　C_4植物　C_4 plant

通过C_4途径进行碳同化的植物。即在光合作用的暗反应过程中，一个C_2被一个含有三个碳原子的化合物（磷酸烯醇式丙酮酸）固定后首先形成含四个碳原子的草酰乙酸。

04.153　核酮糖双磷酸　ribulose bisphosphate, RuBP

卡尔文循环中二氧化碳接受体的主要中间产物。进而生成3-磷酸甘油酸，再生成糖。

04.154　核酮糖-1,5-双磷酸羧化酶　ribulose-1,5-bisphosphate carboxylase, RuBP carboxylase

又称"核酮糖-1,5-双磷酸羧化酶/加氧酶（ribulose-1,5-bisphophate carboxylase/oxygenase, rubisco）"。存在于叶绿体间质和类囊体游离面外表面上的、在卡尔文循环中催化二氧化碳与核酮糖-1,5-双磷酸缩合形成两分子3-磷酸甘油酸的一种酶。该酶同时又是一个加氧酶，利用O_2催化核酮糖-1,5-双磷酸氧化，生成2-磷酸羟基乙酸和3-磷酸甘油酸。

04.155　氧化磷酸化　oxidative phosphorylation

在真核细胞的线粒体或细菌中，物质在体内氧化时释放的能量供给 ADP 与无机磷合成 ATP 的偶联反应。

04.156　偶联氧化　coupled oxidation

一系列递氢体（或递电子体）依次偶联作用，逐步释放能量，使氧化顺利进行的反应。

04.157　偶联因子　coupling factor

偶联反应中的辅助因子。最初来自电子传递链组成中加入线粒体蛋白质，可伴随膜电位转移而促进 ATP 合成。

04.158　解偶联　uncoupling

在氧化磷酸化的偶联中，如加入使偶联消除的物质，则氧化仍能进行而不能生成 ATP 的过程。如棕色脂肪组织中由于解偶联，则能量消耗产热，而不能形成 ATP。

04.159　光合磷酸化　photophosphorylation

在光照条件下，叶绿体将腺二磷（ADP）和无机磷（Pi）结合形成腺三磷（ATP）的生物学过程。是光合细胞吸收光能后转换成化学能的一种贮存形式。

04.160　循环光合磷酸化　cyclic photophosphorylation

叶绿体的光系统Ⅰ吸收的光能未用于还原$NADP^+$和其他电子受体，而用来产生 ATP 的过程。在此过程中，P700 发出的激发电子通过铁氧化还原蛋白、质体醌、细胞色素b_6、细胞色素 f 和质体蓝素，又返回 P700。

04.161　非循环光合磷酸化　noncyclic photophosphorylation

叶绿体光系统吸收的光能用于产生 ATP 和 NADPH 的过程。

04.162　乙酰辅酶A　acetyl coenzyme A, acetyl CoA

辅酶 A 上乙酰化形式，参与各种乙酰化反应。是糖、脂肪、氨基酸氧化时的重要中间产物。

05. 细胞周期与细胞分裂

05.001 细胞周期 cell cycle
连续分裂的细胞从上一次有丝分裂结束到下一次有丝分裂完成所经历的整个过程。包含 G_1 期、S 期、G_2 期、M 期四个阶段。

05.002 间期 interphase
真核细胞的细胞周期中,从一次有丝分裂结束至下一次有丝分裂开始之间的时期。包含 G_1 期、S 期和 G_2 期。

05.003 G_0 期 G_0 phase
细胞暂时脱离细胞周期处于静止状态。在一定条件下细胞又可重新进入 G_1 期并进行细胞周期的运转。

05.004 G_1 期 G_1 phase
真核细胞分裂周期中,介于有丝分裂胞质分裂结束至 DNA 合成开始之间的一个阶段。

05.005 S 期 S phase
真核细胞分裂周期间期中进行 DNA 合成的阶段。

05.006 G_2 期 G_2 phase
真核细胞分裂周期中 DNA 合成结束至有丝分裂(M 期)开始之间的一个阶段。

05.007 M 期 mitotic phase, M phase
又称"有丝分裂期"。真核生物细胞周期中的一个时期。包含了有丝分裂过程,经过核分裂和相继进行的胞质分裂,最终被分为两个子细胞。

05.008 限制点 restriction point
存在于哺乳动物细胞周期 G_1 期的重要检查点。通过该点后,细胞周期才能进入下一步运转,进行 DNA 合成和细胞分裂。符号"R"。

05.009 检查点 checkpoint
又称"检控点","关卡"。真核细胞分裂周期中决定细胞能否进入下一个阶段的监控点。是细胞分裂周期中存在的一种反馈调节机制。

05.010 起始检查点 START
又称"起始关卡"。酵母细胞周期 G_1 期中调控细胞进入 S 期进行 DNA 合成的检查点。通过该点后,细胞周期才能进一步运转,继续完成细胞周期的其余阶段。

05.011 DNA 损伤检查点 DNA damage checkpoint
细胞周期中,当外界条件引起 DNA 损伤时,细胞对 DNA 损伤做出迅速反应的检查点。通过该点激活发生一系列生化事件,将细胞阻断在 G_1 期和 G_2 期,同时诱导修复基因的转录与表达,保证了细胞周期高度准确地进行运转。

05.012 G_1 检查点 G_1 phase checkpoint
又称"G_1 关卡"。细胞周期 G_1 期中决定细胞是否进入 S 期的检查点。

05.013 G_2 检查点 G_2 phase checkpoint
又称"G_2 关卡"。细胞周期 G_2 期中监控细胞是否进入 M 期的检查点。

05.014 纺锤体组装检查点 spindle assembly checkpoint
存在于细胞分裂中期,监控纺锤体微管与染色单体动粒的连接、染色体在赤道面的队列和向纺锤体两极的分离等的一个检查点。上述事件未正确完成前,该检查点阻止细胞从 M 中期进入后期。

05.015　后期促进复合物　anaphase-promoting complex，APC

一种多亚基的泛素连接酶性质的蛋白质复合物。可促进一些蛋白质，如分离酶抑制蛋白多泛素化而被蛋白酶体降解，从而引起姐妹染色单体分离、促进中期向后期转换。

05.016　凝缩蛋白　condensin

通过介导分子内部交联使 DNA 形成卷曲螺旋，在染色体凝集过程中发挥作用的一种蛋白质复合物。

05.017　染色单体连接蛋白　chromatid linking protein

使姐妹染色单体相互连接的蛋白质。

05.018　分离酶　separase

又称"分离蛋白（separin）"。有丝分裂后期催化粘连蛋白分解，导致姐妹染色单体分离的酶。

05.019　分离酶抑制蛋白　securin

一种与染色单体分离酶结合并使其失去活性的蛋白质。

05.020　细胞分裂素　cytokinin

又称"细胞激动素"。调节植物细胞生长和发育的植物激素。在促进细胞分裂中起活化作用，也包含在细胞生长和分化及其他相关的生理活动过程中，如激动素、玉米素等。

05.021　促[有丝]分裂原　mitogen

又称"丝裂原"。刺激细胞进行有丝分裂的物质。如生长因子。

05.022　促分裂作用　mitogenesis

在促细胞分裂原的作用下，刺激细胞周期运行的过程。如伴刀豆球蛋白 A 可对 T 淋巴细胞产生促分裂作用。

05.023　[细胞]周期蛋白　cyclin

在真核细胞周期中浓度周期性、有规律升高和降低的一类蛋白质家族。是细胞周期调节分子，这类蛋白质通过活化周期蛋白依赖激酶调节细胞周期各时相的转换与进行。

05.024　周期蛋白框　cyclin box

周期蛋白分子中的一段相当保守的氨基酸序列。约含有 100 个左右的氨基酸残基，可介导周期蛋白与周期蛋白依赖激酶结合。

05.025　周期蛋白依赖性激酶　cyclin-dependent kinase，CDK，Cdk

与周期蛋白结合才能发挥其激酶活性的激酶，是细胞周期引擎分子，不同的周期蛋白依赖性激酶-周期蛋白复合物，通过磷酸化特定靶蛋白调节细胞周期不同时相的转换。

05.026　周期蛋白依赖性激酶激活激酶　cyclin-dependent-kinase activating kinase

通过磷酸化作用激活周期蛋白依赖性激酶的激酶。

05.027　周期蛋白依赖性激酶抑制因子　cyclin-dependent-kinase inhibitor，CKI

能够与周期蛋白依赖性激酶结合并抑制其活性的蛋白质。在哺乳动物中分为两个家族即 CIP/KIP 和 INK4 家族。

05.028　细胞分裂周期基因　cell division cycle gene，*cdc* gene

维持与调节真核细胞分裂周期正常运转的一组基因。

05.029　促成熟因子　maturation promoting factor，MPF

又称"M 期促进因子（M phase promoting factor）"，"有丝分裂促进因子（mitosis promoting factor，MPF）"。启动细胞进入 M 期的蛋白激酶复合物。由催化亚基（周期蛋白依赖性激酶）和调节亚基（周期蛋白）所组成。

05.030　S 期促进因子　S phase promoting factor

为 G_1 期周期蛋白（哺乳动物中如周期蛋白 E，酵母中如 Cln1，Cln2，Cln3）与 Cdk 激酶

（哺乳动物中如 Cdk2，酵母中如 Cdc28）的复合物。可驱动细胞通过 G₁ 期限制点（R 点）或起始检查点（START）进入 S 期。

05.031 细胞分裂 cell division

一个细胞通过核分裂和胞质分裂产生两个子细胞的过程。

05.032 无限增殖化 immortalization

又称"永生化"。一个细胞系能不受限制地进行细胞分裂的现象。可能是由于细胞受到化学或病毒的转化作用或正常细胞和肿瘤细胞融合等因素所造成。

05.033 同步化 synchronization

借助某种实验手段，使细胞群体中处于细胞周期不同时相的细胞停留在同一时相的现象。

05.034 细胞生长 cell growth

通常指一个细胞群体（数目）大小的增大。也可用于单个细胞的细胞质体积的增加。

05.035 生长因子 growth factor

刺激细胞生长和增殖的细胞外多肽信号分子。如上皮生长因子、血小板衍生生长因子、成纤维细胞生长因子等。

05.036 血小板生成素 thrombopoietin

一种与血小板形成细胞（即巨核细胞）的增殖、分化有关的生长因子。

05.037 移动抑制因子 migration inhibition factor

抑制巨噬细胞迁移的因子。

05.038 白血病抑制因子 leukemia inhibitory factor

存在于各种组织和细胞中的多功能糖蛋白。具有诱导粒细胞白血病细胞分化，抑制胚胎干细胞分化等功能，用于维持培养中的小鼠胚胎干细胞处于未分化状态。

05.039 表皮生长因子 epidermal growth factor, EGF

由颌下腺等细胞分泌的可刺激上皮细胞和多种细胞增殖的生长因子。

05.040 表皮生长因子受体 epidermal growth factor receptor, EGF receptor

与表皮生长因子结合的细胞膜受体。具有酪氨酸蛋白激酶活性。

05.041 血小板衍生生长因子 platelet-derived growth factor, PDGF

人体血小板中含的一种蛋白质生长因子。为促细胞分裂剂，可刺激成纤维细胞和其他多种细胞分裂增殖。

05.042 血管内皮［细胞］生长因子 vascular endothelial growth factor, VEGF

血小板衍生生长因子家族中的一员，具有刺激血管内皮细胞发生有丝分裂和血管生成的功能。由多数肿瘤细胞、伤口中角质细胞和巨噬细胞产生，其受体仅表达于血管内皮细胞表面，能增加血管通透性，促进血管内皮细胞增殖，促进血管形成。

05.043 转化生长因子 transforming growth factor, TGF

最初从转化细胞培养液分离得到的可作用于细胞生长、转化等的生长因子。包括转化生长因子-α 和转化生长因子-β 两类。

05.044 转化生长因子-α transforming growth factor-α, TGF-α

表皮生长因子家族成员，与表皮生长因子受体结合，可引起受体的酪氨酸磷酸化及受体后的信号传导变化。

05.045 转化生长因子-β transforming growth factor-β, TGF-β

由多种组织分泌的一大类生长因子超家族。具有多种功能，作用于细胞增殖、分化和细胞外基质分泌参与调控生物体免疫调节、血管形成、胚胎发育、创伤愈合骨的重建等生理过程。包括各种转化生长因子-β、激活蛋白和骨形态发生蛋白等。

05.046 神经生长因子 nerve growth factor, NGF
一种在脊椎动物的交感神经元和感觉神经元的生长发育中起关键作用的、具有生物活性的蛋白质分子。

05.047 胰岛素样生长因子 insulin-like growth factor, IGF
氨基酸序列与胰岛素类似的蛋白质或多肽生长因子。可促进细胞分裂,包括 IGF I 和 IGF II 两种。

05.048 成纤维细胞生长因子 fibroblast growth factor, FGF
又称"肝素结合生长因子(heparin binding growth factor)"。可促进各类细胞,特别是内皮细胞增殖的蛋白质因子家族。在细胞生长、分化过程中起关键作用,与血管生成、伤口愈合和胚胎发育有关。对某些祖细胞的分化具有抑制作用。

05.049 脑源性神经营养因子 brain-derived neurotrophic factor, BDNF
又称"脑源性生长因子(brain-derived growth factor, BDGF)"。神经营养蛋白家族的一员,为一种小的碱性蛋白质,主要存在于中枢神经系统中,支持来自神经嵴的初级感觉神经元的生存。

05.050 细胞增殖 cell proliferation
通过细胞分裂增加细胞数量的过程。是生物繁殖基础,也是维持细胞数量平衡和机体正常功能所必需。

05.051 二分[分]裂 binary fission
一个细胞分裂为大小相近的两个子细胞的过程。

05.052 无丝分裂 amitosis
在细胞分裂形成两个子细胞过程中不出现

染色体也不形成纺锤体,细胞核直接一分为二,随后细胞质分裂成两个子细胞的分裂类型。多见之于某些原生生物,如纤毛虫等。

05.053 有丝分裂 mitosis
真核细胞的染色质凝集成染色体、复制的姐妹染色单体在纺锤丝的牵拉下分向两极,从而产生两个染色体数和遗传性相同的子细胞核的一种细胞分裂类型。通常划分为前期、前中期、中期、后期和末期五个阶段。

05.054 有星体有丝分裂 astral mitosis
纺锤体两极出现星体的有丝分裂。

05.055 双星体有丝分裂 amphiastral mitosis
动物细胞有丝分裂时,在纺锤体两端形成由非染色质物质构成双星体结构的一种有丝分裂。

05.056 无星体有丝分裂 anastral mitosis
高等植物细胞中无中心粒和星体,但有纺锤体形成的有丝分裂。

05.057 多极有丝分裂 multipolar mitosis
核分裂时,纺锤体上出现两个以上的极,染色体发生不规律分配的一种异常分裂方式。在多倍体细胞减少其倍性程度方面具有重要性。

05.058 均等分裂 equal division
有丝分裂中姐妹染色单体或减数分裂中同源染色体对等分开的一种分裂方式。

05.059 不对称分裂 asymmetrical division
细胞分裂产生了两个大小不等的子细胞,所含的细胞组分也有相应差别的一种分裂方式。这种分裂往往与子细胞向不同方向分化有关。

05.060 前期 prophase
有丝分裂或减数分裂的第一个阶段。在该期中染色质凝集,纺锤体开始在核外组装,至前期末,核仁消失,核被膜破裂。

05.061 前中期 prometaphase
有丝分裂中期前的一个时期,介于核被膜破裂至染色体抵达赤道面的时期。

05.062 中期 metaphase
有丝分裂或减数分裂中染色体着丝粒排列于赤道面上的阶段。

05.063 后期 anaphase
有丝分裂或减数分数过程中姐妹染色单体分离,并分别被纺锤体拉向细胞两极的阶段。

05.064 后期A anaphase A
有丝分裂后期的早期阶段,动粒微管的正端缩短,牵引两组染色体分别向纺锤体极移动。

05.065 后期B anaphase B
有丝分裂后期的晚期阶段,纺锤体的逐渐延伸导致纺锤体两极间的距离拉长。

05.066 末期 telophase
有丝分裂或减数分裂最终阶段。在该期中围绕两套已分开的染色体,分别重组新的核膜,并形成两个子核,染色体逐渐向染色质转变。

05.067 中期停顿 metaphase arrest
(1)用抗有丝分裂剂,导致有丝分裂或减数分裂停止在中期的现象。(2)在一些生物中卵核常停止在减数分裂的第一次或第二次分裂的中期(或后期)直至受精才完成分裂的现象。

05.068 染色体周期 chromosome cycle
细胞分裂过程中,染色体由染色质-染色体-染色质的周期变化过程。

05.069 中心体周期 centrosome cycle
中心体随细胞周期周而复始的倍增-分配-倍增变化过程。细胞分裂间期中中心体装配倍增,在有丝分裂开始时两个新的中心体分

离,有丝分裂完成后分别进入两个子细胞,又开始了一个新的周期。

05.070 外推假说 push hypothesis
真核细胞有丝分裂中期染色体排列在赤道面上的机制假说之一。主张染色体向赤道面方向移动与星体通过对染色体的外推产生的排斥力有关;当来自两极由于外推所产生的排斥力相等时,染色体被稳定在赤道面上。

05.071 牵拉假说 pull hypothesis
解释真核细胞有丝分裂中期染色体排列到赤道面上的机制假说之一。即染色体向赤道面方向移动与动粒微管之延伸所产生的牵拉有关;当来自两极的动粒微管的牵拉力相等时,染色体就被稳定在赤道面上。

05.072 错分裂 misdivision
中期染色体的着丝粒发生横断,而不纵裂的现象。

05.073 有丝分裂中心 mitotic center
有丝分裂过程中形成纺锤体两极与确定染色体移向两极的组织中心。其功能与中心粒有关,大多数动物细胞中心粒周围的物质起着有丝分裂中心的作用。

05.074 纺锤剩体 mitosome
有丝分裂后,纺锤体的丝状残余物。

05.075 赤道面 equatorial plane;metaphase plane,equatorial plate
又称"赤道板"。细胞有丝分裂或减数分裂中期染色体着丝粒排列在纺锤体的赤道区平面,即纺锤体中部垂直于两极连线的平面。

05.076 纺锤丝 spindle fiber
组成有丝分裂纺锤体的微管。包括动粒微管、极微管及星体微管。

05.077 动粒微管 kinetochore microtubule

又称"染色体微管（chromosomal microtubule）"。在有丝分裂或减数分裂的纺锤体中，正端与染色体动粒相连的微管。

05.078 极微管 polar microtubule
又称"重叠微管（overlap microtubule）"，"极纤维（polar fiber）"。由纺锤体两极发出的纺锤体微管。其游离端在赤道面处相互交叠或相互搭桥，不与动粒相连。

05.079 星体微管 astral microtubule
纺锤体两极从中心体向四方发出的正端游离的微管。

05.080 纺锤体 spindle
有丝分裂和减数分裂过程中由微管和微管蛋白构成的呈纺锤状的结构。与染色体的排列、移动和移向两极有关。

05.081 核内纺锤体 intranuclear spindle
酵母和原生动物营养阶段进行核内有丝分裂时，在核内形成的纺锤体。纺锤体极端无中心粒，而代之以由电子致密物质构成的纺锤体斑。

05.082 有丝分裂器 mitotic apparatus
有丝分裂过程中，由梭形纺锤体和围绕着中心粒的星体组成的结构。它们在维持染色体的平衡、运动和分配等方面起重要作用。

05.083 星体球 astrosphere
纺锤体两极发出星射线的中心物质。

05.084 极帽 polar cap, polar zone
高等植物有丝分裂中，纺锤体两极的细胞质功能中心，纺锤丝极端在此汇集。

05.085 星射线 astral ray, astral fiber
细胞进行有丝分裂时在光学显微镜下观察到的围绕中心体发射出的纤细的丝状结构。即在电子显微镜下观察到的星体微管。

05.086 星体 aster
动物细胞有丝分裂时，细胞两极围绕中心体

向外辐射排列的微管所组成的星形结构。

05.087 中心体连丝 centrodesmose
有丝分裂时两个分开的中心体间最初出现的连接中心体的细丝，是纺锤体形成的起始结构。

05.088 有丝分裂不分离 mitotic nondisjunction
有丝分裂过程中，一条染色体复制形成的两条子染色体未分离，而一起进入一个子细胞的现象。结果一子细胞多一条染色体，而另一子细胞少一条染色体。

05.089 有丝分裂指数 mitotic index, MI
一个细胞群体中正在进行有丝分裂的细胞的百分数。

05.090 有丝分裂重组 mitotic recombination
体细胞有丝分裂中发生在同源染色体间的交换。可被用来进行遗传学分析。

05.091 核分裂 karyokinesis
有丝分裂中细胞核的分裂。

05.092 核粒 karyomere
鱼类和直翅目昆虫中卵裂时，在核分裂后期，染色体广泛分散在纺锤体上，分别被薄膜包围形成的小核。也可被化学药物诱发。

05.093 核内再复制 endoreduplication
又称"核内有丝分裂（endomitosis）"。在细胞周期间期中核内染色体 DNA 两次、三次或多次复制而不随之进行细胞分裂的现象。形成体细胞多倍化，如双翅目昆虫幼虫唾腺细胞染色体 DNA 经多次复制后不分离形成产生巨大的多线染色体。

05.094 核内多倍性 endopolyploidy
染色体数经核内有丝分裂而增加的状态。多倍化的程度与核内有丝分裂的次数成比例。

05.095 核融合 nuclear fusion, karyomixis

在共同的细胞质中,两个或两个以上细胞核间融合的现象。

05.096 核溶解 karyolysis
在细胞凋亡或坏死中,由于 DNA 活性染色质发生完全解离的现象。

05.097 核碎裂 karyorrhexis
死细胞的核破裂成碎块的现象。

05.098 核固缩 karyopyknosis, pyknosis
细胞核内含物凝缩,呈现不规则深染状态的现象。是细胞死亡的表征。

05.099 早前期带 preprophase band
植物细胞在有丝分裂之前,质膜下方由微管和肌动蛋白丝环绕细胞形成的带。此带确定了胞质分裂和细胞板形成的位置。

05.100 细胞板 cell plate
进行分裂的植物细胞的细胞质中通过囊泡融合形成的膜围结构,是新细胞壁的前体。

05.101 胞质分裂 cytokinesis, plasmodieresis
细胞分裂过程中,继核分裂后,细胞质一分为二分配到两个完整子细胞中的过程。

05.102 胞质局部分裂 merokinesis
有丝分裂中,胞质未完全分裂的过程。如鱼类和鸟类早期胚胎的卵裂。

05.103 成膜体 phragmoplast
植物细胞有丝分裂末期,纺锤体中部由微管、肌动蛋白丝和囊泡等组成的结构。在该区域囊泡聚集并融合形成细胞板。

05.104 成膜粒 phragmosome
植物细胞核分裂过程中,核移到细胞中央后,核周围沿赤道面方向形成由微管和肌动蛋白丝支持的片状细胞质结构。预示出细胞板形成部位。

05.105 中[间]体 midbody

动物细胞在胞质分裂过程中,位于赤道面的分裂沟细胞质中形成的致密结构。由纺锤体微管残余并掺杂有浓密物质和囊泡状物所组成。

05.106 收缩环 contractile ring
胞质分裂过程中,在赤道面质膜环绕细胞质形成的微丝束环,由肌动蛋白和肌球蛋白组成。收缩环的微丝和质膜相连,环的收缩使质膜内陷,形成分裂沟,分裂沟逐渐深陷,最后细胞被缢断成两个子细胞。

05.107 减数分裂 meiosis
又称"成熟分裂(maturation division)"。性细胞分裂时,染色体只复制一次,细胞连续分裂两次,染色体数目减半的一种特殊分裂方式。

05.108 成熟前有丝分裂 premeiotic mitosis
在减数分裂前进行的一次有丝分裂。如精原细胞形成初级精母细胞后进入减数分裂。

05.109 细线期 leptotene, leptonema
又称"花束期(bouquet stage)"。减数分裂前期Ⅰ开始的一个阶段。在这一阶段发生染色质凝集,在显微镜下显示为细丝样染色体结构。

05.110 偶线期 zygotene
又称"合线期"。减数分裂前期Ⅰ中同源染色体进行配对的阶段。随着染色体的配对,染色体间形成了联会复合体。

05.111 粗线期 pachytene, pachynema
减数分裂前期Ⅰ的一个阶段。在此阶段同源染色体配对完成,染色体进一步浓缩变短变粗,同源染色体间发生交换,即发生等位基因的重组。

05.112 双线期 diplotene
减数分裂前期Ⅰ的一个阶段。在此阶段联会的同源染色体相互分离,只在交叉部位相连,交叉可见。

05.113 核网期 dictyotene

减数分裂中延长的双线期状态。卵母细胞在此阶段仍保持核。

05.114 终变期 diakinesis

减数分裂前期Ⅰ的最后一个阶段。在此阶段染色体发生高度凝缩,形成短棒状结构,出现交叉端化现象。

05.115 染色体分离 segregation of chromosome

减数分裂中,成对的同源染色体彼此分开的过程。导致每个配子只获得各对同源染色体中的一条。

05.116 染色体不分离 chromosome non-disjunction

减数分裂时成对染色体未分开的现象。

05.117 染色体超前凝聚 prematurely chromosome condensed, PCC

又称"早熟染色体凝集"。通过有丝分裂中期细胞与间期细胞融合,融合细胞中 G_1、S 或 G_2 的细胞染色体在 M 期细胞有丝分裂因子影响下会提前发生凝聚的现象。

05.118 联会 synapsis, syndesis

减数分裂前期Ⅰ偶线期来自两个亲本的同源染色体侧向靠紧,像拉链似的并排配对现象。

05.119 不联会 asynapsis

减数分裂时同源染色体间未配对现象。

05.120 去联会 desynapsis

减数分裂前期Ⅰ双线期阶段,成对同源染色体分离的现象。

05.121 异源联会 allosyndesis

异源多倍体在减数分裂时异源染色体间的配对。

05.122 端部联会 acrosyndesis

减数分裂过程中,两条染色体端部纵向配

对。

05.123 联会复合体 synaptonemal complex, SC

减数分裂前期Ⅰ的偶线期同源染色体联会过程中在联会的部位形成的一种特异的、非永久性的蛋白质复合结构。

05.124 中央成分 central element

联会复合体结构中央区正中的一纵向的密电子物质线。

05.125 侧成分 lateral element

联会复合体结构两侧的边缘部分。内含蛋白质等,其外侧为配对的同源染色体。

05.126 重组结 recombination nodule

减数分裂前期Ⅰ的粗线期阶段,联会复合体上形成的球形或椭圆形结构。直径约 90 nm,内含蛋白质等,与染色体交叉、交换有关。

05.127 同源染色体 homologous chromosome

二倍体细胞中染色体以成对的方式存在,一条来自父本,一条来自母本,且形态、大小相同,并在减数分裂前期相互配对的染色体。含相似的遗传信息。

05.128 部分同源染色体 homeologous chromosome

有部分基因座或染色体不对应,在减数分裂中不能完全配对的同源染色体。

05.129 非同源染色体 nonhomologous chromosome

不属于同一对的染色体。含有不相似的基因,在减数分裂时不能互补配对。

05.130 姐妹染色单体 sister chromatid

染色体在 DNA 复制之后产生的一对连在一起的染色单体。

05.131 非姐妹染色单体 non-sister chromatid

一对同源染色体各自产生的染色单体之间互称非姐妹染色单体。

05.132　子染色体　daughter chromosome
姐妹染色单体从着丝粒处分开后形成的新染色体。

05.133　单价体　univalent, monovalent
减数分裂时因没有同源染色体而不能联会的单条染色体。

05.134　多价体　multivalent
(1)参与联会的同源或部分同源的染色体多于两条时所形成的配对染色体。如三价体、四价体等。(2)所含的抗体可抗多种抗原的抗血清。

05.135　三价体　trivalent
由三条同源或部分同源的染色体参与联会形成的多价体。

05.136　四价体　quadrivalent
由四条同源或部分同源的染色体参与联会形成的多价体。

05.137　单分体　monad
性母细胞经异常减数分裂在四分体原位产生的一个细胞。

05.138　二分体　diad, dyad
减数分裂Ⅰ末期形成的两个子细胞。

05.139　四分体　tetrad
性母细胞减数分裂所产生的四个子细胞。

05.140　二联体　diad, dyad
每条复制后的染色体含由着丝粒连在一起的两条姐妹染色单体。

05.141　四联体　tetrad
又称"四分染色单体(chromatid tetrad)"，"二价[染色]体(bivalent)"。在减数分裂中一对联会的同源染色体。包含四条染色单体。

05.142　交叉　chiasma
减数分裂前期Ⅰ的双线期四联体的两条非姐妹染色单体之间发生互换的连接点。

05.143　交叉端化　chiasma terminalization
减数分裂前期Ⅰ的双线期四联体的两条非姐妹染色单体之间形成交叉的数目逐渐减少，从着丝粒两侧的交叉向染色体两端移动的现象。

05.144　中间交叉　interstitial chiasma
减数分裂前期，尤其是双线期，配对染色体上显示一些交叉缠结的现象。是同源染色体间对应片段发生交换的结果。

05.145　配对　pairing
(1)全称"染色体配对(chromosome pairing)"。减数分裂前期Ⅰ时期同源染色体的联会。(2)双链DNA中碱基的互补排列或一条核酸链通过部分碱基的互补，产生氢键，自身折成双链。

05.146　异化分裂　heterokinesis
减数分裂过程中异形染色体(如人类的X或Y染色体)的差异分离现象。

05.147　单极分裂　monocentric division
减数分裂Ⅰ的纺锤体只有一极的中心体有功能，导致一套亲本染色体消失的核分裂。

05.148　极光激酶　Aurora kinase
有丝分裂过程中蛋白质丝氨酸/苏氨酸激酶家族的一个亚家族，包括极光激酶A、极光激酶B和极光激酶C三种。由三个域组成：N端域为31～129个氨基酸残基、C端域为15～20个残基，中间为蛋白质激酶域。N端域含有一低保守序列，对作用底物具有选择性。是有丝分裂和减数分裂的重要调节物，其基因畸变或过表达会引起细胞癌变。

05.149　极光激酶A　Aurora A
极光激酶家族成员之一，为蛋白质丝氨酸/苏氨酸激酶。是一个重要的有丝分裂调节因子。分别先后定位于中心体和纺锤体极，参与 G_2/M 转换的调节，在早有丝分裂事件中作用于中心体的成熟与分离及纺锤体的组装等。

05.150　极光激酶 B　Aurora B
极光激酶家族成员之一，为蛋白质丝氨酸/苏氨酸激酶。是一个重要的有丝分裂调节因子。分别先后定位于着丝粒和纺锤体中间带，是染色体乘客复合物组分之一，参与多种有丝分裂事件的调节，如参与染色体的凝集、纺锤体的组装、动粒的附着、姐妹染色单体分离和胞质分裂等。

05.151　极样激酶 1　Polo-like kinase 1, Plk1
一种蛋白质丝氨酸/苏氨酸激酶，是一个重要的有丝分裂调节因子，含有 N 端激酶域和由极框域组成的 C 端保守域，极框域能指导极样激酶 1 亚细胞定位和靶向底物。分别先后定位于中心体、动粒、纺锤体中间带和中间体等处，参与多种有丝分裂事件的调节，如 G_2/M 转换的调节、作用于中心体的成熟、纺锤体的组装、姐妹染色单体分离、活化后期促进复合物、调节胞质分裂等。

06. 细胞分化与发育

06.001　生源说　biogenesis
又称"生源论"。主张生命只能来源于先存的生命，而不能由非生命自然发生；物种个体发生重演了物种的进化阶段。

06.002　自然发生说　abiogenesis, spontaneous generation
又称"无生源说"。主张生物体可自发地由非生命物质产生，在巴斯德著名的灭菌实验后不再流行。

06.003　先成说　preformation
又称"预成论"。关于胚胎发育的一种假说，认为成体由预先存在于生殖细胞中的雏形放大发展而成。分为主张雏形存在于精子的"精原说"和主张雏形存在于卵细胞的"卵原说"。这个学说已被科学发展所否定。

06.004　后成说　epigenesis
又称"渐成论"。关于胚胎发育的一种假说，认为无论卵细胞还是精子中都不存在生物体发育的雏形，生物体的各种组织和器官都是在个体发育过程中逐渐形成的。

06.005　系统发生　phylogeny, phylogenesis
又称"系统发育"。各个物种间由低等到高等的进化过程。

06.006　个体发生　ontogeny, ontogenesis
又称"个体发育"。从受精卵形成胚、再由胚胎增殖、分化到生长发育为成熟个体的过程。

06.007　生殖质　germ plasm
卵母细胞中决定胚胎细胞分化成生殖细胞的细胞质成分。

06.008　不育性　sterility
个体在一定环境条件下完全或部分丧失产生有功能配子或活力合子的能力。包括雄性不育和雌性不育。

06.009　半不育[性]　semisterility
杂合子中有近半数雄性和雌性配子无活力的现象。

06.010　性别　sexuality
个体遗传和结构的性特征差异。

06.011　性别决定　sex determination
由于性染色体上性别决定基因的活动，胚胎

发生了雄性和雌性的性别差异。在哺乳动物中,基因型若为 XY,则为雄性,XX 为雌性。

06.012 性别分化 sex differentiation
生物个体不同性器官、不同性征和雌、雄配子的产生和发育。

06.013 F 因子 F-factor
大肠杆菌的性因子。是一种质粒 DNA 分子,含有它的大肠杆菌为雄性菌株。

06.014 原始生殖细胞 primordial germ cell, PGC
胚胎早期已决定分化为生殖细胞的二倍体细胞。

06.015 生殖细胞 germ cell
产生配子的前体细胞。

06.016 配子囊 gametangium
多细胞原生生物、藻类、真菌和植物配子体中可产生配子的器官或细胞。

06.017 配子母细胞 gametocyte
又称"生殖母细胞"。可产生配子的原始生殖细胞。在低等植物中指直接构成配子囊的细胞。

06.018 配子发生 gametogenesis
二倍体的原始生殖细胞通过减数分裂和分化发育成配子的整个过程。

06.019 配子 gamete
有性生殖生物中,经减数分裂产生的具有受精能力的单倍体生殖细胞。

06.020 雄配子 androgamete
成熟的雄性生殖细胞。

06.021 雌配子 female gamete
成熟的雌性生殖细胞。

06.022 同形配子 isogamete
在形态和生理上极为相同的雌、雄配子。

06.023 异形配子 heterogamete, anisogamete
在大小、外形、结构或性染色体等方面都显示不同的两性配子。

06.024 不动配子 aplanogamete
存在于某些藻类中不运动的配子。

06.025 小配子 microgamete
有性生殖生物所产生的异形配子中体积较小的配子。

06.026 大配子 macrogamete
有性生殖生物所产生的异形配子中体积较大的配子。

06.027 种系 germ line
又称"生殖细胞谱系"。多细胞动物中能繁殖后代的一类细胞的总称。包括单倍体配子以及最终能分化成配子的原始生殖细胞。

06.028 雄原细胞 androgonium
苔藓和蕨类植物一群细胞中的一个经分裂产生雄性细胞的细胞。最后成为游动精子。

06.029 精子发生 spermatogenesis
由精原细胞经初级精母细胞、次级精母细胞、精细胞至成熟精子形成的过程。

06.030 精子形成 spermiogenesis
又称"精细胞变态","精子分化"。精子发生过程中由精细胞转变为精子的变态过程。

06.031 精原细胞 spermatogonium
雄性哺乳动物曲细精管上皮中能经过多次有丝分裂产生精母细胞的干细胞。

06.032 精母细胞 spermatocyte
在精原细胞有丝分裂增殖过程中产生的某些能最终分化成成熟精子的细胞。分为初级精母细胞和次级精母细胞。

06.033 初级精母细胞 primary spermatocyte
精母细胞有丝分裂产生的并能进入减数分裂的细胞。

**06.034 次级精母细胞 secondary spermato-
cyte**
初级精母细胞经第一次减数分裂后转化成
的两个细胞。

06.035 精[子]细胞 spermatid
次级精母细胞经减数分裂产生的成熟的单
倍体细胞。将变态为成熟精子。

06.036 精子 sperm, spermatozoon
动物和低等植物成熟的雄配子。大小、形态
因种类而异。

**06.037 游动精子 zoosperm, spermatozoid,
antherozoid**
真菌单毛菌目的有性生殖方式中的雄性运
动配子。

06.038 精子包囊 spermatophore
简称"精包"。部分涡虫类、蛭类、头足类、有
尾类等动物中由黏液黏在一起的精子群。
交配时,黏液在雌体内降解(昆虫)或在雌性
泄殖腔中被吸收(蝾螈)。

06.039 精子器 antheridium
低等植物中产生多个带鞭毛游动精子的组
织。着生于叶状体背面,精子以水为介质向
颈卵器游动与卵细胞结合、受精。

06.040 雄细胞 androcyte
苔藓植物中可被诱变成精子细胞的一种细
胞。

06.041 卵子发生 oogenesis
由原始生殖细胞发育成卵原细胞,再由卵原
细胞发育为成熟卵子的整个过程。

06.042 卵原细胞 oogonium
迁移入卵巢的原始生殖细胞。能通过有丝
分裂产生卵母细胞。

06.043 卵母细胞 oocyte
进入生长期的卵原细胞。

06.044 初级卵母细胞 primary oocyte
卵原细胞经过有丝分裂增殖后即将进行减
数分裂的卵母细胞。

06.045 次级卵母细胞 secondary oocyte
初级卵母细胞经第一次减数分裂后产生的
较大的几乎包含全部初级卵母细胞细胞质
的子细胞。

06.046 动物极 animal pole
卵母细胞中细胞核偏向的一端。

06.047 植物极 vegetal pole
卵母细胞中与动物极相对的一端。具有大
量的卵黄小体和储备营养。

06.048 卵 ovum, egg, oosphere
次级卵母细胞经减数分裂产生的动物和植
物的成熟的雌性生殖细胞。

06.049 极体 polar body, polocyte
卵母细胞经减数分裂产生的除一个成熟卵
细胞外的三个无受精能力的单倍体小细胞。

06.050 极细胞 pole cell
昆虫或两栖类的卵子经过受精、卵裂后,囊
胚后端含有极粒的卵裂球。将产生生殖细
胞。

06.051 生发泡 germinal vesicle
在减数分裂过程中卵母细胞内膨大的核。

06.052 卵泡 ovarian follicle
哺乳动物卵巢中由颗粒细胞群围绕卵母细
胞构成的结构。

06.053 助细胞 synergid cell, synergid
被子植物胚囊珠孔端的两个细胞。与卵细
胞组合成卵器,对受精有重要作用。

06.054 反足细胞 antipodal cell
植物胚囊中与珠孔相对一端的三个细胞。

06.055 中央细胞 central cell
植物成熟胚囊中最大的细胞。高度液泡化,

位于胚囊中段,内含两个极核。

06.056 卵器 egg apparatus
植物胚囊中位于珠孔端由一个卵细胞和两个助细胞组成的结构。

06.057 抚育细胞 nurse cell
辅助卵或者精子形成的细胞。可合成配子发育所需的特殊物质,输送给发育中的配子。

06.058 藏卵器 oogonium
某些藻类和真菌中包含一个或多个配子的性结构。

06.059 卵核分裂 ookinesis
卵母细胞在成熟和受精过程中染色体的移动。

06.060 卵质 ooplasm
卵母细胞的细胞质。

06.061 卵中心体 oocenter, ovocenter
卵细胞的中心体

06.062 胚斑 germinal spot
卵细胞中的核仁。

06.063 卵黄 yolk
卵内贮存的营养物质。

06.064 卵黄膜 vitelline membrane
哺乳动物卵表面上的一层细胞外结构。

06.065 透明质 hyaloplasm
细胞质中除有形成分以外的透明溶液。现已少用。

06.066 灰色新月 gray crescent
两栖类动物卵受精后出现的浅色带区。

06.067 透明带 zona pellucida
哺乳动物卵母细胞外围的一层非细胞的膜。由滤泡细胞和卵母细胞的分泌物形成。

06.068 卵黄被 vitelline envelope
非哺乳动物卵母细胞表面形成的一种由多糖物质组成的包被。

06.069 卵黄囊 yolk sac
爬行类、鸟类和哺乳类等由肠长出的盖在卵黄表面的胚外膜结构。

06.070 皮质颗粒 cortical granule
卵子质膜下方特化的分泌泡。精卵一接触,立即释放出内含物,可防止多精入卵。

06.071 珠孔 micropyle
植物胚珠卵器端珠心组织上的小孔。受精时有花粉管穿入。

06.072 卵孔 micropyle
昆虫卵膜上的细漏斗状孔。受精时,精子经此孔进入。

06.073 镶嵌[型]卵 mosaic egg
卵物质的定位分布决定了裂球发育命运的卵。裂球接收卵内特定部位的物质后,发育命运即决定,不能自行调整。与调整型卵相对。

06.074 调整[型]卵 regulatory egg
失去部分后,仍保持全能性的卵。与镶嵌型卵相对。

06.075 排卵 ovulation
雌性脊椎动物的卵或卵母细胞从成熟卵巢滤泡中排出的过程。

06.076 孢囊 cyst
由膜包围一群精原细胞、精母细胞或早期精细胞形成的囊状结构。

06.077 孢子发生 sporogenesis
孢子形成的过程。可通过性孢子的有性繁殖,也可以通过无性孢子的无性繁殖。

06.078 孢子形成 sporulation
(1)二倍体通过减数分裂产生单倍体孢子的

过程。(2)细菌和其他生物的营养细胞形成干燥、有厚壳、代谢弱、能抵抗恶劣环境条件的细胞过程。

06.079 无孢子生殖 apospory
直接从孢子体的体细胞产生配子体的生殖方式。孢子体本身不产生孢子。

06.080 孢原细胞 sporogonium, archesporium
能通过有丝分裂产生孢子母细胞的二倍体细胞。

06.081 孢子母细胞 sporocyte
产生孢子的母细胞。

06.082 孢子 spore
细菌、原生动物、真菌和植物等产生的一种有繁殖或休眠作用的生殖细胞。能直接发育成新个体。

06.083 同形孢子 isospore
同一植物产生的相同形状的孢子。

06.084 异形孢子 heterospore, anisospore
维管植物产生的两种大小不同的孢子。小者产生雄性原叶体,大者产生雌性原叶体。

06.085 孢子同型 isospory
多数蕨类植物孢子囊中产生的孢子,其形态、大小相同的现象。

06.086 孢子异型 heterospory
卷柏类植物和少数水生蕨类植物产生的孢子有大小之分的现象。

06.087 游动孢子 zoospore
具有鞭毛可以游动的孢子。多见于某些藻类和真菌。既能进行无性生殖,也可在某些条件下进行有性生殖。

06.088 不动孢子 aplanospore
不具鞭毛、不能游动的孢子。

06.089 孢囊孢子 sporangiospore
孢子囊中继核融合和有丝分裂之后在分裂过程中形成的孢子。

06.090 无性孢子 asexual spore
经无性分裂产生的与亲体遗传性相似的孢子。

06.091 接合孢子 zygospore
两个形态相似的配子或菌丝体融合产生的合子。

06.092 无性接合孢子 azygospore
真菌中无性形式的接合孢子。

06.093 游动接合孢子 zygozoospore
能运动的接合孢子。

06.094 小孢子发生 microsporogenesis
在异孢型植物中,小孢子母细胞减数分裂产生单倍体孢子的发育过程。

06.095 小孢子母细胞 microsporocyte, microspore mother cell
产生小孢子的性母细胞。

06.096 小孢子 microspore
异形孢子囊植物产生的两种孢子中较小的孢子。可发育为雄性配子体。在种子植物中,相当于在单核期发育的花粉粒。

06.097 花粉 pollen
有花植物的小孢子。萌发时产生含三个单倍体核的雄配子体。

06.098 产雄孢子 androspore
鞘藻属藻类产生的带鞭毛的游动孢子。

06.099 大孢子 megaspore
异形孢子囊植物产生的两种孢子中较大的孢子。通常发育成雌性配子体。

06.100 大孢子发生 megasporogenesis
异孢形植物的大孢子囊中,由大孢子母细胞经减数分裂后产生功能性大孢子的发育过程。

06.101　大孢子母细胞　megasporocyte, megaspore mother cell

异孢形植物大孢子囊中的一团或一个二倍体细胞。每个大孢子母细胞经减数分裂后产生四个大孢子,但通常只有一个能成为有功能的大孢子。

06.102　孢子体　sporophyte, sporogon

在植物世代交替的生活史中,产生孢子和具两倍数染色体的植物体。

06.103　配子体　gametophyte

在植物世代交替的生活史中,产生配子和具单倍数染色体的植物体。

06.104　雌雄同体　monoecism

同一动物体内具有雌性和雄性生殖器官,能产生雌性和雄性配子的现象。在植物学中称"雌雄同株"。

06.105　雌雄异体　dioecism

同一动物体具有雌性或雄性一种性器官的现象。在植物学中称"雌雄异株"。

06.106　雌雄间体　intersex

又称"间性体"。雌雄异体物种的个体,性器官和第二性征部分兼具两种性别特征的现象。

06.107　无性生殖　asexual reproduction

不经过生殖细胞的结合由亲体直接产生子代的生殖方式。

06.108　有性生殖　sexual reproduction

又称"两性生殖(bisexual reproduction)"。经过两性生殖细胞结合,产生合子,由合子发育成新个体的生殖方式。主要是指配子生殖。

06.109　配子生殖　gametogamy

由亲体产生的配子两两相配成对融合成合子,再由合子发育成新个体的生殖方式。分同配生殖、异配生殖和卵式生殖三种类型。

06.110　同配生殖　isogamy

同形配子融合的生殖方式。

06.111　异配生殖　anisogamy, heterogamy

异形配子融合的生殖方式。

06.112　卵式生殖　oogamy

不能游动的大配子(卵细胞)和能够游动的小配子(精子),且卵细胞与精子相结合形成合子的一种高级异配生殖方式。是高等植物和多数动物所普遍具有的一种有性生殖方式。

06.113　孤雌生殖　parthenogenesis

又称"单性生殖"。由未受精的卵单独发育成个体的特殊生殖方式。可分为自然孤雌生殖和人工孤雌生殖。

06.114　自然孤雌生殖　natural parthenogenesis

又称"自然单性生殖"。在自然状态下所发生的孤雌生殖。如在蚜虫和蜜蜂等均可见到。

06.115　人工孤雌生殖　artificial parthenogenesis

又称"人工单性生殖"。在人工条件下,使未受精卵发育的生殖方式。如用海胆和桑蚕等就能见到。

06.116　孤雄生殖　androgenesis

又称"雄核发育","孤雄发育"。精子细胞核和卵质结合后的胚胎发育,或雄性配子的直接胚胎发育的生殖方式。

06.117　裂体生殖　fissiparity, fission

细胞核先分裂后均匀分布于细胞中,以核为中心,细胞质也进行分割,最后形成一个个后代的生殖方式。是原生动物孢子纲动物特有的无性繁殖方式。

06.118　幼体生殖　pedogenesis

幼体或胚胎阶段的卵受精就可进行生殖,繁

殖后代的有性生殖方式。

06.119 单雌生殖 gynogenesis
又称"雌核发育"。卵子被精子激活,雄核消失,所发育的个体只含有一套母体染色体的生殖方式。

06.120 融合生殖 syngamy
又称"配子配合"。两个单倍体配子融合成二倍体合子的生殖方式。

06.121 无融合生殖 apomixis
在植物中不经过配子融合而产生新个体的生殖方式。

06.122 无配子生殖 apogamy
胚囊中卵细胞以外的细胞不经受精而发育形成胚的生殖方式。

06.123 核配 karyogamy
性细胞核的融合。是真菌中准性周期的一个过程。在有性繁殖时核配的结果是形成受精卵或合子。

06.124 质配 plasmogamy
又称"胞质融合"。受精过程中核配之前的细胞质融合。

06.125 胚乳 endosperm
被子植物种子中包围在胚外面的组织。为种子萌发提供淀粉或其他营养物。

06.126 接合 conjugation, zygosis
(1)某些菌藻植物通过两个同形配子相融合而形成合子的有性生殖。(2)两个细菌之间的杂交。部分染色体从一个细胞转入到另一个细胞,是细菌之间交换遗传物质的过程。(3)原生动物有性生殖的一种,两性生殖细胞暂时联合,个体之间交换核质。主要见于纤毛虫。

06.127 雄核 arrhenokaryon
雄性配子的细胞核。

06.128 雄质 androplasm, arrhenoplasm
雄性配子的细胞质。

06.129 合子 zygote, oosperm
又称"受精卵(fertilized egg)"。雌配子和雄配子融合形成的二倍体细胞。

06.130 动合子 ookinete
原生动物中具有运动能力的合子。疟原虫在蚊子体内经大、小配子受精形成的合子,能发育成卵囊。

06.131 多核合子 coenozygote
两个多核配子融合成的合子。

06.132 招募因子 recruitment factor
促进 mRNA 与核糖体结合的因子。可激活合子中的隐蔽 mRNA。

06.133 胚胎 embryo
简称"胚"。多细胞生物由受精卵开始的个体发育过程最初阶段的雏体。

06.134 胚胎发生 embryogenesis, embryogeny
多细胞生物由受精卵开始的胚胎发生和发育过程。包括受精、卵裂、原肠胚形成、神经胚形成、器官形成等几个主要的发育阶段。许多动物还必须经过胚后发育阶段——变态,才能发育为成体。

06.135 受精 fertilization
雄配子和雌配子融合形成二倍体合子的过程。是有性生殖中的基本过程。

06.136 顶体反应 acrosomal reaction
受精时,精子一接触到卵表面或卵周结构,精子顶体泡即与精子质膜融合,释放出酶和其他蛋白质的反应。有助于精子穿过卵的外围结构和精核入卵。

06.137 顶体 acrosome
精子头部前端的一个帽状囊泡结构。由精子细胞的高尔基体形成,囊中含有与受精有关的酶和其他蛋白质。

06.138 原顶体 acroblast
精子细胞头部产生顶体的高尔基体泡。

06.139 获能 capacitation
人及哺乳类精子在雌性生殖道中获得的受精能力。人工化学方法可以使精子获能体外受精。

06.140 皮质反应 cortical reaction
精细胞与卵细胞的细胞质膜融合时激活了卵细胞的磷脂酰肌醇信号转导途径,使定位于卵细胞胞质外周的皮质颗粒与卵细胞质膜融合释放内容物(酶类),并快速分布到整个卵细胞的表面,阻断多精受精的现象。

06.141 前核融合 pronucleus fusion
雄性前核向卵细胞的雌性前核移动,通过精细胞的中心粒产生的微管引导,两个前核相互接触时发生融合形成一个二倍体核的现象。

06.142 母体信息 maternal information
受精后,卵母细胞中的 mRNA 才被激活,其蛋白质合成速率大大增加,这些由卵母细胞带来的信息分子称为母体信息。

06.143 双受精 double fertilization
被子植物特有的受精方式。受精过程中在卵和精子融合时,有第二个雄配子与中央细胞的极核融合形成 $3n$ 的胚乳核。

06.144 自体受精 autogamy, idiogamy
来自同一个体的两个配子结合而形成合子核的现象。见于原生动物等。

06.145 多精入卵 polyspermy
受精时不止一个精子进入卵子中的现象。多见于低等动物。

06.146 自体受粉 self-pollination
又称"自花传粉"。植物利用自身花粉进行受粉的现象。

06.147 卵裂 cleavage
多细胞动物早期胚胎,自受精卵至囊胚早期的细胞有丝分裂。在此阶段,胚胎的体积与受精卵差别不大。

06.148 卵裂沟 cleavage furrow
受精卵在卵裂阶段,细胞开始分裂时赤道面缩环的收缩,质膜和细胞内陷形成的沟。

06.149 [卵]裂球 blastomere
早期胚胎经过卵裂产生的细胞。

06.150 桑椹胚 morula
动物早期胚胎发育的一个阶段,受精卵经过多次分裂,成为由数十至数百个细胞组成的形如桑椹的实心胚胎。

06.151 卵裂面 cleavage plane
多细胞动物的卵卵裂时,两个卵裂球间的界面。

06.152 卵裂型 cleavage type
多细胞动物的卵卵裂的形式。

06.153 完全卵裂 holoblastic cleavage
卵裂面把卵裂球与卵裂球完全隔开的卵裂方式。是卵黄相对较少的合子分裂方式,卵裂后整个卵子被完全分割。

06.154 经裂 meridional cleavage
卵裂面重叠于卵的主轴的面或平行于卵轴面的卵裂方式。

06.155 纬裂 latitudinal cleavage
卵裂面垂直于卵轴面的卵裂方式。

06.156 螺旋卵裂 spiral cleavage
一些软体动物和环节动物卵裂时纺锤体的定向与原先卵的轴向成夹角的卵裂方式。

06.157 旋转卵裂 rotational cleavage
哺乳动物的卵卵裂时第一次卵裂时是正常的经裂,而在第二次卵裂时,其中一个卵裂球为经裂,而另一个为纬裂的卵裂方式。

06.158 不完全卵裂 meroblastic cleavage
多黄卵受精后形成的合子卵裂时仅有一部分细胞质被分割,而卵黄部分不分裂的卵裂方式。

06.159 盘状卵裂 discoidal cleavage
早期卵裂在动物极形成一个盘状细胞层的卵裂形式。

06.160 表面卵裂 superficial cleavage
仅在卵表面卵子细胞质的表层发生分裂的一种卵裂形式。多见于昆虫、鸟类和爬行类动物,其卵黄聚积于卵的中央。

06.161 [囊]胚泡 blastocyst
在哺乳动物胚胎发生早期,完成卵裂期的囊胚。

06.162 囊胚 blastula
动物早期胚胎发育中受精卵经过卵裂被分割成许多小细胞,这些小细胞组成的中空球形体。

06.163 囊胚腔 blastocoel
多细胞动物囊胚的空腔。

06.164 合体滋养层 syncytiotrophoblast
哺乳动物胎盘中来自胎儿部分的最外合层。系与母体组织接触的界面。

06.165 命运图 fate map
显示各胚层和主要器官在早期胚胎(通常是囊胚期)表面发育趋向的分区图。是通过将胚胎定位部分细胞着色,连续追踪观察细胞的分化命运,绘制而成。

06.166 内细胞团 inner cell mass
哺乳类囊胚中位于囊胚腔一侧的具有全能性的细胞团。将来能发育为胚胎本体。

06.167 胚状体 embryoid, embryoid body, EB
(1)在植物细胞、组织或器官体外培养过程中,由一个或一些体细胞经过胚胎发生和发育过程,形成的与合子胚相类似的结构。可进一步发育成植株。(2)动物中通过人工胚泡移植手术产生的具有胚层结构的小体。

06.168 胚孔 blastopore
两栖类和海胆囊胚表面产生的圆形内陷小口。在原肠期内胚层和中胚层细胞经此口内卷进入胚胎内部。

06.169 原肠腔 archenteron
动物胚胎发生原肠作用过程中,内胚层和中胚层陷入胚胎内部所形成的腔。后发育成消化道。

06.170 原肠胚形成 gastrulation
又称"原肠作用"。早期胚胎由囊胚形成原肠胚的发育过程。囊胚表面一定区域迁移到胚胎内部形成内、中、外三胚层,为后继的器官形成奠定基础。

06.171 原肠胚 gastrula
动物早期胚胎发育过程中内胚层和中胚层移入胚胎内部的胚胎。

06.172 胚层 germ layer
多细胞动物早期胚胎中分成层的胚胎结构。为外胚层、中胚层和内胚层。是各种组织和器官分化的来源。

06.173 外胚层 ectoderm
动物胚胎三胚层中最外的一层。将发育为表皮和神经组织。

06.174 中胚层 mesoderm
动物胚胎原肠末期处在外胚层和内胚层之间的细胞层。将来发育为真皮、肌肉、骨骼及结缔组织、血液等。

06.175 内胚层 endoderm
动物胚胎三胚层中最靠内的一层。将分化出原肠腔壁的上皮组织,如肠上皮、肺上皮等。

06.176 原条 primitive streak

在鸟类、爬行类和哺乳类胚胎原肠作用时，胚胎后区加厚，并向头区延伸所形成的细胞条。其出现确定了胚胎前后轴。

06.177　上胚层　epiblast
鸟类发生初期，原条形成之前，胚盘层分为上下两层，其上面的一层。

06.178　下胚层　hypoblast
鸟类发生初期，原条形成以前，上下两层胚盘层中的下层。

06.179　体壁中胚层　somatic mesoderm, parietal mesoderm
侧中胚层分化后与外胚层邻近的一层。未来将分化成体壁的骨骼、肌肉、血管和结缔组织。

06.180　脏壁中胚层　splanchnic mesoderm, visceral mesoderm
侧中胚层分化后与内胚层邻近的一层。未来将分化为消化和呼吸系统的肌肉、血管和结缔组织等。

06.181　滋养层　trophoblast
哺乳动物围绕胚泡形成的胚外层上皮。将来形成绒毛的外层，和母体组织共同组成胎盘。

06.182　滋养外胚层　trophectoderm
哺乳动物囊胚胚泡期间在中胚层与外胚层缔合之前，外胚层上附着的部分。将产生胚外结构，如胎盘。

06.183　形态发生　morphogenesis
胚胎发生中，由受精卵卵裂产生的球形细胞群发育成复杂的组织器官和个体形状的过程。

06.184　形态发生运动　morphogenetic movement
动物早期胚胎在形态发生过程中细胞群的迁移。如在原肠形成过程中胚胎表面细胞

的内陷。

06.185　形态发生素　morphogen
在胚胎形态发生中以空间浓度分布影响组织和器官模式形成的物质。

06.186　内陷　invagination
动物胚胎原肠作用过程中，胚胎植物极陷入囊胚腔，在胚胎表面形成的凹陷。

06.187　内卷　involution
动物胚胎原肠作用时，基部外层细胞片扩展，并向内迁移，覆衬在其余外部细胞层的内表面的过程。

06.188　外包　epiboly
动物囊胚发生原肠作用过程中以整片细胞（通常为外胚层细胞）为单位沿胚胎表面扩展，包裹胚体的深层细胞。

06.189　胚膜　germinal membrane
高等陆生动物胚胎发育中胚体以外的一些膜组织。

06.190　胚带　germ band
昆虫早期胚胎的外胚层和中胚层细胞向腹中线集中、延伸和迁移形成的细胞带。包括发育成胚胎躯干的所有细胞。

06.191　胚盘　blastodisc, blastoderm, embryonic disk
鱼类、爬行类和鸟类等受精卵在无卵黄的动物极经过不完全卵裂形成的细胞盘。此区域的细胞群将来发育成胚胎。

06.192　神经胚形成　neurulation
由原肠胚中预定的神经外胚层细胞形成神经管的过程。

06.193　初级神经胚形成　primary neurulation
由脊索中胚层引导覆盖在其上面的神经外胚层细胞增殖、内陷并脱离皮肤外胚层，形成中空神经管的过程。

06.194 次级神经胚形成 secondary neurulation
由胚体中一条实心细胞索中心变空后形成神经管的过程。

06.195 神经胚 neurula
脊椎动物胚胎发育过程中处于神经板外胚层发育成神经管阶段的胚胎。

06.196 脊索 notochord
脊索动物体内的一种条状结构。也存在于脊椎动物胚胎时期,在脊椎动物成体中部分或全部被脊椎所代替。

06.197 神经板 neural plate
早期胚胎背侧表面的一条增厚的纵行外胚层条带。可发育成神经系统。

06.198 神经发生 neurogenesis
动物早期胚胎中外胚层向神经系统的分化。

06.199 神经嵴 neural crest
脊椎动物在神经管形成过程中,原来位于神经板两侧分离出的细胞群。可分化成成体多种不同的细胞谱系,如脊神经节、胶质细胞和嗜铬细胞等。

06.200 神经外胚层 neuroectoderm
脊椎动物早期胚胎背部表面中央的外胚层。发育为神经系统的神经元和胶质细胞。

06.201 生殖嵴 genital ridge
脊椎动物胚胎后半部,背系膜侧面中胚层形成的纵行上皮加厚的细胞条。可发育为生殖腺。

06.202 体节 somite
在脊椎动物发育中,位于脊索和神经管两侧分节排列的中胚层组织团块。是骨骼、肌肉、皮肤和尿殖器官(泌尿、生殖器官)的发生来源。体节的形成具有时序性,先从头部开始。

06.203 施佩曼组织者 Spemann organizer
两栖类动物早期胚胎背侧胚孔背唇的一个信号传递中心。由此中心发出的信号组织了胚胎的前后轴和背腹轴。

06.204 细胞谱系 cell lineage
动物受精卵第一次卵裂后的裂球,在个体发育中通过细胞分裂产生大量多代各种成体细胞,祖细胞与分化细胞的先后连续宗系关系。

06.205 X失活 X inactivation
雌性成体细胞中两条X染色体中的一条在遗传性状的表达上丧失功能的现象。

06.206 体细胞 somatic cell
多细胞生物体中除性细胞以外的细胞。

06.207 细胞决定 cell determination
胚胎细胞在发生分化之前已确定向特定方向分化的变化过程。

06.208 决定子 determinant
卵和胚胎中决定细胞定向分化的细胞质因子。

06.209 转决定 transdetermination
在果蝇成虫盘实验中观察到的不按已决定的分化类型发育,而生长出不是相应的成体结构的现象。如一个成虫盘可分化成另一个成虫盘应分化的结构。

06.210 分化 differentiation
细胞在结构和功能上发生差异的过程。分化细胞获得并保持特化特征,合成特异性的蛋白质。

06.211 再分化 redifferentiation
某种组织细胞去分化后变为原始未分化状态,随后分化为另一种组织细胞的过程。多存在于再生过程中。

06.212 去分化 dedifferentiation
又称"脱分化"。分化细胞失失原有的分化结构和功能成为具有未分化细胞特性的过程。随后可导致细胞再分化成另一种细胞。

06.213 转分化 transdifferentiation
(1)已分化细胞经去分化后再分化成另一种细胞的变化过程。如色素细胞分化成晶状体。(2)一种组织的干细胞能够分化成它种组织细胞的过程。

06.214 组织转化 metaplasia
又称"化生"。从一种分化表型转变为另一种表型的过程。如单层或移形上皮由于慢性损伤转变为复层鳞状上皮。

06.215 再生 regeneration
生物体对失去的结构重新自我修复和替代的过程。

06.216 极叶 polar lobe
某些软体动物和环节动物的合子在第一、二次卵裂之前,由植物极所形成的球形乃至半球形的细胞质突出。与中胚层的形成有关。

06.217 极质 polar plasma
卵母细胞、卵或早期胚胎动物极或植物极中决定生殖细胞分化的细胞质。

06.218 极粒 polar granule
又称"生殖细胞决定子"。位于两栖类卵子植物极或昆虫卵子后区细胞质中由核糖核蛋白(RNP)构成的颗粒物质。决定生殖细胞的分化。

06.219 胚胎诱导 embryonic induction
动物在一定的胚胎发育时期,一部分细胞影响相邻的另一部分细胞使其向一定方向分化的现象。

06.220 感受态 competence
(1)细胞对信号刺激具有反应潜能的状态。(2)受体细胞处于易接受外源 DNA 转化时的生理状态。

06.221 染色质消减 chromatin diminution
某些生物胚胎在卵裂过程中体细胞的染色体发生丢失的现象。

06.222 定型 commitment
又称"限定"。细胞或组织尽管在表型上与未限定细胞没有差别,但其发育命运已经受到限制的状态。

06.223 潜能 potency
细胞产生的后代细胞能分化成各种细胞的能力。

06.224 全能性 totipotency
细胞具有能重复个体的全部发育阶段和产生所有细胞类型的能力。

06.225 多[潜]能性 multipotency, pluripotency
具有发育成多种组织器官,但却失去了发育成完整个体的潜能性。

06.226 单能性 unipotency
只能以某种特定方式发育成一种细胞的潜能性。

06.227 多[潜]能细胞 multipotent cell
在适当的环境条件下,能产生各种细胞类型的细胞。

06.228 全能性细胞 totipotent cell
具有发育为完整个体或分化出各种细胞潜能的细胞。

06.229 干细胞 stem cell
在动物胚胎和成体组织中一直能进行自我更新、保持未分化状态、具有分裂能力的未分化细胞。包括胚胎干细胞和成体干细胞两大类。

06.230 胚胎干细胞 embryonic stem cell, ES cell
取自哺乳动物囊胚的内细胞团细胞,经培养而成的多能干细胞。具有分化为各种组织的潜能。

06.231 成体干细胞 adult stem cell
存在于一种组织或器官中的未分化细胞。具有自我更新的能力,并能分化成所来源组织的主要类型特化细胞。

06.232 全能干细胞 totipotent stem cell, TSC
可分化成各种类型的组织细胞的干细胞。哺乳动物中只有受精卵才是全能干细胞。

06.233 多能干细胞 multipotential stem cell, pluripotent stem cell
具有分化成多种分化细胞潜能的干细胞系细胞。如胚胎干细胞和成体干细胞。

06.234 单能干细胞 unipotent stem cell, monopotent stem cell
只能向单一方向分化、产生一种类型的细胞。许多已分化组织中的成体干细胞是单能干细胞。

06.235 骨髓干细胞 bone marrow stem cell
存在于骨髓中的多能干细胞。包括造血干细胞和间充质干细胞两类。

06.236 造血干细胞 hemopoietic stem cell
存在于造血组织中的一群原始多能干细胞。可分化成各种血细胞,也可转分化成神经元、少突胶质细胞、星形细胞、骨骼肌细胞、心肌细胞和肝细胞等。

06.237 间充质干细胞 mesenchymal stem cell
源自未成熟的胚胎结缔组织的细胞。是可形成多种细胞类型的多能干细胞。

06.238 诱导多能干细胞 induced pluripotent stem cell, iPS cell
通过向皮肤成纤维细胞的培养基中添加几种胚胎干细胞表达的转录因子基因,诱导成纤维细胞转化成的类多能胚胎干细胞。

06.239 神经干细胞 neural stem cell
存在于成体脑组织中的一种干细胞。可分化成神经元、星形胶质细胞、少突胶质细胞,也可转分化成血细胞和骨骼肌细胞。

06.240 皮肤干细胞 skin stem cell
存在于表皮基底层和毛囊基部的干细胞。

06.241 上皮干细胞 epithelial stem cell
存在于消化道隐窝深部的干细胞。可分化成吸收细胞、杯状细胞、帕内特细胞和少突细胞。

06.242 胚胎癌性细胞 embryonal carcinoma cell, EC cell
在胚胎发育过程中由畸胎癌(常为睾丸肿瘤)衍生而来的一类多能干细胞。

06.243 胚胎生殖细胞 embryonic germ cell, EG cell
从哺乳动物胚胎生殖嵴原生殖细胞培养成的多潜能干细胞。性质类似于胚胎干细胞。

06.244 模式形成 pattern formation
胚胎发育中,细胞按照一定的时空模式,在个体中精确有序地形成各种结构的过程。

06.245 芽基 blastema
个体的一部分通过去分化和再分化产生新个体或再生出局部器官的细胞群。

06.246 原基 anlage
个体发生中发育成机体特定器官的胚胎区。

06.247 基板 placode
个体发生过程中将发育成器官或结构的胚胎上皮加厚区。通常多指胚胎头部两侧表皮将发育成外周神经系统、感官和脑神经节的器官原基;有时也可指发育成其他器官、结构的基板,如牙齿、毛发、羽毛等。

06.248 成虫盘 imaginal disc
全变态昆虫(如鳞翅目、双翅目)幼虫表皮内褶形成的体内未分化细胞群。在从幼虫到成虫变态的过程中,分别发育为腿、触角、翅、口器等器官。

06.249 变态 metamorphosis
昆虫或两栖类不同发育时期的形态变化。

06.250 器官发生 organogenesis
胚胎时期由胚层器官原基发育成器官的过程。包括细胞分化和器官形成。

06.251 组织发生 histogenesis
由不同谱系的多能干细胞及祖细胞发育成为具有特定结构和功能的分化组织的过程。

06.252 极性 polarity
细胞的结构或物质分布形成轴性梯度,产生不对称极的特性。

06.253 分节 segmentation
在胚胎发生过程中,躯体沿头尾轴界分成若干单元的变化。

06.254 位置信息 positional information
细胞外信号分子形成浓度梯度,为细胞的模式形成建立的位置基础。即细胞根据其相对于个体其他部分的位置来决定怎样进行分化的信息。

06.255 位置效应 position effect
基因因其在染色体中所处的位置而使其表达受到影响的现象。

06.256 位置值 positional value
细胞因在位置信息场域中所处的位置而获得的分化模式。

06.257 持家基因 house-keeping gene
又称"管家基因"。生物体各类细胞中都表达,对维持细胞存活和生长所必需的蛋白质编码的基因。如糖酵解和柠檬酸循环所需酶的编码基因等。

06.258 奢侈基因 luxury gene
又称"组织特异性基因(tissue-specific gene)"。特定类型细胞中为其执行特定功

能蛋白质编码的基因。

06.259 母体效应基因 maternal-effect gene
又称"母体基因(maternal gene)"。在卵子发生过程中进行表达,表达产物(母体因子——蛋白质和 mRNA)存留卵子中,受精后通过这些母体因子影响胚胎发育的基因。

06.260 父体效应基因 paternal effect gene
在一些物种中,精子中表达的基因提供了不能由卵子替代的重要的发育信息,这些基因被称作父体效应基因。

06.261 驼背基因 *hunchback* gene, *hb* gene
果蝇早期体节形成的关键性调控基因。其表达产物为转录因子,专一抑制腹部形成。

06.262 *bicoid* 基因 *bicoid* gene, *bcd* gene
控制果蝇头胸发育的一个卵极性基因。其表达产物为转录因子,调控果蝇胚胎前端结构的生成。

06.263 合子基因 zygotic gene
受精后发育过程中胚胎本体进行表达的基因。

06.264 分节基因 segmentation gene
在果蝇发育中决定其体节和副体节的空间图式的基因。

06.265 体节极性基因 segment polarity gene
调控果蝇体节发育成前部和后部区室,保持每一体节中的某些重复结构的基因。

06.266 成对规则基因 pair-rule gene
在果蝇胚胎中控制相邻一对体节形成的基因。在间隔体节的原基中转录,突变后将导致每隔一个体节就缺失一部分。

06.267 选择者基因 selector gene
又称"同源异形选择者基因(homeotic selector gene)"。决定胚胎细胞或组织选择一个特定发育途径的基因。这些基因如发生突变,会使生物体的结构出现畸形。

06.268 裂隙基因 gap gene
果蝇中控制相邻体节或副体节发育,其突变导致体节图式中产生间隙的基因。果蝇早期胚胎发育中为转录因子编码的合子基因,控制胚胎沿前后轴分区。

06.269 时序基因 temporal gene
按照发育阶段的顺序进行表达的基因。

06.270 同源异形转化 homeosis, homoeosis
由于与发育有关的某一基因错误表达,导致一种器官生长在错误部位的现象。如果蝇该生长触角的部位长成了腿。

06.271 同源异形基因 homeotic gene, homeobox gene, _Hox_ gene
含有同源异形框,在胚胎发育中确定体节属性的基因。

06.272 同源异形框 homeobox
同源异形基因所含的约由 180 个核苷酸组成的保守序列。此序列为 60 个氨基酸编码,编码产物可与 DNA 结合,调节基因的表达。

06.273 同源异形域 homeodomain
由同源异形框编码的可与 DNA 结合的蛋白质结构域。

06.274 触角足复合物 antennapedia complex
昆虫中对胸部和头部体节的发育具有调节作用的基因群。

06.275 双胸复合物 bithorax complex
果蝇第 3 号染色体上同源异形基因所在的一个区域。是同源异形基因家族的组成基因,调控胸节发育。

06.276 信息体 informosome
在某些种类动物的卵细胞质中存在的核糖核蛋白颗粒。由 mRNA 结合蛋白质构成,其中 mRNA 在早期胚胎中翻译,指导胚胎发育和细胞分化。

06.277 隐蔽 mRNA masked messenger RNA
在卵母细胞中与蛋白质结合的 mRNA。可长时间稳定存在,贮存母体信息。在早期胚胎发生中脱去蛋白质,进行翻译。

06.278 组合调控 combinatory control
细胞活动过程中的一个步骤(如转录起始)受一个蛋白质组合而不是单个蛋白质调控的现象。

06.279 多级调控体系 multistage regulation system
真核细胞基因表达的、涉及到转录前、转录水平、转录后的加工水平和翻译水平的调控过程。

06.280 基因表达 gene expression
通过转录和翻译,从 DNA 分子编码的遗传信息产生 RNA 和蛋白质的过程。

06.281 差异基因表达 differential gene express
在细胞分化过程中某些奢侈基因表达的结果生成一种类型的分化细胞,另一组奢侈基因表达的结果导致出现另一类型的分化细胞的现象。

06.282 基因组调控 genomic control
在 DNA 水平上调节基因的活性方式。其中两种重要的方式是 DNA 甲基化和 DNA 重排。

06.283 DNA 甲基化 DNA methylation
在甲基转移酶的催化下,DNA 的 CG 两个核苷酸的胞嘧啶被选择性地添加甲基基团的化学修饰现象。通常发生在 5′胞嘧啶位置上,具有调节基因表达和保护 DNA 该位点不受特定限制酶降解的作用。

06.284 DNA 重排 DNA rearrangement
根据 DNA 片段在基因组中位置的变化,即从一个位置变换到另一个位置,从而改变基因活性的一种调节方式。

06.285 基因重排 gene rearrangement

基因的可变区通过基因的转座、DNA 的断裂错接而使正常基因顺序发生改变的现象。尤指在 B 细胞分化过程中抗体基因的重排及 T 细胞抗原受体基因的重排,是基因差别表达的一种调控方式。

06.286 基因扩增 gene amplification

细胞内某些特定基因的拷贝数专一性地大量增加的现象。

06.287 盒式机制 cassette mechanism

用于解释酵母交配型转换的一种基因表达调节机制。即酵母交配型能力主要取决于基因组特定位点 MAT 基因座中的两个等位基因 α 和 a,通过交替改变 MAT 基因座中的等位基因控制细胞的交配型。

06.288 转录水平调控 transcriptional-level control

对确定某个基因是否被转录或转录频率的调控。

06.289 翻译控制 translational control

通过调节 mRNA 翻译速度而对蛋白质的合成进行的调节方式。

06.290 细胞凋亡 apoptosis

又称"程序性细胞死亡(programmed cell death, PCD)"。由死亡信号诱发的受调节的细胞死亡过程,是细胞生理性死亡的普遍形式。凋亡过程中 DNA 发生片段化,细胞皱缩分解成凋亡小体,被邻近细胞或巨噬细胞吞噬,不发生炎症。

06.291 细胞衰老 cell aging, cell senescence

随着时间的推移,细胞增殖能力和生理功能逐渐下降的变化过程。细胞在形态上发生明显变化,细胞皱缩,质膜透性和脆性提高,线粒体数量减少,染色质固缩、断裂等。

06.292 坏死 necrosis

由于损伤、缺血或感染引起的细胞死亡现象。伴生炎症。

06.293 激活 activation

(1)一种化合物由非活性状态或低活性状态转变为具有活性或更高活性的状态。如尚无活性的酶原转变为有活性的酶。(2)在某种因子刺激下,细胞生理活动的改变。

06.294 激活蛋白 activin

又称"激活素"。脑垂体和性腺中合成的多肽生长因子,可刺激卵泡刺激素的分泌。参与多种细胞的增殖和分化活动,对胚胎时期的体轴和胚层的模式形成具有调节作用。

06.295 存活蛋白 survivin

肿瘤细胞中抑制细胞凋亡的蛋白质。具有抑制胱天蛋白酶的活性。

06.296 存活因子 survival factor

细胞存活所必需的细胞外信号分子。可避免细胞发生凋亡,如生长因子。

06.297 肝配蛋白 ephrin

Eph 样受体酪氨酸蛋白激酶的配体。是一个膜结合信号传递蛋白质家族,在轴突生长中参与调节细胞与细胞间的相互作用,使发育中的神经系统建立固有的细胞结合。Eph 系促红细胞生成素产生肝细胞(erythropoietin-producing hepatomocellular)的英文字头缩写。

06.298 凋亡体 apoptosome

与细胞凋亡有关功能的多蛋白质复合体,由细胞凋亡蛋白酶激活因子1、胱天蛋白酶9及细胞色素 c 组成。激活胱天蛋白酶起始物和效应物反应机构,启动细胞凋亡级联反应下游过程变化。

06.299 凋亡小体 apoptotic body

细胞凋亡过程中,细胞萎缩、碎裂,形成的有膜包围的含有核和细胞质碎片的小体。可被吞噬细胞所吞噬。

06.300 凋亡蛋白酶激活因子1 apoptosis protease-activating factor-1，Apaf1

与从线粒体释放出来的细胞色素 c 结合的蛋白质。当其与胱天蛋白酶9连接后，即激活胱天蛋白酶3，触发细胞随后的级联凋亡事件。

06.301 凋亡信号调节激酶1 apoptosis signal regulating kinase-1，Ask1

在胁迫和细胞因子诱导的细胞凋亡中起关键作用的一种促分裂原激活蛋白激酶激酶激酶。

06.302 凋亡诱导因子 apoptosis-inducing factor，AIF

一类存在于线粒体内外膜间隙的保守的黄素蛋白。具有双重功能，在细胞正常的生理状态下，作为线粒体氧化还原酶，能催化细胞色素 c 和烟酰胺腺嘌呤二核苷酸（NAD）之间的电子传递；当细胞受到凋亡的刺激时，具有引起细胞染色体凝聚及 DNA 片段化的作用。

06.303 胱天蛋白酶 caspase

一组存在于细胞溶胶中的结构上相关的半胱氨酸蛋白酶。能特异地断开天冬氨酸残基后的肽键，是参与细胞凋亡过程的重要酶类。

06.304 赘生物 neoplasm

异常增殖的细胞团块。

06.305 肿瘤 tumor

细胞产生的赘生物细胞群。可以是良性的，也可以是恶性的。

06.306 恶性肿瘤 malignant tumor

细胞不仅异常快速增殖，而且可发生扩散转移的肿瘤。

06.307 癌[症] cancer

各种恶性肿瘤的统称。其细胞的生长和分裂速度高于正常细胞，且往往可转移到其他组织。

06.308 上皮癌 carcinoma

特指来源于外胚层和内胚层，发生于上皮细胞的恶性肿瘤。

06.309 肉瘤 sarcoma

源于中胚层组织，由结缔组织和肌肉产生的恶性肿瘤。

06.310 淋巴瘤 lymphoma

来源于中胚层由淋巴细胞癌变产生的恶性肿瘤。

06.311 畸胎癌 teratocarcinoma，teratoma

来源于原始生殖细胞或具有可分化为三胚层各种组织潜能的裂球错位所产生的恶性肿瘤。

06.312 癌变 carcinogenesis

上皮细胞发生恶性转化生成恶性肿瘤的过程。

06.313 癌细胞 cancer cell

生长失去控制，具有恶性增殖和扩散、转移能力的细胞。

06.314 转化细胞 transformed cell

正常细胞由于受到病毒或其他促癌因子的诱导而变成了具有癌细胞属性的细胞。

06.315 癌基因 oncogene

细胞中发生了突变或过度表达并可引起细胞癌变的原癌基因。活化后能引起正常细胞转变为癌细胞的基因。

06.316 细胞癌基因 cellular oncogene，c-oncogene

简称"c 癌基因"。又称"原癌基因（proto-oncogene）"。编码调节细胞生长或分化有关蛋白质的而在突变或过表达时可转变为癌基因并引起细胞癌变的正常细胞基因。

06.317 Bcl-2 基因 Bcl-2 gene

人 B 淋巴细胞中染色体易位激活的原癌基因。是线虫 *ced9* 基因在哺乳类中的同源物,系细胞凋亡抑制基因。

06.318 **病毒癌基因** viral oncogene, v-onco-gene

简称"v 癌基因"。病毒具有的一种可以使宿主细胞发生癌变的基因。源自细胞中的正常基因。

06.319 **抗癌基因** antioncogene

又称"抑癌基因","肿瘤抑制基因(tumor suppressor gene)"。一类与细胞受控增殖有关的基因。这类基因的缺失或失活能引起细胞癌变。如 *p53*, *Rb* 基因等。

06.320 ***p53* 基因** *p53* gene

因编码一种分子质量为 53 kDa 的蛋白质而得名,是一种抗癌基因。其表达产物为基因调节蛋白(P53 蛋白),当 DNA 受到损伤时表达产物急剧增加,可抑制细胞周期进一步运转。一旦 *p53* 基因发生突变,P53 蛋白失活,细胞分裂失去节制,发生癌变,人类癌症中约有一半是由于该基因发生突变失活。

06.321 ***src* 基因** sarcoma gene, *src* gene

最初在劳斯肉瘤病毒中发现的一种致肉瘤基因,也是人体基因组中的原癌基因。

06.322 **Src 蛋白** Src protein

src 基因编码的产物。为细胞质中的酪氨酸专一性蛋白激酶,与质膜的细胞质面相结合。

06.323 **P53 蛋白** P53 protein

抗癌基因 *p53* 的表达产物。可抑制带有 DNA 损伤和染色体畸变的细胞发生分裂,从而阻止畸变传递给子细胞。

06.324 **Toll 蛋白** Toll protein

决定胚胎背腹轴的 *toll* 基因编码的产物。

06.325 **允许细胞** permissive cell

允许特定的病毒在其中单独完成复制周期的细胞种类。

06.326 **非允许细胞** nonpermissive cell

不允许特定的病毒在其内单独进行复制的细胞种类。

06.327 **致癌剂** carcinogen

能引起细胞癌变的物质。

07. 细 胞 遗 传

07.001 **染色体** chromosome

染色质在细胞分裂时凝缩成的特定结构的小体。

07.002 **常染色体** autosome, euchromosome

真核细胞染色体组中除性染色体外的染色体。

07.003 **性染色体** sex chromosome

同决定性别有关的染色体。如哺乳动物中的 X 和 Y 染色体。

07.004 **X 染色体** X chromosome

性染色体之一,在雌性哺乳动物和雄性两栖动物中成对存在。

07.005 **Y 染色体** Y chromosome

只在异配性别雄性细胞中存在的性染色体。如雄性哺乳动物中有一条 Y 染色体和一条 X 染色体。

07.006 **W 染色体** W chromosome

性染色体之一。在 ZW 性别决定的物种中,只在异配性别即雌性细胞中出现的性染色体。

07.007　Z 染色体　Z chromosome
性染色体之一。在 ZW 性别决定的物种中，在雌性、雄性细胞中都出现的性染色体。

07.008　A 染色体　A chromosome
正常染色体组中的所有染色体。

07.009　B 染色体　B chromosome
又称"超数染色体（supernumerary chromosome）"，"额外染色体（extrachromosome）"，"副染色体（accessory chromosome）"。除常规的 A 染色体以外的几条染色体。一般比 A 染色体小，虽有着丝粒，但数目不稳定，在有丝分裂中常常不是均等分配到子细胞中，其表型效应不明显。

07.010　异染色体　heterochromosome, allosome
主要或全部由异染色质组成的染色体。如人的 Y 染色体和超数 B 染色体。

07.011　染色线　chromonema
单条染色体线。现已少用。

07.012　染色粒　chromomere
由染色质纤维局部凝缩形成的串珠状结构，排列在伸展的染色体上的大小可变的染色质颗粒。

07.013　基因线　genonema, genophore
又称"基因带"。原核生物、线粒体和叶绿体中的染色体（连锁群结构）。实为裸露的核酸分子。

07.014　着丝粒　centromere
染色体中将两条姐妹染色单体结合起来的区域。由无编码意义的高度重复 DNA 序列组成，是动粒的形成部位。

07.015　动粒　kinetochore
由多种蛋白质在有丝分裂染色体着丝粒部位形成的一种圆盘状结构。微管与之连接，与染色体分离密切相关。每一个中期染色体含有两个动粒,位于着丝粒的两侧。

07.016　着丝粒-动粒复合体　centromere-kinetochore complex
由着丝粒与动粒共同组成的一种复合结构。两者的结构成分相互穿插，在功能上紧密联系，共同介导纺锤丝与染色体的结合。包括动粒域、中心域和配对域三个结构域。

07.017　动粒域　kinetochore domain
位于着丝粒的外表面。包括三层式板状结构的动粒和围绕在动粒外层的纤维冠。

07.018　中心域　central domain
位于动粒域的内侧，含有高度重复的 DNA，包括了着丝粒的大部分区域。对着丝粒-动粒复合体结构的形成和正常功能活性的维持有重要作用。

07.019　配对域　pairing domain
位于最内侧，为两条染色单体相互连接的区域。

07.020　纤维冠　fibrous corona
主要是促使染色体分离的马达蛋白，与纺锤丝微管连接，是支配染色体的运动和分离的重要结构。

07.021　端粒　telomere
真核染色体两臂末端由特定的 DNA 重复序列构成的结构。使正常染色体端部间不发生融合，保证每条染色体的完整性。

07.022　随体　satellite
一些端着丝粒染色体短臂远端的球形或圆柱形染色体节段。

07.023　随体区　satellite zone, SAT-zone
有随体的染色体上宽阔的次缢痕。

07.024　染色体结　chromosome knob
植物染色体上比染色粒大的染色质颗粒。

07.025　缢痕　constriction

中期染色体染色很浅且呈狭细的部位。此处染色质呈非螺旋化。

07.026 主缢痕 primary constriction
中期染色体着丝粒所处的凹缩区域。染色体以此为界线分为两条臂。

07.027 次缢痕 secondary constriction
一些中期染色体上除主缢痕外的其他缢痕区。

07.028 染色单体 chromatid
染色体复制后仍由着丝粒部位连在一起的两条子染色体。

07.029 染色体臂 chromosome arm
位于染色体着丝粒两侧的部分。较长的部分为长臂(q),较短的部分为短臂(p)

07.030 臂比 arm ratio
染色体短臂与长臂长度的比值。是染色体组型的数据。

07.031 无着丝粒染色体 akinetic chromosome
染色体畸变产生的没有着丝粒的染色体。实际上是没有功能的染色体。

07.032 单着丝粒染色体 monocentric chromosome
具有一个着丝粒的染色体。

07.033 双着丝粒染色体 dicentric chromosome
两条染色体分别发生一次断裂后,带有着丝粒的染色体臂断端相连形成的一条具有双着丝粒的染色体。

07.034 多着丝粒染色体 polycentric chromosome
具有两个以上着丝粒的染色体。由多条染色体发生断裂后,具着丝粒断端相互连接而成,常见于肿瘤细胞。

07.035 中着丝粒染色体 metacentric chromosome
又称"等臂染色体(isochromosome)"。着丝粒位于染色体中部的染色体。即长、短臂相等或接近相等的染色体。

07.036 近中着丝粒染色体 submetacentric chromosome
又称"亚中着丝粒染色体"。着丝粒的位置介于中部和端部之间的染色体。

07.037 端着丝粒染色体 telocentric chromosome
着丝粒位于染色体的7/8以远区段的染色体。

07.038 近端着丝粒染色体 acrocentric chromosome
着丝粒靠近端部的染色体。

07.039 非端着丝粒染色体 atelocentric chromosome
着丝粒不在端部的染色体。

07.040 随体染色体 satellite chromosome, SAT-chromosome
具有随体的染色体的统称。

07.041 标记染色体 marker chromosome
有特殊的形态,且便于识别的染色体。如费城染色体。

07.042 费城染色体 Philadelphia chromosome, Ph chromosome
人体22号染色体长臂大部分易位至9号染色体长臂而变成一个很小的染色体。此染色体因首先在美国费城一例慢性粒细胞白血病患者中发现而得名。是慢性粒细胞白血病的标记染色体。

07.043 巨大染色体 giant chromosome
又称"巨型染色体"。在某些生物如双翅目昆虫的细胞中,特别是在发育的某些阶段观察到的一些特殊的、体积很大的染色体。包括多线染色体和灯刷染色体。

07.044 多线染色体 polytene chromosome
又称"唾腺染色体(salivary gland chromosome)","巴尔比亚尼染色体(Balbiani chromosome)"。果蝇等双翅目昆虫细胞的有丝分裂间期核中的一种像电缆样的、具有染色带的巨大染色体。是由核内 DNA 多次复制而细胞核不分裂,复制后的子染色体有序并行排列而成。1881 年意大利细胞学家巴尔比亚尼(Balbiani)首先在双翅目摇蚊幼虫的唾腺中发现。

07.045 灯刷染色体 lampbrush chromosome
两栖类卵母细胞减数分裂前期Ⅰ中形成的巨大染色体。由纤细的 DNA 中轴和许多成对的 DNA 侧袢组成,形似灯刷状。

07.046 胀泡 puff
多线染色体的某些带区局部疏松膨大形成的泡状结构。是活跃转录的部位。

07.047 染色中心 chromocenter
多线染色体中同源染色体紧密联合在一起,各染色体的着丝粒区相互聚集而形成的结构。

07.048 间带 interband
光学显微镜下观察多线染色体所见的一系列交替分布的带之间的间隔区。此区因染色质包装程度低而呈现浅染。

07.049 拟染色体 chromatoid body
精子发生细胞中近核的一团特征性的细胞质。

07.050 X 小体 X body
又称"性染色质体(sex chromatin body)","X 染色质(X chromatin)","巴氏小体(Barr body)"。哺乳动物体在细胞有丝分裂间期核内失活的 X 染色体经异固缩形成的浓缩异染色质化的小体。其数目与 X 染色体数

目有关。1949 年由巴尔(M. L. Barr)首先在雌猫神经细胞核中发现。

07.051 着丝粒交换 centromeric exchange
细胞分裂过程中染色体着丝粒与相邻基因间发生的交换。

07.052 着丝粒分裂 centric split
细胞分裂后期,两条姐妹染色体单体着丝粒一分为二,使两条染色单体分离。

07.053 着丝粒错分 centromere misdivision
在染色体着丝粒区,不正常的横分裂取代了纵分裂的现象。

07.054 着丝粒融合 centric fusion
又称"全臂融合(whole-arm fusion)"。两条近端粒染色体长臂融合,短臂断裂丢失的现象。

07.055 双着丝粒桥 dicentric bridge
又称"染色单体桥(chromatid bridge)","染色体桥(chromosome bridge)"。双着丝粒染色体在分裂后期,因处于着丝粒间的"中间节段"在两极间拉长而形成的桥状结构。

07.056 染色质桥 chromatin bridge
有丝分裂后期,染色体分离没有完全断开,形成的细的染色质连线。有的甚至连在两个子细胞之间。

07.057 染色单体互换 chromatid interchange
染色单体之间发生某些片段的交换现象。是测试遗传变异的指标。

07.058 染色体畸变 chromosome aberration
染色体结构和数目的异常改变现象。染色体结构异常包括缺失、重复、倒位、易位等;染色体数目变异包括整倍体和非整倍体变化。

07.059 染色体重复 chromosome duplication
染色体上增加了某片段 DNA 序列的一种畸变。

07.060　染色体内重组　intrachromosomal
recombination
同一染色体内片段之间的重组。

07.061　染色体重排　chromosome rearrangement
染色体部分序列由于倒位或易位重新连接
的一种染色体畸变。

07.062　交换　crossing over
减数分裂中同源染色体间片段的互换。引
起连锁的基因重组。

07.063　缺失　deletion
染色体组中的染色体或 DNA 分子发生部分
丢失的现象。

07.064　易位　translocation
非同源染色体之间互换片段的一种畸变。

07.065　罗伯逊易位　Robertsonian translocation
一种特殊类型的交互易位,两个端部着丝粒
的染色体在着丝粒处发生断裂以后,一个染
色体的长臂与另一条染色体的短臂发生交
换,结果形成一个大的染色体和一个由两个
短臂愈合而成较小的染色体,后者在减数分
裂过程中丢失,并且在丢失以后,对该易位
染色体的生长发育没有明显的影响。

07.066　倒位　inversion
染色体上两个断裂点间的断片,倒转 180° 后
又重新连接的一种染色体结构变异。

07.067　臂间倒位　pericentric inversion
又称"异臂倒位(heterobrachial inversion)"。
发生在染色体两条臂上包含了着丝粒的倒
位。

07.068　臂内倒位　paracentric inversion
又称"无着丝粒倒位(akinetic inversion)"。
发生在染色体一条臂上不包含着丝粒的倒
位。

07.069　染色单体断裂　chromatid break
染色体两个单体中仅一个发生断裂的现象。

07.070　等位染色单体断裂　isochromatid
break
两个姐妹染色单体在相同位置上发生断裂
的染色体畸变现象。非重建性融合后形成
一个双着丝粒染色单体和一个无着丝粒染
色单体。

07.071　等位染色单体缺失　isochromatid
deletion
在有丝分裂和减数分裂的中期或后期,某一
染色体的两条姐妹染色单体在相同位置发
生同样缺失的现象。

07.072　核型　karyotype
又称"染色体组型"。细胞有丝分裂中期的
全套染色体图像,按大小、形态成对排列成
的系列。具有种的特异性。

07.073　核型模式图　karyogram, idiogram
又称"染色体组型图"。根据一个细胞中全
部染色体的形态特征所描绘并排列而成的
模式图。

07.074　染色体图　chromosome map
又 称" 遗传图(genetic map)","连锁图
(linkage map)","细胞学图(cytological
map)"。依据测交实验所得的重组值及其
他方法确定连锁基因或遗传标记在染色体
上相对位置的线形图。

07.075　染色体组　chromosome complement
细胞中含有的全部染色体。

07.076　染色体套　chromosome set
特定物种携带基本遗传信息的单倍体染色
体群。

07.077　二倍体　diploid
含有两套同源染色体的细胞或个体。以 $2n$
表示。

07.078 单倍体 haploid
只有一套未配对染色体的细胞或生物体。以 $1n$ 表示。

07.079 多倍体 polyploid
带有两套以上同源染色体的细胞或个体。

07.080 整倍体 euploid
具有物种特有的一套或几套整倍数染色体组的细胞和个体。

07.081 三倍体 triploid
具有三套染色体组的细胞或个体。

07.082 四倍体 tetraploid
个体或细胞中所含的染色体数是该物种染色体基数(单倍体染色体数)的 4 倍。

07.083 同源四倍体 autotetraploid
由四套相同的染色体组成的四倍体。

07.084 异源四倍体 allotetraploid
又称"双二倍体(amphidiploid)"。具有来自两个不同物种的完整两套二倍体染色体的四倍体。是由两个异源物种配子杂交后(AB)染色体加倍(AABB)形成。

07.085 核内多倍体 endopolyploid
细胞不分裂,只有遗传物质复制所导致的染色体组倍性增加的现象。

07.086 同源多倍体 autopolyploid
个体或细胞由相同的多套染色体形成的多倍体。

07.087 异源多倍体 allopolyploid
由不同物种的染色体组杂交形成的多倍体或远缘杂交加倍形成的多倍体。

07.088 假二倍体 pseudodiploid
二倍体生物中由于染色体重排而破坏了连锁关系所形成的异常染色体组型。如人类中由 14/21 易位造成的 21-三体。

07.089 非整倍体 aneuploid

又称"异倍体(heteroploid)"。染色体组不是单倍体染色体数整倍数的细胞或个体。体细胞核中,染色体组不是一倍体的整倍数,而是比正常染色体数多了或少了一个或几个染色体。

07.090 异源异倍体 alloheteroploid
由非同源染色体形成的异倍体。

07.091 混倍体 mixoploid
具有几种不同染色体倍性的细胞群体。

07.092 亚倍体 hypoploid
相对于整倍体而言,少数染色体有所缺少的一种非整倍体。

07.093 单倍核 hemikaryon
具有配子染色体染色体数的细胞核。

07.094 纯合子 homozygote
同源染色体相应基因座带有相同等位基因的细胞或个体。

07.095 杂合子 heterozygote
某一特定基因座上带有不同等位基因的细胞或个体。

07.096 单体 monosome
染色体组 $(2n-1)$ 中一同源染色体缺少一条对应染色体的细胞或个体。

07.097 单体性 monosomy
在正常二倍体细胞或生物中,同源染色体缺少一条对应染色体的现象。染色体数目为 $2n-1$。

07.098 缺体 nullisome
缺少一对同源染色体的非整倍体细胞、组织或个体。表示为 $2n-2$。

07.099 缺对染色体性 nullisomy
在二倍体中缺少一对同源染色体的现象。染色体数目为 $2n-2$。

07.100 三体 trisomic

某一对同源染色体增加了一条染色体的细胞或个体。表示为 $2n+1$。

07.101 三体性 trisomy
二倍体中某一对同源染色体增加了一条染色体的现象。染色体数目为 $2n+1$。

07.102 四体 tetrasomic
某同源染色体增加两条染色体的细胞或个体。表示为 $2n+2$。

07.103 四体性 tetrasomy
二倍体中某同源染色体增加两条染色体的现象。染色体数目为 $2n+2$。

07.104 单倍性 haploidy
细胞具有单倍染色体数的现象。

07.105 亚倍性 hypoploidy
细胞或个体的染色体数目少于染色体组的整倍数的现象。

07.106 多倍性 polyploidy
细胞或个体带有超过两套同源染色体的现象。

07.107 三倍性 triploidy
个体所有细胞中均含有三套单倍体染色体的现象。

07.108 四倍性 tetraploidy
细胞或个体中,每一同源染色体具有四个成员的现象。

07.109 同源四倍性 autotetraploidy
细胞或个体中每个同源染色体具有四个成员,且来源相同的现象。

07.110 同源多倍性 autopolyploidy
同一物种染色体组加倍而形成多倍体的现象。

07.111 异源多倍性 allopolyploidy
不同物种的基本染色体组形成多倍体的现象。

07.112 整倍性 euploidy
染色体组数是染色体基数的整数倍的现象。

07.113 非整倍性 aneuploidy
细胞中染色体的数目不是某染色体组基数的整倍数的现象。

07.114 混倍性 mixoploidy
生物个体具有不同倍性的染色体组成的现象。

07.115 异倍性 heteroploidy
染色体的数目与典型二倍体(或单倍体)不同的染色体组成的现象。

07.116 异源异倍性 alloheteroploidy
由非同源染色体形成的异倍性。

07.117 超倍性 hyperploidy
超倍体细胞染色体数目的变化形式。

07.118 基因 gene
遗传信息的基本单位。一般指位于染色体上编码一个特定功能产物(如蛋白质或 RNA 分子等)的一段核苷酸序列。

07.119 基因库 GenBank
美国、欧洲和日本等国家的生物技术信息研究中心保存的 DNA 序列数据库。

07.120 基因组文库 genomic library
一种生物整个基因组随机产生的若干 DNA 片段的克隆群。

07.121 结构基因 structural gene
一般指编码蛋白质的基因。广义上也包括编码 RNA 的基因。

07.122 重复序列 repetitive sequence
真核生物染色体基因组中重复出现的核苷酸序列。这些序列一般不编码多肽,在基因组内可成簇排布,也可散布于基因组。

07.123 单一序列 unique sequence
又称"单拷贝序列(single-copy sequence)",

"非重复序列(nonrepetitive sequence)"。在基因组中只含有一个的序列。一般为具有编码功能的基因。

07.124 自主复制序列 autonomously replicating sequence, ARS
首先在酵母基因组 DNA 序列中发现的,具有 DNA 复制起点,可启动质粒在酵母细胞中独立复制的 DNA 序列。

07.125 序列同源性 sequence homology
不同的 DNA 片段或不同的蛋白质在核苷酸序列或氨基酸序列上的相似程度。

07.126 *Alu* 家族 *Alu* family
灵长类动物细胞的主要散在的重复 DNA 序列。长约 300 bp,在基因组中重复百万次以上,含有限制性内切酶 *Alu* I 的识别位点,可被 *Alu* 内切酶切割。

07.127 限制[酶切]位点 restriction site
可被特定的限制性内切酶切割的 DNA 特定核苷酸序列位点。

07.128 内含子 intron
存在于真核生物基因中无编码意义而被切除的序列。

07.129 外显子 exon
真核生物基因中与成熟 mRNA、rRNA 或 tRNA 分子相对应的 DNA 序列。为编码序列。

07.130 间插序列 intervening sequence, IVS
基因间或基因内的非编码序列。

07.131 插入序列 insertion sequence, IS
能在基因(组)内部或基因(组)间改变自身位置的一段 DNA 序列。通常是转座子的一种,一般长度为 0.7～1.4 kb,只能引起转座效应而不含有其他任何基因。

07.132 保守序列 conserved sequence
在进化过程中,核酸或蛋白质分子中不变或变化不大的核苷酸或氨基酸序列。

07.133 共有序列 consensus sequence
在不同但相关的 DNA、RNA 或蛋白质分子序列的同源区中出现的共同的核苷酸或氨基酸序列。

07.134 TATA 框 TATA box
又称"戈德堡-霍格内斯框(Goldberg-Hogness box)"。真核生物启动子中可以与 RNA 聚合酶紧密结合的序列。存在于转录起始点前的约 25 个核苷酸处,其共有序列为:5′-TATAAAA-3′,决定转录起始点的准确位置。

07.135 普里布诺框 Pribnow box
原核生物基因中的一段通用序列,位于转录起始点上游 -10 处的 5′-TATAAT-3′ 的共有序列。是 RNA 聚合酶 II 的紧密结合位点。

07.136 操纵基因 operator
操纵子中与阻遏物结合的一段特定核苷酸序列。对相邻的结构基因的转录活动有控制作用。

07.137 操纵子 operon
原核生物中由启动子、操作基因和结构基因组成的一个转录功能单位。

07.138 启动子 promoter
DNA 分子上能与 RNA 聚合酶结合并形成转录起始复合体的区域。在许多情况下,还包括促进这一过程的调节蛋白的结合位点。

07.139 组成性启动子 constitutive promoter
在个体的任何细胞中均有表达活性的启动子。

07.140 组织特异性启动子 tissue-specific promoter
只在特定组织中具有活性的启动子。

07.141 增强子 enhancer
存在于基因组中的对基因表达有调控作用的 DNA 调控元件。位置不定,结合转录因子后,可增强基因表达。

07.142 增强体 enhancesome
由激活物和阻遏物装配成的大核蛋白复合物。在 DNA 折曲蛋白协助下它们协同结合到增强子结合部位上。

07.143 增强子结合蛋白 enhancer binding protein
与增强子 DNA 序列结合的转录因子。

07.144 DNA 扩增 DNA amplification
通过复制增加一段特定的 DNA 序列拷贝数的过程。如两栖类卵母细胞发育成熟中的 rDNA 等。

07.145 解旋酶 untwisting enzyme, unwinding enzyme
在 DNA 或 RNA 复制过程中催化双链 DNA 或 RNA 解旋的酶。

07.146 DNA 解旋酶 DNA helicase
又称"DNA 解链酶(DNA unwinding enzyme)"。在 DNA 不连续复制过程中,结合于复制叉前面,催化 DNA 双链结构解链,并具有 ATP 酶活性的酶。两种活性相互偶联,通过水解 ATP 提供解链的能量。不同来源的 DNA 解旋酶的共同特性是通过水解 ATP 提供解链的能量,而复制叉结构的存在与否对活性的影响因酶而异。

07.147 RNA 解旋酶 RNA helicase
一类通过水解 ATP 获得能量来解开 RNA 局部的复杂螺旋结构的酶。

07.148 DNA 连接酶 DNA ligase
可催化 DNA3′-OH 基和 5′-磷酸基间形成磷酸二酯键的酶。

07.149 DNA 促旋酶 DNA gyrase
又称"DNA 促超螺旋酶"。在 ATP 存在下,可将负超螺旋引入双链环状 DNA 中的酶。由两个亚基组成,其中一个具有切割 DNA 形成缺口及封闭缺口的功能,另一个则有水解 ATP 从而提供形成超螺旋所需的能量。参与 DNA 复制、转录、修复与重组。

07.150 DNA 拓扑异构酶 DNA topoisomerase
调控 DNA 的拓扑状态和催化拓扑异构体相互转换的一类酶。这些反应包括超螺旋性的变化和形成结及环链式结构。所有 DNA 的拓扑性相互转换均需 DNA 链暂时断裂和再连接。分为Ⅰ型和Ⅱ型。

07.151 螺旋去稳定蛋白 helix-destabilizing protein
一种与单链 DNA 结合,能将 DNA 链拉直,使 DNA 不形成双螺旋的蛋白质。

07.152 双能蛋白 geminin
又称"孪蛋白"。细胞周期中对 DNA 复制具有双重调节功能的蛋白质。S 期中它可阻抑 DNA 前起始复合体的形成,保证 DNA 在一个周期中只复制一次。M 期中,它具有稳定复制因子 Cdt1(前复制复合物一个成分)的作用,从而促进在下一周期中的 DNA 复制。

07.153 掩蔽蛋白 maskin
可和 mRNA 5′翻译起始因子 eIF4E 结合的蛋白质。使起始因子不能与 40S 核糖体亚单位结合,阻止翻译。

07.154 袢 loop
又称"环"。大分子链中弯曲成 Ω 形的片段。留有缺口的大分子环形结构。

07.155 D 袢合成 D-loop synthesis
线粒体 DNA 的复制方式。一条链先复制,另一条链保持单链,在电镜下呈显为 D 袢形结构。

07.156 回文序列 palindrome
DNA 和 RNA 分子中的反向互补重复核苷酸序列。可形成茎环结构。

07.157　RNA 引物　RNA primer
DNA 复制时作为引物的小片段 RNA。

07.158　模板　template
DNA 复制或转录时,用来产生互补链的核苷酸序列。

07.159　编码链　coding strand
又称"有义链(sense strand)"。双链 DNA 中与 mRNA 序列相同,编码蛋白质的那条 DNA 链。

07.160　模板链　template strand
又称"反义链(antisense strand)"。DNA 复制或转录时作为模板指导新核苷酸链合成的 DNA 链。

07.161　复制　replication
以亲代 DNA 分子为模板按照碱基配对原则合成子代 DNA 分子的过程。广义也指 DNA 或 RNA 基因组的扩增过程。

07.162　自复制　self-replicating
质粒或其他染色体外 DNA 分子复制的时间以及速率不受染色体 DNA 控制的过程。

07.163　复制叉　replication fork
一个正在复制的 DNA 双螺旋分子复制处解链呈 Y 形的部位。

07.164　复制酶　replicase
以 DNA 或 RNA 序列链为模板催化合成互补链的酶。

07.165　复制起点　replication origin
基因组中单一 DNA 复制时的所需要的起始序列。含 AT 碱基对丰富,易解链。真核细胞染色体含有多个起点,而细菌染色体和质粒中只有一个。

07.166　复制体　replisome
DNA 复制时,复制叉上结合的由多种与复制有关的酶和辅助因子组成的复合体。

07.167　起始点识别复合体　origin recognition complex, ORC
在真核细胞染色体复制起点上与 DNA 结合,为 DNA 复制起始所必需的多亚基的蛋白质复合体。为蛋白质相互间作用提供了位点。

07.168　复制子　replicon
DNA 分子中能独立进行复制的最小功能单位。原核生物和病毒 DNA 只有一个复制起点;真核生物则含有多个复制子。

07.169　DNA 复制　DNA replication
以亲代 DNA 分子为模板,经多种酶的作用,合成一个具有相同序列的新的子代 DNA 分子的过程。使模板包含的遗传信息被复制。

07.170　滚环复制　rolling circle replication
环状 DNA 分子的一种快速复制的方式。复制过程中环状 DNA 分子滚动复制出前导链,线性链被核酸内切酶切割成单元长度,线状 DNA 分子靠黏性末端连接成环形,以此为"＋"链合成互补"－"链,形成环状双链 DNA 分子。质粒和 λ 噬菌体 DNA 即利用这种复制方式快速增殖。

07.171　半保留复制　semiconservative replication
DNA 复制的主要方式,每个子代分子的一条单链来自亲代 DNA,另一条单链则是新合成的。

07.172　前导链　leading strand
DNA 复制时,以 5′→3′方向连续合成的新链。

07.173　后随链　lagging strand
在一个复制叉上两条新合成的子代 DNA 链中的以 3′→5′方向不连续合成的那条链。后由 DNA 连接酶催化连接成连续链。

07.174　冈崎片段　Okazaki fragment
在 DNA 不连续复制过程中,沿着后随链的模板链合成的新 DNA 片段。随后共价连接成完整的单链。其长度在真核与原核生物当中存在差别，真核冈崎片段长度约为 100～200 核苷酸残基，而原核为 1000～2000 核苷酸残基。

07.175 引发体 primosome
DNA 复制时的酶复合物。能合成后随链冈崎片段 DNA 所需的 RNA 引物，主要成分有引物酶和解螺旋酶。也参与亲本 DNA 的解链作用。

07.176 引发体前体 preprimosome
又称"预引发复合体（prepriming complex）"。形成引发体之前的蛋白质复合体。与引发酶和一些相关蛋白质和酶形成引发体参与 DNA 复制。

07.177 引物 primer
（1）DNA 复制时，由引物酶催化合成的 DNA 复制的 RNA 引导序列。（2）体外人工合成 DNA 中，可与模板结合的单链核苷酸片段。

07.178 引发酶 primase
DNA 复制时，以 DNA 序列为模板催化 RNA 引物合成的酶。

07.179 转录 transcription
以 DNA 的碱基序列为模板，在 RNA 聚合酶催化下合成互补的单链 RNA 分子的过程。

07.180 转录物 transcript
由 DNA 模板转录最初产生的 RNA 分子。含有外显子和内含子。

07.181 转录物组 transcriptome
存在于细胞、组织或生物体中的全套 RNA。包括 mRNA 和非编码 RNA。

07.182 转录单位 transcription unit
从 RNA 聚合酶识别的转录起始点至转录终止区的一段核苷酸序列。

07.183 转录酶 transcriptase
又称"依赖于 DNA 的 RNA 聚合酶（DNA-dependent RNA polymerase）"。以 DNA 为模板合成 RNA 的聚合酶。

07.184 反转录酶 reverse transcriptase
又称"逆转录酶"，"依赖于 RNA 的 DNA 聚合酶（RNA-dependent DNA polymerase）"。以 RNA 为模板催化合成互补 DNA 的酶。

07.185 聚合酶 polymerase
催化以核酸链为模板合成新核酸链的酶。包括 DNA 聚合酶和 RNA 聚合酶。

07.186 DNA 聚合酶 DNA polymerase
又称"依赖于 DNA 的 DNA 聚合酶（DNA-dependent DNA polymerase）"，"DNA 指导的 DNA 聚合酶（DNA-directed DNA polymerase）"。以单链或双链 DNA 为模板，催化由脱氧核糖核苷三磷酸合成 DNA 的酶。在原核细胞有 DNA 聚合酶 I、II、III。真核生物中有 DNA 聚合酶 α、β、γ、δ、ε 五种，其中 δ 为主要的聚合酶，γ 存在于线粒体中。

07.187 RNA 聚合酶 RNA polymerase
以一条 DNA 链或 RNA 链为模板催化由核苷-5'-三磷酸合成 RNA 的酶。

07.188 切除酶 excisionase
在 DNA 重组修复过程中控制切除的方向并抑制 DNA 整合的一种酶。

07.189 内切核酸酶 endonuclease
从核酸分子内部切割磷酸二酯键而生成 DNA 片段的酶。

07.190 外切核酸酶 exonuclease
从核酸分子末端相继消化降解多核苷酸的酶。

07.191 诱导酶 inducible enzyme
在正常细胞中没有或只有很少量存在，但在酶诱导的过程中，由于诱导物的作用而被大量合成的酶。

07.192　阻遏酶　repressible enzyme
细胞内特异代谢物浓度增加而合成速度减少的酶。

07.193　组成酶　constitutive enzyme
细胞内以相对恒定量存在的酶。其含量不受组织、介质的组成和生长条件的影响。

07.194　转录因子　transcription factor, TF
直接结合或间接作用于基因启动子、形成具有 RNA 聚合酶活性的动态转录复合体的蛋白质因子。有通用转录因子、序列特异性转录因子、辅助转录因子等。与 RNA 聚合酶 Ⅰ、Ⅱ、Ⅲ 相对应的有三类转录因子：TF Ⅰ、TF Ⅱ、TF Ⅲ。

07.195　通用转录因子　general transcription factor
RNA 聚合酶介导基因转录时所必需的一类辅助蛋白质。帮助聚合酶与启动子结合并起始转录，与作用于特定基因的调节蛋白不同，对所有基因都是必需的。

07.196　序列特异性转录因子　sequence-specific transcription factor
基因启动子的特定序列特异结合，促进或阻遏转录的因子。

07.197　辅助转录因子　ancillary transcription factor
协助 RNA 聚合酶同启动子结合，并促进已结合的 RNA 聚合酶启动转录速率的转录因子。

07.198　CCAAT 转录因子　CCAAT transcription factor
可与启动子中的 CCAAT 元件发生特异性相互作用的转录因子。

07.199　TATA 结合蛋白　TATA-binding protein, TBP
又称"束缚因子（commitment factor）"。转录因子 TF Ⅱ D 的组分之一。特异地与 TATA 框结合并指导起始复合体的形成，也可以是与 RNA 聚合酶Ⅲ（或Ⅰ）共同发挥作用的转录因子之一。即使基因无 TATA 框，也能通过与 TBP 结合因子间相互作用而起调节作用。并起到将 RNA 聚合酶"束缚"在启动子的作用。

07.200　TBP 结合因子　TBP-associated factor, TAF
通用转录因子 TF Ⅱ D 的亚单位。

07.201　核因子 κB　nuclear factor kappa-light-chain-enhancer of activated B cell, nuclear factor-κB, NF-κB
能够与 B 细胞免疫球蛋白 κ 轻链基因的增强子 κB 序列结合的一种重要的转录因子。

07.202　构件因子　architectural factor
具有 HMG 框结构的转录因子。可通过弯曲 DNA 促使域邻近位点相结合的其他转录因子的相互作用而激活转录。

07.203　应答元件　response element
可被疏水性激素核受体识别并与之结合的基因的 DNA 调节序列。

07.204　血清应答元件　serum response element, SRE
血清及生长因子诱导 *c-fos* 基因表达时所必需的基因启动子中的一段 DNA 序列。可被血清应答因子结合。

07.205　血清应答因子　serum response factor, SRF
可与多种生长相关基因启动子的血清应答元件相结合的一种转录因子。调节转录，分子质量为 67 kDa。

07.206　放线酮　cycloheximide
又称"环己酰亚胺"。由灰色链霉菌产生的、可抑制真核生物肽基转移酶活性，从而阻断 80S 核糖体上的蛋白质合成的一种抗生物素。

07.207 放线菌素 D actinomycin D
由链霉菌产生的、可与 DNA 结合,阻挡 RNA 聚合酶的移动,抑制 RNA 合成的一种抗生物素。

07.208 效应物 effector
(1)具有调节作用的物质或代谢产物。是诱导物和阻遏物的统称。通过激活或抑制阻遏物分子来影响阻遏物同操纵基因的结合。
(2)可改变酶和底物亲和力的代谢产物。
(3)能与一定的上游信号传递分子结合,从而改变其自身活性或作用的生物分子或代谢产物。

07.209 阻遏物 repressor
操纵子中调节基因的蛋白质产物。可同操纵基因结合,抑制结构基因的转录活动。

07.210 辅阻遏物 corepressor
又称"协阻遏物"。能够结合或者激活转录阻遏物,从而阻碍基因的转录和抑制蛋白质合成的物质。

07.211 诱导物 inducer
(1)刺激细胞合成特定酶的化学物质。
(2)引起细胞向一定方向分化的物质。
(3)使基因进入转录状态的各种因子的总称。

07.212 辅激活物 coactivator
又称"辅激活蛋白"。一种能够增加序列特异性转录因子对真核细胞基因转录激活作用的辅助因子。但对基础转录作用没有影响。通常与通用转录因子联结而起作用。

07.213 σ 因子 σ factor, sigma factor
大肠杆菌 RNA 聚合酶全酶的一个多肽亚基。分子本身无催化作用,其功能是识别 DNA 分子上的特定结合部位(启动区),同 RNA 聚合酶核心酶结合后,为 RNA 的转录确定正确的起点。

07.214 基因调节蛋白 gene regulatory protein
与基因的 DNA 序列相互作用调控转录的蛋白质。即反式作用因子。

07.215 组蛋白脱乙酰酶 histone deacetylase
从组蛋白上水解 N-乙酰基,抑制转录的酰胺水解酶。

07.216 组蛋白乙酰转移酶 histone acetyltransferase, HAT
使组蛋白乙酰基化,减弱组蛋白与 DNA 的紧密结合能力,促进转录的酶。

07.217 转录起始复合体 transcription initiation complex
由结合到启动子上的通用转录因子和其他因子,以及 RNA 聚合酶Ⅱ组成的起始转录的复合体。

07.218 转录起始 transcription initiation
转录因子通过识别基因启动子上的特异顺式元件并募集多种蛋白质因子,形成具有 RNA 聚合酶活性的转录起始复合体,从转录起始位点启动转录的过程。

07.219 转录辅阻遏物 transcriptional corepressor
对阻止转录起辅助作用的蛋白质。其中许多为组蛋白脱乙酰酶。

07.220 终止子 terminator
转录过程中能够终止 RNA 聚合酶转录的 DNA 序列。使 RNA 合成终止。

07.221 ρ 因子 ρ factor, rho factor
在大肠杆菌等生物中辅助转录复合体终止转录的蛋白质因子。以 ATP 为能源,沿 RNA 链自 5′向 3′滑行,结合转录复合体并识别转录终止子的茎-环结构的前 50 ~ 90 碱基中富含 C 和少含 G 的区域。

07.222 转录后加工 post-transcriptional processing

在 RNA 转录产生后进行剪接、加帽、加尾等,以及甲基化、疏基化、异戊烯化、假尿苷形成等化学修饰,使 RNA 前体转变为有功能的 RNA 的过程。

07.223　翻译　translation
在多种因子辅助下,核糖体结合 mRNA 模板,通过 tRNA 识别该 mRNA 的三联体密码子和转移相应氨基酸,进而按照模板 mRNA 信息依次连续合成蛋白质肽链的过程。

07.224　非翻译区　untranslated region
mRNA 分子两端的不编码目标蛋白质肽链的部分。其 5′端从 mRNA 起点的甲基化鸟嘌呤核苷酸帽延伸至 AUG 起始密码子,而 3′端从编码区末端的终止密码子延伸至多聚 A 尾的末端。

07.225　翻译后修饰　post-translational modification
对新合成的多肽链或蛋白质合成后在其特定位点上添加磷酸基团、糖基和其他分子等形成有功能蛋白质的过程。

07.226　起始复合体　initiation complex
由核糖体介导的 mRNA 被翻译成多肽的起始过程中形成的复合体。包括 mRNA,各种起始因子,甲酰化的或未甲酰化的甲硫氨酰起始 tRNA(细菌)及核糖体的大小亚基,有时还包含鸟苷三磷酸(GTP)。

07.227　起始因子　initiation factor
翻译起始所需要的催化性蛋白质。促使核糖体和 mRNA 正确结合。

07.228　真核生物起始因子　eukaryotic initiation factor
参与真核生物的蛋白质合成起始作用的蛋白质因子。

07.229　释放因子　release factor
参与肽链合成终止与释放的蛋白质因子。

07.230　移位酶　translocase
蛋白质合成过程中催化肽基 tRNA 由 A 位转移到 P 位的酶。

07.231　外显肽　extein
最初翻译的多肽链加工中连接成成熟蛋白质的肽序列。

07.232　内含肽　intein
最初翻译的多肽链加工成成熟蛋白质中被切除的肽序列。

07.233　前导肽　leading peptide, leader peptide
在真核生物中指引导新合成的多肽到达特定的细胞器的肽段。在原核生物中指引导新合成的多肽从胞质到外周质的肽段。可存在于新合成多肽的 N 端或 C 端,常在引导任务完成后被切除。

07.234　前导序列　leader sequence, leader
(1)mRNA 5′端的核苷酸片段。位于翻译起始密码子 AUG 之前。在真核生物中前导序列通常是不翻译的;在原核生物中,前导序列含有的 SD(Shine-Dalgarno)序列可与核糖体小亚基的 16S rRNA 相配对,置起始密码子于核糖体上适当位置,以启动翻译过程。(2)蛋白质的一段 N 端短序列。具有启动通透膜的作用。

07.235　剪接　splicing
除去并连接 DNA、RNA 或多肽链片段,形成新的遗传重组体或改变原有的遗传结构的过程。如 DNA 重组时的剪接过程。

07.236　RNA 剪接　RNA splicing
在真核细胞核中从 RNA 初始转录物切除内含子,连接外显子形成成熟的 mRNA 的过程。

07.237　可变剪接　alternative splicing
又称"选择性剪接(constitutive splicing)"。同一前体 mRNA 分子,可以在不同的剪接位点发生剪接反应,生成不同的 mRNA 分子,最终产生不同的蛋白质分子的一种 RNA 剪切方式。

07.238　自剪接　self-splicing
又称"自催化剪接(autocatalytic splicing)"。有些含内含子的转录物可自我催化的剪接方式。

07.239　异常剪接　aberrant splicing
在真核生物前体 RNA 分子的成熟过程中,由于剪接识别序列突变而导致的不正常剪接。结果可能会产生新的蛋白质,也可能造成蛋白质异常,甚至细胞癌变的严重后果。

07.240　剪接体　spliceosome
由核小 RNA(snRNA, U1、U2、U4、U5、U6 等)和蛋白质因子(约 100 多种)动态组成、识别 RNA 前体的剪接位点并催化剪接反应的核糖核蛋白复合体。

07.241　剪接位点　splice site
剪接体可识别的 RNA 前体中内含子和外显子连接边界的序列和接头位点。根据位置不同可以分为供体和接纳体剪接位点。

07.242　U-核小核糖核蛋白　U-small nuclear ribonucleoprotein, U-snRNP
一系列含尿嘧啶(U)较多的核小 RNA 与蛋白质结合的复合物。参与 RNA 剪接。

07.243　RNA 编辑　RNA editing
在初级转录物上增加、删除或取代某些核苷酸而改变遗传信息的过程。是一种遗传信息在 RNA 水平发生改变的过程,可使 RNA 序列不同于基因组模板 DNA 序列。

07.244　中心法则　central dogma
克里克(F. Crick)于 1958 年提出的阐明遗传信息传递方向的法则,即遗传信息从 DNA 传递至 RNA,再传递至多肽。DNA 同 RNA 之间遗传信息的传递是双向的,而遗传信息只是单向地从核酸流向蛋白质。

07.245　转移 RNA　transfer RNA, tRNA
在核糖体上合成蛋白质的过程中,可携带某一种氨基酸到生长着的多肽链上的 RNA。一种 tRNA 具有特定的反密码子,可识别 mRNA 上的特定密码子。

07.246　前信使 RNA　pre-messenger RNA, pre-mRNA, precursor mRNA
简称"前[体]mRNA"。未经剪接加工的基因转录产物。即初级转录物。

07.247　前核糖体 RNA　precursor ribosomal RNA, pre-rRNA
简称"前[体]rRNA"。真核生物中 RNA 聚合酶Ⅰ转录产生的 rRNA 初级转录物。经过转录后的加工过程产生各种 rRNA。

07.248　微 RNA　microRNA, miRNA
在线虫、果蝇、鼠、人、拟南芥等真核生物中广泛存在的一大类没有可读框、长约 22 个核苷酸的小分子 RNA。通过与靶 mRNA 特异结合,从而抑制转录后基因表达。在调控基因表达、细胞周期、生物体发育时序等方面起重要作用。

07.249　反义 RNA　antisense RNA
与靶核酸(如 mRNA 或有义 DNA)链互补的 RNA 分子。可抑制靶核酸的功能。

07.250　干扰小 RNA　small interfering RNA, siRNA
又称"干扰短 RNA(short interfering RNA)"。受内源或外源(如病毒)双链 RNA 诱导后,细胞内产生的一种长约 22 ~ 24 个核苷酸的双链小 RNA 分子。能引起特异的靶信使核糖核酸降解,以维持基因组稳定,保护基因组免受外源核酸入侵和调控基因表达。

07.251　指导 RNA　guide RNA, gRNA
在 RNA 编辑中起模板作用的一种长约 60 ~ 80 个核苷酸的小分子 RNA。其功能是提供核苷酸插入或删除的信息。由小环 DNA 及大环 DNA 编码的指导 RNA 均带有编辑区的序列信息,可介导编辑过程。

07.252 遗传密码 genetic code

核苷酸序列所携带的遗传信息。编码 20 种氨基酸和多肽链起始及终止的一套 64 个三联体密码子。

07.253 密码子 codon

又称"三联体密码(triplet code)"。由三个相邻的核苷酸组成的 mRNA 基本编码单位。有 64 种密码子,其中有 61 种氨基酸密码子(包括起始密码子)及 3 个终止密码子,由它们决定多肽链的氨基酸种类和排列顺序的特异性以及翻译的起始和终止。

07.254 反密码子 anticodon

转移核糖核酸(tRNA)中能与信使核糖核酸(mRNA)的密码子互补配对的三核苷酸残基。位于转移核糖核酸的反密码子环的中部。

07.255 副密码子 paracodon

转移核糖核酸(tRNA)分子上被氨酰 tRNA 合成酶识别、决定其携带何种氨基酸的部位和区域。

07.256 起始密码子 initiation codon

mRNA 翻译起始时的第一个密码子。为 AUG 或 GUG,在细菌中也使用 GUG 和 UUG。

07.257 终止密码子 termination codon

mRNA 翻译过程中,起蛋白质合成终止信号作用的密码子,即 UAA、UAG 和 UGA。

07.258 [密码]错编 miscoding

特指一种错载转移核糖核酸将非对应的氨基酸参入到翻译产生的肽链中,错误地取代了该位置上正常编码的氨基酸。

07.259 密码简并 code degeneracy

几种密码子编码同一种氨基酸的现象。通常具有简并性的氨基酸密码子的第一个和第二个字母是相同的,而不同的只是第三个字母。

07.260 移码 frame shift

又称"读框移位(reading frame displacement)"。在 DNA 编码区插入或缺失碱基导致下游密码子的可读框发生移动或改变框架的现象。

07.261 可读框 open reading-frame

以起始密码子开始,在三联体读框的倍数后出现终止密码子之间的一段序列。可读框有可能编码一条多肽链或一种蛋白质。很多情况下,可读框即指某个基因的编码序列。

07.262 识别位点 recognition site

限制性内切酶特异结合的核苷酸序列。

07.263 核糖体结合位点 ribosome binding site

又称"核糖体识别位点(ribosome recognition site)"。核糖体识别并结合信使核糖核酸的位点。原核生物信使核糖核酸起始密码子的上游含有核糖体识别和结合序列;真核生物信使核糖核酸的 5′帽子结构对核糖体的识别起一定作用。

07.264 加帽位点 cap site

mRNA 中加帽子结构的部位。位于成熟 mRNA 的 5′端。

07.265 氨酰 tRNA aminoacyl tRNA

由氨基酸的羧基通过一不稳定的酯键与 tRNA 的羟基结合所构成。是参加蛋白质合成的氨基酸的激活形式。

07.266 氨酰 tRNA 合成酶 aminoacyl tRNA synthetase

又称"氨酰 tRNA 连接酶(aminoacyl tRNA ligase)"。催化氨基酸激活偶联反应的酶。先将一种氨基酸连接到腺苷一磷酸生成相应氨酰腺苷酸,然后共价连接到 tRNA 3′端生成氨酰 tRNA。一种氨酰 tRNA 合成酶识别一种特定的氨基酸。

07.267 甲硫氨酸 tRNA methionine tRNA, tRNA^{met}

真核生物的一种起始 tRNA。携带甲硫氨酸进入核糖体,进入新生肽链的 N 端。

07.268 甲酰甲硫氨酰 tRNA formylmethionyl-tRNA, fMet-tRNA

多肽链合成开始时,将第一个氨基酸(甲酰甲硫氨酸)带向核糖体的 tRNA。

07.269 氨酰位 aminoacyl site, A site

简称"A 位"。在肽链合成过程中,核糖体上与氨酰 tRNA 结合的部位。在蛋白质合成过程中,氨酰位上的氨酰 tRNA 转为肽酰 tRNA,并移动至肽酰位,空的氨酰位再接纳新的氨酰 tRNA 进入,如此循环。

07.270 肽酰位 peptidyl site, P site

简称"P 位"。核糖体中肽酰 tRNA 停留的部位。在蛋白质合成过程中,肽酰位上的肽

酰 tRNA 的肽酰基氨酰位上的氨酰 tRNA 的氨基反应,形成新的肽键,增加了一个氨基酸的肽酰 tRNA 再移至肽酰位,如此循环,肽酰位上 tRNA 的肽链逐个延伸,直至蛋白质合成结束。

07.271 出口位 exit site, E site

简称"E 位"。特指核糖体中空载的、不携带氨基酸的转移核糖核酸离开核糖体的部位。

07.272 进入位点 entry site

特指氨酰 tRNA 进入核糖体的部位。

07.273 变性 denaturation

蛋白质或核酸分子中除了连接氨基酸或核苷酸链的一级化学键以外的任何天然构象的改变。可涉及非共价键如氢键的断裂和共价键如二硫键的断裂,可导致蛋白质或核酸的一种或多种化学、生物学或物理学特性的改变。

07.274 复性 renaturation

变性的逆转。蛋白质或核酸分子变性后,又全部或部分恢复其天然构象的过程。

08. 细胞通信与信号转导

08.001 细胞通信 cell communication

在多细胞生物的细胞社会中,细胞间或细胞内高度精确和高效地发送与接收信息的通信机制,并通过放大机制引起快速的细胞生理反应。

08.002 细胞识别 cell recognition

细胞间通过表面黏附分子形成专一性黏附的相互作用。

08.003 分子识别 molecular recognition

分子间特异结合的相互作用。如 tRNA 分子与氨酰 tRNA 合成酶的相互作用,免疫细胞与抗原之间的相互作用。

08.004 信号转导 signal transduction

细胞外信号与细胞表面受体相互作用,使其转变为细胞内信号,并发生胞内信号传递级联反应的过程。调节细胞的生理和遗传过程,强调信号的接收与接收后信号转换的途径和结果。

08.005 细胞信号传送 cell signaling

又称"细胞信号转导"。信号分子从合成的细胞中释放出来,然后进行传递的过程。强调信号的产生、分泌与传送。

08.006 旁分泌信号传送 paracrine signaling

分泌的信号分子作用于邻近细胞的细胞间

的近距离传递方式。

08.007 突触信号传送 synaptic signaling
神经系统中穿过化学突触进行细胞间的信号传递方式。

08.008 内分泌信号传送 endocrine signaling
激素通过血液运输而抵达靶细胞作用位点，介导细胞信号传递及其相关生物效应的信号传递方式。

08.009 近分泌信号传送 juxtacrine signaling
细胞与细胞之间直接接触时，穿膜配体与相应受体的结合所产生的信号传递方式。它是反向信号传导及双向信号转导得以进行的必要形式。

08.010 双向信号传送 bidirectional signaling
由含配体的细胞一方向含受体的细胞一方及其反向并存的信号传导。反向信号传导需以细胞之间在空间上的接近或接触为条件。

08.011 反向信号传送 reverse signaling
细胞中的穿膜配体通过与特异受体的结合而被活化，从而向所在细胞传递信息的过程。

08.012 穿膜信号传送 transmembrane signaling
又称"穿膜信号传导"。化学信号经膜中的信号转导物从膜的一侧传到另一侧的传递方式。

08.013 穿膜信号转换器 transmembrane transducer
细胞膜上的受体蛋白、整联蛋白、离子通道、腺苷酸环化酶等与信号转换有关系的蛋白质。

08.014 信号分子 signal molecule
参与细胞信号转导的化学分子。如激素、神经递质、生长因子等。分为亲水性和亲脂性

两类。

08.015 旁分泌因子 paracrine factor
周边或局部组织细胞分泌的信号传递或生物活性分子。

08.016 激素 hormone
由特定细胞分泌的对靶细胞的物质代谢或生理功能起调控作用的一类微量有机分子。

08.017 信息素 pheromone
又称"外激素"。个体释放出的信息分子。可改变同物种其他个体行为或基因表达。

08.018 植物激素 plant hormone
植物体内特定部位产生的信号分子。可引起其他部位细胞的生理过程发生改变，包括有生长素、赤霉素、细胞分裂素、脱落酸和乙烯类物质等。

08.019 促生长素 growth hormone, GH
又称"生长激素"。由垂体前叶分泌的蛋白质激素。

08.020 促生长素释放素 somatoliberin, somatotropin releasing hormone
又称"促生长素释放因子（somatotropin releasing factor, SRF）"。下丘脑分泌的刺激或抑制脑下垂体释放促生长素的激素。

08.021 鸟嘌呤核苷酸交换因子 guanine nucleotide-exchange factor, GEF
又称"鸟嘌呤核苷酸释放因子（guanine nucleotide release factor, GRF）"。有助于小 G 蛋白上的鸟苷二磷酸（GDP）和鸟苷三磷酸（GTP）相互转换，从而活化 Ras 和 Rho 等小 G 蛋白的一类蛋白质家族。

08.022 鸟嘌呤核苷酸解离抑制蛋白 guanine nucleotide dissociation inhibitor, GDI
一种对 G 蛋白的活性起负调节作用的蛋白质。抑制 G 蛋白释放鸟苷二磷酸（GDP）和

与鸟苷三磷酸(GTP)结合,使 G 蛋白维持在无活性的状态。

08.023 GTP 酶激活蛋白 GTPase-activating protein, GAP
一调节蛋白质家族。与 Ras 蛋白及 G 蛋白 α 亚基结合,激活其 GTP 酶活性,促进其从活化型转变为非活化型,终止信号转导。

08.024 G 蛋白 G-protein
全称"GTP 结合蛋白(GTP binding protein)","鸟嘌呤核苷酸结合蛋白(guanine nucleotide binding protein)"。具有 GTP 酶活性,在细胞信号通路中起信号转换器或分子开关作用的蛋白质。有三聚体 G 蛋白、低分子量的单体小 G 蛋白和高分子量的其他 G 蛋白三类。

08.025 异三聚体 G 蛋白 heterotrimeric G-protein
由 α,β 和 γ 三个亚单位构成的蛋白质复合物。锚定在质膜内侧,其 α 亚单位能与 GTP 结合,具有 GTP 酶活性,能使受体和腺苷酸环化酶等靶效应器偶联起来,使胞外信号穿膜转换为胞内信号。

08.026 小 G 蛋白 small G-protein
单体形式的 G 蛋白。主要分布于胞质或质膜内侧,已发现有 60 多种。

08.027 Ras 蛋白 Ras protein
最初发现于大鼠肉瘤病毒(rat sarcoma, Ras),以字头缩写而得名。是一类能与鸟苷三磷酸结合的单体 GTP 结合蛋白,通过脂锚与质膜结合,参与细胞内的信号转导。当配体与受体酪氨酸激酶和细胞表面其他受体结合时被激活。

08.028 P38 蛋白 P38 protein
可被 MAP 激酶激酶(MKK6b)激活的丝氨酸/苏氨酸蛋白激酶。在各种炎症细胞因子信号传递级联反应下游发挥作用。

08.029 信号细胞 signaling cell
能产生信号分子的细胞。

08.030 靶细胞 target cell
受到信号分子的作用发生反应的细胞。

08.031 SH 功能域 Src homology domain, SH domain
首先在 Src 蛋白中发现的几个高度保守的结构域。Src 的蛋白产物是细胞膜上的酪氨酸蛋白激酶,其家族中其他蛋白与 Src 具有同源性的结构域。可与受体酪氨酸激酶磷酸化残基以及信号转导蛋白紧密结合,形成多蛋白复合物,进行信号传递。

08.032 SH1 功能域 Src homology 1 domain, SH1 domain
Src 家族激酶中具有催化活性的结构域。

08.033 SH2 功能域 Src homology 2, SH2
胞内信号分子所具有的一个高度保守而无催化活性的、可与磷酸化酪氨酸结合的 Src 同源区。主要介导蛋白质之间的相互作用。参与形成信号复合体和组成信号转导链。

08.034 SH3 功能域 Src homology 3, SH3
胞内信号分子所具有的一个高度保守而无催化活性的、主要与 PXXP 序列相结合的 Src 同源区。在分子之间传递信号。

08.035 信号学说 signal theory
解释分泌蛋白合成机制的一种学说,主张指导分泌蛋白合成的 mRNA 在 AUG 起始密码子之后有一信号密码子序列,编码一段由疏水性氨基酸组成的信号序列。

08.036 信号放大 signal amplification
信号转导过程所产生的最终靶物质的浓度远远高于输入信号所能达致水平的现象。这是由于输入的信号通过信号转导级联反应被逐级放大,并生成对靶物质的产生起作用的酶或效应物所造成的结果。常见于 G 蛋白介导的信号通路。信号的过度放大可能非常有害,因此细胞通过抑制性受体或诱饵受体等对其进行控制。

08.037　信号会聚　signal convergence
不同信号产生相同或者类似生物学效应的现象。这是因为不同的受体可以通过相同的信号分子传递信号,不同的信号也可以通过不同的受体激活相同的信号通路,以及不同的刺激通过各种信号通路而激活相同的转录因子。是细胞对信号整合和整体调控的反映。

08.038　信号发散　signal divergence
一种信号产生多种不同生物学效应的现象。这是因为一种信号可以激活多种受体,或者可以激活多条信号转导通路,以及一条信号通路中的成分可以激活另一条信号通路。是细胞内信号通路网络的体现。

08.039　分拣信号　sorting signal
在细胞内被转运的蛋白质上面的特异序列。

08.040　信号脱敏　signal desensitization
细胞受体或受体下游受某种因素作用而使细胞对外界刺激信号的反应能力减弱或丧失的现象。

08.041　信号斑　signal patch
蛋白质合成后折叠时,在其表面由一定氨基酸序列排列形成的特定的三维结构。是蛋白质的分拣信号,可引导蛋白质抵达细胞特定部位。

08.042　成斑　patching
当配体与细胞表面特定膜蛋白结合时,膜蛋白发生成簇聚集的现象。

08.043　信号序列　signal sequence
又称"信号肽(signal peptide)"。分泌蛋白新生肽链 N 端的一段 20～30 氨基酸残基组成的肽段。可引导分泌蛋白进入内质网,进入内质网腔时此肽段被切除。

08.044　信号识别颗粒受体　signal recognition particle receptor,SRP receptor
内质网膜中的整合蛋白,可与核糖体-新生肽链-信号识别颗粒复合体结合,导引新生肽链进入转移体通道。由 α 和 β 两个亚基构成。

08.045　信号识别颗粒　signal recognition particle,SRP
由 6 个蛋白质亚基结合在 1 个 7S RNA 分子上组成的复合体。该复合体能识别分泌蛋白肽链中的信号序列,一旦信号序列从核糖体露出即与之结合,并引导核糖体附着到内质网上。

08.046　RGD 序列　RGD sequence
存在于纤连蛋白和某些细胞外基质蛋白肽链中的"精氨酸(R)-甘氨酸(G)-天冬氨酸(D)"三肽序列。可被一些整联蛋白所识别,并与之结合。

08.047　钙波　calcium wave
细胞受到刺激,钙离子的升高形成整体钙信号并扩散成环形或螺旋形的钙离子波向外传播。

08.048　钙峰　calcium peak
以振幅为基本编码多种刺激因子而产生的多种形式的钙离子信号,是钙信号最普遍的动力学特征。

08.049　钙库　calcium store,calcium pool
细胞内一些具有钙离子贮存能力的细胞器(如内质网、肌质网以及液泡),其钙离子含量很高。

08.050　钙信号　calcium signal
当细胞受到各种刺激时,导致细胞外钙离子进入细胞或胞内钙库钙离子释放,提高了细胞溶质内的游离钙离子浓度,成为引起细胞反应的信号。

08.051　钙振荡　calcium oscillation

钙峰的周期性出现。可使细胞信号数字化为恒定幅度上的振荡频率。

08.052 钙指纹 calcium fingerprint
钙峰和振荡对于相同细胞或特定刺激来说，反应往往是相对恒定的，即它们可作为细胞信号的识别特征，故称钙指纹。

08.053 核输入信号 nuclear import signal
又称"核定位信号（nuclear localization signal, NLS）"。凡是细胞质中合成的核蛋白质，其肽链均含有由 7 个氨基酸组成的序列：脯氨酸-赖氨酸-赖氨酸-赖氨酸-精氨酸-赖氨酸-缬氨酸，此序列称为核输入信号。指导蛋白质从细胞质经核孔复合体输入到细胞核内，起分拣信号功能。

08.054 核输出信号 nuclear export signal
细胞核内形成的大分子复合物（如核糖核蛋白）上的氨基酸序列。起分拣信号作用，可被核孔复合体上的输出受体所识别，引导大分子从细胞核经核孔复合体输出到细胞质。

08.055 过氧化物酶体引导信号 peroxisomal targeting signal，PTS
又称"过氧化物酶体引导序列（peroxisomal targeting sequence，PTS）"。过氧化物酶体基质蛋白的 C 端含有的丝氨酸-赖氨酸-亮氨酸序列。可引导胞质溶胶中合成的过氧化物酶体蛋白进入过氧化物酶体。

08.056 停止转移序列 stop transfer sequence
分泌蛋白合成时，肽链中与内质网膜亲和力很强的疏水性序列。可与脂双层结合，是穿膜蛋白的膜结合区段。

08.057 转运肽 transit peptide，transit sequence
细胞质中合成的叶绿体前体蛋白 N 端的一段氨基酸序列。可以指导叶绿体蛋白进入叶绿体。

08.058 信号肽酶 signal peptidase
合成中的分泌蛋白肽链进入内质网腔后，切除其信号肽的酶。

08.059 驻留信号 retention signal
驻留在内质网中的蛋白质，如二硫键异构酶和结合蛋白等所具有的 KDEL（赖氨酸-天冬氨酸-谷氨酸-亮氨酸）或 HDEL（组氨酸-天冬氨酸-谷氨酸-亮氨酸）四肽信号，以保证它们驻留在内质网中。

08.060 内质网驻留信号 ER retention signal
又称"KDEL 分拣信号（KDEL sorting signal）"。驻留在内质网中起作用的蛋白质上的短的氨基酸序列（C 端的 KDEL 序列）。可引导蛋白质由高尔基体返回和驻留在内质网中。

08.061 内质网回收信号 ER retrieval signal
某些内质网驻留蛋白肽链的 C 端所含有的特定氨基酸序列。膜蛋白中为"赖氨酸-赖氨酸-X-X（KKXX）"序列；可溶性蛋白中为"赖氨酸-天冬氨酸-谷氨酸-亮氨酸（KDEL）"序列。当这种蛋白质进入高尔基体中后，可被包装成 COP I 有被小泡，重新运回内质网。

08.062 内质网驻留蛋白 ER retention protein
保留在内质网膜和腔中发挥功能的蛋白质。

08.063 内质网信号序列 ER signal sequence
引导合成中的蛋白质进入内质网腔的 N 端信号序列。

08.064 信使 messenger
在细胞外及细胞内专司传递信息的信号分子。分为第一信使（胞间信使）和第二信使（胞内信使）。

08.065 第一信使 primary messenger
由细胞产生，可被细胞表面或胞内受体接受、穿膜转导，产生特定的胞内信号的细胞外信使。

08.066 配体 ligand
能与受体蛋白质分子专一部位结合,引起细胞反应的分子。

08.067 受体 receptor
能与细胞外专一信号分子(配体)结合引起细胞反应的蛋白质。分为细胞表面受体和细胞内受体。受体与配体结合即发生分子构象变化,从而引起细胞反应,如介导细胞间信号转导、细胞间黏合、细胞胞吞等细胞过程。

08.068 细胞内受体 intracellular receptor
位于细胞质或细胞核内能够与特异性配体结合的受体。其配体包括亲脂素和活化的蛋白激酶 C(PKC)等信号分子。实际上它们都是配体依赖性的转录因子。

08.069 细胞表面受体 cell surface receptor
位于细胞表面的受体。一般是膜蛋白,有些是糖脂。主要是识别周围环境中的活性物质或被能相应的信号分子所识别,并与之结合,介导细胞之间的黏附或将配体传递的信号转变为细胞的生理性或病理性反应。

08.070 Toll 样受体 Toll-like receptor, TLR
果蝇 Toll 受体同源物。是一类细胞表面和细胞内受体。可识别各种微生物产物,与配体结合后可起始信号传递途径,因不同细胞而引起不同反应。

08.071 离子通道型受体 ionotropic receptor
又称"配体门控受体(ligand-gated receptor)","配体门控离子通道(ligand-gated ion channel)"。贯穿细胞膜或内质网膜的具有离子通道功能的亲水性蛋白质。在与相应的配体结合后可介导速度很快的信号转导过程,使离子通过。

08.072 G 蛋白偶联受体 G-protein coupled receptor
一种与三聚体 G 蛋白偶联的细胞表面受体。含有 7 个穿膜区,是迄今发现的最大的受体超家族,其成员有 1000 多个。与配体结合后通过激活所偶联的 G 蛋白,启动不同的信号转导通路并导致各种生物效应。

08.073 运铁蛋白受体 transferrin receptor
细胞表面上可与运铁蛋白结合的蛋白质受体。协助将铁运入细胞。

08.074 酶联受体 enzyme-linked receptor
又称"催化型受体(catalytic receptor)"。细胞表面上的主要类型受体,其细胞质区具有酶活性,或者和细胞质中的酶结合,配体与其结合后,激活酶活性。

08.075 酪氨酸激酶偶联受体 tyrosine kinase-linked receptor
缺少细胞内催化活性的酶联受体。其配体多为细胞因子,此受体的细胞内区无蛋白激酶活性,而是通过偶联方式激活 Janus 蛋白激酶活性,随之通过信号级联反应调节相关基因的表达。

08.076 核受体 nuclear receptor
一类可扩散并可与特异性配体结合的细胞内信号蛋白。存在于细胞质或细胞核内。常特指类固醇激素、甲状腺激素、视黄酸和维生素 D_3 等疏水性小信号分子的受体。它们实际上是配体依赖性转录调节因子,与配体结合后可以在细胞核内调节基因表达而使配体发挥作用。

08.077 核输出受体 nuclear export receptor
核内能与含核输出信号的运载物结合的受体蛋白。具有同时与含核输出信号的运载蛋白和核孔蛋白结合,引导运载物大分子通过核孔复合体进入细胞质。

08.078 核输入受体 nuclear import receptor
核输入信号的受体。为可溶性细胞溶胶蛋白,可同时与核输入信号以及核孔蛋白结合,引导蛋白质通过核孔通道进入细胞核。

08.079 甲状腺素受体 thyroid hormone
　　　　receptor
疏水性信号分子甲状腺素的受体。位于细胞核内。

08.080 糖皮质激素应答元件 glucocorticoid
　　　　response element
与糖皮质激素受体特异结合的 DNA 序列。

08.081 糖皮质激素受体 glucocorticoid
　　　　receptor
位于细胞上或细胞内的一类特异蛋白质。与糖皮质激素结合后活化,进入细胞核结合糖皮质激素应答元件,促进磷酸烯醇丙酮酸羧激酶等基因的表达。

08.082 类固醇受体 steroid receptor
存在于细胞质或细胞核中的类固醇激素信号分子的蛋白质受体。与类固醇激素结合后暴露出其 DNA 结合部位。

08.083 视黄酸受体 retinoic acid receptor,
　　　　RAR
介导视黄酸胞内效应的一种类固醇激素受体。促进转录,在胚胎发育的前后轴分化中发挥作用。

08.084 细胞因子受体超家族 cytokine
　　　　receptor superfamily
配体为细胞因子的细胞表面受体。如干扰素、促生长素、催乳素以及通过 Jak-STAT 途径起作用的受体。

08.085 Sma 和 Mad 相关蛋白 Sma- and
　　　　Mad-related protein, Smad protein
简称"Smad 蛋白"。与果蝇 Mad(mother against decapentaplegic)蛋白及线虫 Sma 蛋白具有同源性的蛋白质家族。是转化生长因子-β 超家族下游的一类细胞内信号转递分子,可将信号从质膜传入细胞核内,调节基因表达。

08.086 第二信使 second messenger
受细胞外信号的作用,在胞质溶胶内形成或向胞质溶胶释放的细胞内小分子。通过作用于靶酶或胞内受体,将信号传递到级联反应下游,如环腺苷酸、环鸟苷酸、钙离子、肌醇三磷酸和肌醇磷脂等。

08.087 二酰甘油 diacylglycerol, DAG
由一个甘油分子和两个脂肪酸分子酯化而成的一种甘油酯。起第二信使作用。

08.088 肌醇三磷酸 inositol triphosphate,
　　　　IP_3
由磷脂酶 C 催化磷脂酰肌醇- 4,5-二磷酸水解产生的一种重要的细胞内第二信使分子。作用于胞质溶胶中的肌醇三磷酸受体,参与对钙离子信号的调控。

08.089 视黄酸 retinoic acid
又称"维甲酸"。维生素 A 的一种衍生物。对脊椎动物发育局部信号传导中起重要作用,可激活胚胎后部 *Hox* 基因的表达。反式维甲酸常用作分化诱导剂。

08.090 级联反应 cascade
细胞内信号传递途径关联蛋白质的系列反应,即通过多次的逐级放大使较弱的输入信号转变为极强的输出信号,导致各种生理响应的过程。一般包括磷酸化和去磷酸化反应。

08.091 串流 cross-talk
在相互平行的各条信号转导通路之间发生的交流。其机制可以是细胞同时接受多种刺激,而每一种刺激可以同时激活多条信号通路,以及一个信号分子可以介导或参与多条信号通路。

08.092 信号转导途径 signal transduction
　　　　pathway, signal pathway
一种细胞外信号转变为细胞内信号后,通过级联反应信号传递引起生物学效应的全过程。

08.093 双信使系统 double messenger system

膜受体接受胞外信号后,通过 G 蛋白偶联激活磷脂酶 C,引起磷酸酰肌醇二磷酸(PIP$_2$)的水解反应,产生肌醇三磷酸(IP$_3$)和二酰甘油(DAG)两个胞内信使,IP$_3$ 与内质网或液泡膜上的 IP$_3$-Ca^{2+} 通道结合,使通道打开;DAG 与蛋白激酶 C(PKC)结合并激活之,PKC 进一步使其他激酶磷酸化,即引发 IP$_3$/Ca^{2+} 和 DAG/PKC 两条信号转导途径,在细胞内沿两个方向传递而故名。

08.094 信号转导及转录激活蛋白 signal transducer and activator of transcription, STAT

一组含有 SH2 和(或)SH3 功能域,具有信号转导和转录因子作用的 DNA 结合蛋白。其 SH2 域可与细胞因子受体的磷酸化酪氨酸结合,随后其本身被 JAK 酪氨酸激酶磷酸化而激活,发生二聚化并转移到细胞核内发挥转录激活作用。

08.095 Jun 激酶 Jun kinase, JNK

又称"c-Jun N 端激酶(c-Jun N-terminal kinase)","应激活化的蛋白激酶(stress-activated protein kinase, SAPK)"。促分裂原活化的蛋白激酶(MAPK)信号转导级联反应中的一类蛋白激酶家族。其酪氨酸和苏氨酸残基双重磷酸化而被激活,进入细胞核,调节特定基因表达,参与调节细胞凋亡等生理活动。

08.096 Jak-STAT 信号传送途径 Jak-STAT signaling pathway

某些细胞外信号(如干扰素)激活基因表达的快速信号传递途径。包括细胞表面受体、细胞质中的 Jun 激酶以及转录作用的转导蛋白和激活蛋白。

08.097 缺省途径 default pathway

在没有其他分拣信号的情况下,从高尔基体到质膜的自主性连续性分泌途径。

09. 细 胞 免 疫

09.001 免疫 immunity

机体识别和排除抗原性异物即机体区分自己与非己进而排除异己的功能。通常对机体有利,但在某些条件下也可对机体有害。

09.002 免疫监视 immune surveillance

机体免疫系统可识别和清除体内表达新生抗原的突变细胞和病毒感染细胞的一种功能。该功能失调可致肿瘤发生和持续性病毒感染。

09.003 免疫系统 immune system

机体执行免疫应答和免疫功能的组织系统。由免疫器官和组织、免疫细胞和免疫分子组成。

09.004 克隆选择学说 clonal selection theory

由澳大利亚免疫学家伯内特(M. Burnet)于1958 年提出的一种抗体形成学说,认为在个体发育中淋巴细胞分化成多种多样带有不同抗体的细胞;一种抗原侵入,只与具有这种抗原互补受体的少数淋巴细胞结合;在抗原刺激下,这种淋巴细胞就恢复了分裂的能力,连续分裂产生大量分泌同样抗体的淋巴细胞群。

09.005 免疫网络学说 immunological net-

work theory

由丹麦免疫学家杰尼(N. K. Jerne)于1974年根据现代免疫学对抗体分子独特型的认识提出的一种免疫学学说。认为生物体内先天具有针对不同抗原特性的多样性 B 细胞克隆,抗原侵入机体后,在 T 细胞的识别和控制下,选择并刺激相应的 B 细胞系,使之活化和增殖,并产生特异性抗体来结合相应抗原,同时抗原与抗体、抗体与抗体之间的刺激和抑制关系形成的网络调节结构维持着免疫平衡。

09.006 自身免疫 autoimmunity
机体免疫系统对自身正常成分产生免疫应答的现象。

09.007 固有免疫 innate immunity
又称"先天免疫","天然免疫(natural immunity)","非特异性免疫(non-specific immunity)"。个体在长期进化中所形成的、与生俱有的抵抗病原体侵袭、清除体内抗原性异物的防御能力。由固有免疫分子和固有免疫细胞所执行。并非针对特定抗原,是机体抵御病原体感染的第一道防线。

09.008 适应性免疫 adaptive immunity
又称"获得性免疫(acquired immunity)"。机体通过与抗原物质接触而由淋巴细胞所产生的免疫力。具有特异性和记忆性。

09.009 主动免疫 active immunity
机体对抗原刺激产生特异性应答所建立的免疫。

09.010 被动免疫 passive immunity
机体通过获得外源性免疫效应分子(如抗体等)或免疫效应细胞而获得的相应免疫力。

09.011 过继免疫 adoptive immunity
通过将已接触过某种抗原供者的淋巴细胞或抗体输给未接触过该抗原的受者,以获得免疫反应性。

09.012 特异性免疫 specific immunity
由于对抗原的特异性识别所产生的免疫反应。

09.013 体液免疫 humoral immunity
广义指所有体液免疫因子参与的免疫反应;狭义指由 B 淋巴细胞分泌抗体介导的免疫反应。

09.014 细胞免疫 cellular immunity
广义指经特异性细胞(如细胞毒 T 淋巴细胞)和非特异性细胞(如巨噬细胞、自然杀伤细胞)活性增强的免疫反应;狭义指 T 细胞介导的免疫。

09.015 细胞介导免疫 cell mediated immunity
通过 T 细胞释放淋巴因子或细胞毒而产生的免疫反应。

09.016 免疫记忆 immunological memory
免疫系统第二次遇到某特定抗原时能比第一次发生更快和更广泛的反应。

09.017 免疫细胞 immunocyte
参与免疫应答或与免疫应答有关的细胞。包括淋巴细胞、单核细胞、巨噬细胞、粒细胞、肥大细胞、辅佐细胞,以及它们的前体细胞等。

09.018 效应细胞 effector cell
在机体免疫应答过程中,由免疫信号活化并参与免疫反应的细胞。主要包括细胞毒性淋巴细胞、巨噬细胞、杀伤细胞、自然杀伤细胞、淋巴因子激活的杀伤细胞等。

09.019 记忆细胞 memory cell
在免疫系统中,对第一次遇到的抗原发生记忆的细胞。当再次与该抗原相遇时能加速第二次免疫反应。

09.020 免疫耐受[性] immunological tolerance

机体免疫系统接触某一对抗原后形成的特异性免疫无应答状态。对自身抗原耐受是免疫系统的重要特征。

09.021 炎症细胞 inflammatory cell
参与炎症反应的各种细胞。包括巨噬细胞、淋巴细胞、中性粒细胞和嗜酸性粒细胞等。

09.022 淋巴母细胞 lymphoblast
又称"原淋巴细胞"。受抗原刺激后,可发生活化、增殖和分化的淋巴细胞。

09.023 淋巴细胞 lymphocyte
来源于淋巴样系列在免疫应答过程起核心作用的白细胞。主要指 T 淋巴细胞和 B 淋巴细胞。

09.024 裸细胞 null cell
一类缺乏 T 淋巴细胞、B 淋巴细胞表面特异性标志的细胞。约占血液中淋巴细胞总数的 5% ~ 10%。包括杀伤细胞和自然杀伤细胞等。

09.025 B[淋巴]细胞 B lymphocyte
体内能产生抗体的细胞。在鸟类淋巴样器官法氏囊内发育成熟。

09.026 浆细胞 plasma cell
能够合成和分泌免疫球蛋白的终末分化阶段的 B 细胞。

09.027 前 B 细胞 pre-B cell
B 细胞的近亲前体细胞,由祖 B 细胞分化而来。

09.028 法氏囊 cloacal bursa, bursa of Fabricius
又称"腔上囊"。为鸟类泄殖腔背面的一个憩室,是鸟类特有的培育 B 细胞成熟的中枢免疫器官。因 17 世纪意大利解剖学家法布里修斯(H. Fabricius)首先发现而得名。

09.029 T[淋巴]细胞 T lymphocyte, T cell
在胸腺中发育成熟的淋巴细胞。执行细胞免疫功能和调节其他免疫细胞的生长和分化。成熟 T 细胞离开胸腺,在血、淋巴和次级淋巴器官中再循环。

09.030 大颗粒淋巴细胞 large granular lymphocyte, LGL
一类胞质内含大的嗜苯胺颗粒的淋巴细胞。多为自然杀伤细胞。

09.031 自然杀伤细胞 natural killer cell, NK cell
简称"NK 细胞"。又称"天然杀伤细胞"。含有穿孔蛋白和粒酶颗粒的非特异性细胞毒淋巴细胞。是固有免疫系统的主要成员,对杀伤肿瘤细胞和病毒感染细胞起重要作用。

09.032 淋巴因子激活的杀伤细胞 lymphokine-activated killer cell, LAK cell
简称"LAK 细胞"。在白介素-2 的诱导下,发育成为能杀伤广谱的肿瘤靶细胞,以及经培养改变了的自身淋巴细胞的淋巴细胞。

09.033 前 T 细胞 pre-T cell
骨髓中 T 细胞的前体细胞。

09.034 辅助性 T 细胞 helper T cell
表达 CD4 分子具有辅助功能的 T 细胞。

09.035 细胞毒性 T[淋巴]细胞 cytotoxic T lymphocyte
能够识别和杀伤外来组织或感染病毒的 T 细胞。

09.036 抑制性 T 细胞 suppressor T cell
具有免疫抑制作用的 T 细胞。

09.037 单核巨噬细胞系统 mononuclear phagocyte system
由骨髓前单核细胞发展来的细胞之总称。进入组织分化为巨噬细胞。

09.038 巨噬细胞 macrophage
单核吞噬细胞系统中高度分化、成熟的长寿

命的细胞类型。具有较强的吞噬功能。

09.039 肥大细胞 mast cell
一类胞质内富含嗜碱性颗粒的细胞。颗粒中有组胺、硫酸乙酰肝素和各种酶类,在炎症和免疫反应时,颗粒被释放。

09.040 辅佐细胞 accessory cell
在免疫应答过程中,协助淋巴细胞介导特异性抗原识别的一类细胞的总称。主要包括抗原提呈细胞,如巨噬细胞、中性粒细胞、肥大细胞和自然杀伤细胞等。

09.041 抗原提呈 antigen presenting
细胞表面抗原能被 T 细胞特异性识别的过程。

09.042 抗原提呈细胞 antigen presenting cell
能摄取、加工、处理并将抗原肽与 MHC I 或 MHC II 分子形成的复合物展现于表面,供 T 细胞识别的免疫细胞。如巨噬细胞、树突状细胞、B 细胞等。

09.043 树突状细胞 dendritic cell
一种既具分支或树突状形态及吞噬功能,又能提呈抗原的细胞。分为髓系和淋巴系两类。

09.044 朗格汉斯细胞 Langerhans cell
表皮中一类未完成成熟的树突状细胞。可摄取和处理入侵的抗原,通过淋巴管道迁移至局部淋巴结,发育成并指状树突状细胞,行使抗原提呈功能。

09.045 胸腺 thymus
由上皮组织和 T 细胞组成的淋巴器官。

09.046 胸腺驯育 thymic education
在胸腺中胸腺细胞迅速增殖,分化为 T 细胞的过程。

09.047 胸腺细胞 thymocyte
骨髓中的前 T 细胞经血流进入胸腺即成为胸腺细胞。

09.048 胸腺抚育细胞 thymic nurse cell
又称"胸腺保育细胞"。胸腺内辅助 T 细胞发育的细胞。

09.049 抗原 antigen;Ag
又称"免疫原(immunogen)"。能够诱导免疫应答并能与相应抗体或 T 细胞受体发生特异反应的物质。

09.050 半抗原 hapten
又称"不完全抗原(incomplete antigen)"。具有抗原性,但只有与载体结合才能引起机体产生免疫反应的抗原物质。

09.051 完全抗原 complete antigen
凡具有免疫原性和抗原性的物质。如大多数蛋白质、细菌和病毒等。

09.052 半抗原载体复合物 hapten-carrier complex
半抗原与大分子蛋白质载体结合所形成的复合物。具有免疫原性,不但可刺激机体产生针对半抗原的抗体,也可刺激机体产生针对蛋白质载体的抗体。

09.053 免疫原性 immunogenicity
抗原能诱导机体产生体液免疫或细胞免疫应答的性能。

09.054 表位 epitope
又称"抗原决定簇(antigenic determinant)"。抗原分子中决定抗原特性的特殊化学基团,是与 T 细胞受体/B 细胞受体或抗体特异结合的基本单位。

09.055 T 细胞表位 T cell epitope
蛋白质抗原中可被 MHC 分子结合和提呈,并被 T 细胞抗原受体所识别的肽段。

09.056 B 细胞表位 B cell epitope
抗原分子中被 B 细胞受体或抗体识别的部位。包括连续表位和不连续表位。

09.057 白细胞分化抗原 leukocyte differentiation antigen，LDA

白细胞(包括血小板、血管内皮细胞等)在正常分化不同谱系和不同阶段以及活化过程中出现或消失的细胞表面标志。

09.058 分化抗原群 cluster of differentiation antigen

人血细胞质膜上的一组抗原分子决定簇。可显示细胞的分化阶段。

09.059 抗原结合部位 antigen-binding site

抗体与抗原结合的关键部位，其构型与抗原决定区互补，由重链和轻链高变区的氨基酸序列及其所形成的特定空间构型共同组成。

09.060 T 细胞依赖性抗原 T-dependent antigen

又称"依赖 T 的抗原"，"胸腺依赖性抗原(thymus dependent antigen)"。需在 T 细胞辅助下才能激活 B 细胞产生抗体的抗原。绝大多数抗原属此类。

09.061 非 T 细胞依赖性抗原 T-independent antigen

又称"不依赖 T 的抗原"，"非胸腺依赖性抗原(thymus independent antigen)"。不需 T 细胞辅助即可刺激机体产生抗体的抗原。

09.062 人[类]白细胞抗原 human leukocyte antigen，HLA

人 T 细胞表面上的一种糖蛋白。在 T 细胞抗原识别方面起关键作用，分为 Ⅰ 类、Ⅱ 类和Ⅲ类组织相容性抗原。通常非活化 T 细胞只表达 HLA Ⅰ 类抗原，活化的 T 细胞同时表达 HLA Ⅰ 和 HLA Ⅱ 类抗原。

09.063 人类白细胞抗原复合体 human leukocyte antigen complex，HLA complex

简称"HLA 复合体"。编码能引起强烈而迅速排斥反应的人类主要组织相容性抗原的基因群。

09.064 人类白细胞抗原组织相容性系统 human leukocyte antigen histocompatibility system，HLA histocompatibility system

简称"HLA 组织相容性系统"。人的主要组织相容性系统，能引起强烈而迅速排斥反应的抗原系统。所含基因控制细胞表面同族抗原的出现和启动免疫反应，以及形成某些补体。

09.065 组织相容性 histocompatibility

生物个体对外来移植物的免疫耐受性。

09.066 主要组织相容性复合体 major histocompatibility complex，MHC

位于同一染色体片段上的一组紧密连锁的基因群。其编码产物能引起强而迅速的排斥反应。

09.067 主要组织相容性复合体蛋白质 MHC protein

由主要组织相容性复合体编码，广泛存在于脊椎动物细胞表面的一个糖蛋白分子大家族。可与外来抗原的肽链结合，将其提呈给 T 细胞引起免疫反应。包括 Ⅰ、Ⅱ、Ⅲ 三种类型。

09.068 主要组织相容性复合体抗原 major histocompatibility complex antigen，MHC antigen

简称"MHC 抗原"。对外来移植物发生快速排斥反应的一组质膜糖蛋白。人的组织相容性抗原为 HLA，小鼠的为 H-2，兔的为 RLA。

09.069 H-2 抗原 H-2 antigen

小鼠主要组织相容性复合体带有 H-2 区的抗原。

09.070 H-2 复合体 H-2 complex

小鼠的主要组织相容性复合体系统。

09.071 次要组织相容性抗原 minor histocompatibility antigen

对外来移植物发生慢速排斥反应的质膜糖蛋白。

09.072　I 区相关抗原　I region associated antigen, Ia antigen

简称"Ia 抗原"。由主要组织相容性复合体 I 区基因编码的一组细胞表面糖蛋白抗原。

09.073　主要组织相容性复合体联合识别　MHC associative recognition

简称"MHC 联合识别"。既能识别抗原，又能识别主要组织相容性复合体受体的属性。

09.074　主要组织相容性复合体限制性　MHC restriction

简称"MHC 限制性"。在识别主要组织相容性复合体相关抗原的过程中，免疫细胞间的相互作用受到约束的现象。

09.075　克隆扩增　clonal expansion

机体受抗原刺激后体内免疫活性细胞，尤其是 B 细胞大量繁殖、分化成浆细胞，分泌大量抗体以抵御"异己"的现象。

09.076　免疫器官　immune organ

免疫细胞发生、发育、成熟和产生免疫应答的器官。

09.077　依赖抗体的吞噬作用　antibody-dependent phagocytosis

表面结合有抗体的感染微生物，抗体尾部 Fc 片段被吞噬细胞（如巨噬细胞、中性粒细胞等）表面的 Fc 受体所识别，导致微生物被吞噬的过程。

09.078　依赖抗体的细胞毒性　antibody-dependent cell-mediated cytotoxicity, ADCC

又称"抗体依赖性细胞介导的细胞毒作用"。一种细胞介导免疫反应机制，免疫系统的免疫效应细胞把结合了特异性抗体的靶细胞裂解的过程。

09.079　淋巴细胞归巢　lymphocyte homing

淋巴细胞的再循环过程中，淋巴细胞可借助精细的调节机制与正常内皮细胞相互作用，回到淋巴和非淋巴组织的过程。

09.080　T 细胞受体　T cell receptor

T 细胞表面可被抗原识别的受体，能特异地识别组织相容性复合体分子。

09.081　B 细胞受体　B cell receptor

又称"膜表面免疫球蛋白（surface membrane immunoglobulin, SmIg）"。B 细胞特异性识别抗原的受体。

09.082　Fc 受体　Fc receptor

细胞膜表面能与免疫球蛋白 Fc 片段结合的受体。

09.083　淋巴细胞归巢受体　lymphocyte homing receptor

分布于淋巴细胞表面，介导淋巴细胞回到淋巴和非淋巴组织的受体。

09.084　免疫球蛋白　immunoglobulin, Ig

一种具有抗体活性或化学结构上与抗体相似的球蛋白。是一类重要的免疫效应分子，多数为丙种球蛋白。由两条相同的轻链和两条相同的重链所组成，根据分子重链不同可分为 IgA、IgD、IgE、IgG 和 IgM 五大类。

09.085　免疫球蛋白 A　immunoglobulin A, IgA

一类具有 α 链的免疫球蛋白。分为血清型和分泌型，约占人血清免疫球蛋白的10% ~ 15%。血清型 IgA 主要是由肠系膜淋巴组织中的浆细胞产生；分泌型 IgA 是哺乳动物分泌液中的主要免疫球蛋白。

09.086　免疫球蛋白 D　immunoglobulin D, IgD

重链为 δ 的免疫球蛋白。血清中以单体形式存在，含量很低，主要以膜表面抗原受体形式存在于 B 淋巴细胞表面，是 B 细胞的重要表面标志,对抗原识别和启动抗体合成有重要作用。

09.087 免疫球蛋白E immunoglobulin E, IgE

重链为ε链的免疫球蛋白。为亲细胞抗体,与Ⅰ型超敏反应和蠕虫感染有关。

09.088 免疫球蛋白G immunoglobulin G, IgG

重链为γ的免疫球蛋白。是血清中含量最高的免疫球蛋白。多以单体形式存在,主要由脾脏和淋巴结中的浆细胞合成。

09.089 免疫球蛋白M immunoglobulin M, IgM

又称"巨球蛋白"。重链为μ的免疫球蛋白。分子量居五类免疫球蛋白之首。根据μ链抗原性不同,可将IgM分为IgM1和IgM2两个亚类。

09.090 免疫球蛋白超家族 immunoglobulin superfamily, IgSF

具有免疫球蛋白可变区和恒定区结构域的细胞表面蛋白分子的统称。绝大部分与细胞表面识别有关。

09.091 细胞间黏附分子 intercellular adhesion molecule

广泛分布于各种组织细胞间的免疫球蛋白超家族中的黏附分子。为单体糖蛋白,由弯曲的胞外结构域、跨膜区及胞质结构域组成,是淋巴细胞功能相关抗原、白细胞等的配体。

09.092 血管细胞黏附分子 vascular cell adhesion molecule

在上皮细胞、巨噬细胞、树突状细胞、成纤维细胞和成肌细胞上表达的免疫球蛋白超家族中的细胞黏附分子。为整联蛋白VLA4的配体。

09.093 神经细胞黏附分子 neural cell adhesion molecule, NCAM

主要表达于神经系统的免疫球蛋白超家族中的一类细胞黏附分子。胞膜外区均由5个IgSF C2样结构域和2个纤连蛋白Ⅲ型重复序列组成,主要以嗜同种作用的形式在神经细胞的相互黏附中发挥作用。

09.094 血小板内皮细胞黏附分子1 platelet endothelial cell adhesion molecule-1, PECAM-1

分布于单核细胞、血小板和粒细胞,并高表达于内皮细胞的免疫球蛋白超家族中的黏附分子。参与吞噬细胞、自然杀伤细胞和活化T细胞穿越毛细血管壁的过程。

09.095 抗体 antibody, Ab

具有抗原结合部位,能与抗原分子上相应表位发生特异性结合的具有免疫功能的球蛋白。

09.096 抗体重链 heavy chain of antibody

又称"抗体H链"。免疫球蛋白中分子量较大的、含440个氨基酸的肽链。根据其恒定区抗原性的不同分为μ、γ、α、δ和ε五类,相应的免疫球蛋白分别为IgM、IgG、IgA、IgD和IgE。

09.097 抗体轻链 light chain of antibody

又称"抗体L链"。免疫球蛋白中分子量较小的、含214个氨基酸的肽链。根据其结构和恒定区抗原性的差异分为"κ轻链(kappa light chain)"和"λ轻链(lambda light chain)"两种型别。

09.098 恒定区 constant region

不同来源免疫球蛋白分子的肽链中均存在的无变化的氨基酸序列。

09.099 可变区 variable region

在免疫球蛋白多肽链氨基端(N端),其L链1/2与H链1/4处氨基酸的种类、排列顺序和构型变化很大的区域。

09.100 高变区 hypervariable region，HVR

又称"互补决定区(complementarity determining region，CDR)"。在免疫球蛋白轻链或重链可变区中氨基酸组成、排列顺序和构型存在更大变异性的区域。为由 10 个左右氨基酸组成的多肽环状结构,重链和轻链各含 3 个。这些区域的差异决定了每一种抗体的抗原特异性。

09.101 互补位 paratope

抗体分子上与抗原互补结合的特定部位。

09.102 同种型 isotype

同一物种所有个体均具有的免疫球蛋白分子的抗原特异性。

09.103 同种异型 allotype

同一种属不同个体间的免疫球蛋白分子抗原性的差异。是由不同个体的遗传基因所决定的,是可遗传的标记。

09.104 独特型 idiotype

同一个体不同 B 细胞克隆所产生的免疫球蛋白分子可变区抗原特异性的不同。独特型表位主要是由于高变区的氨基酸的差异决定。

09.105 独特位 idiotope

独特型的表位,即免疫球蛋白高变区上的单个抗原表位。

09.106 抗独特型抗体 antiidiotypic antibody

针对独特型上独特位的特异性抗体。

09.107 抗抗体 anti-antibody

以抗体为抗原所产生的抗体。

09.108 自身抗体 autoantibody

抗自身器官、组织、细胞及细胞成分的抗体。

09.109 多克隆抗体 polyclonal antibody

多种抗原表位刺激机体免疫系统后,机体产生的针对不同抗原表位的混合抗体。

09.110 抗血清 antiserum

机体经抗原免疫后含特定抗体的血清。

09.111 抗毒素 antitoxin

能中和某种毒素的抗体或含有这种抗体的血清。

09.112 抗毒素血清 antitoxic serum

含有针对某种毒素的抗体的血清。

09.113 免疫血清 immune serum

含有抗已知抗原的抗体的血清。

09.114 补体 complement

一类存在于人和脊椎动物血清中协助免疫反应的一组血清蛋白质。可被抗原-抗体复合物或微生物所激活,导致病原微生物裂解或被吞噬。

09.115 补体受体 complement receptor

存在于有关细胞膜表面、能与补体激活过程中所产生活性片段结合、介导多种生物效应的受体分子。包括 CR1、CR2、CR3、CR4、CR5 及 C3aR、C4aR、C5aR、C1qR、C3eR、H 因子受体(HR)等。

09.116 补体旁路 alternative complement pathway

不经 C1、C4、C2 活化,而是在 B 因子、D 因子和 P 因子参与下,直接由 C3b 与激活物结合启动补体酶促连锁反应,产生一系列生物学效应和最终发生细胞溶解作用的补体活化途径。

09.117 融合病毒蛋白 fusin

淋巴细胞表面趋化因子受体蛋白。是人类免疫缺陷病毒感染 CD4 细胞的最初结合位点,结合后病毒与细胞融合进入细胞。

09.118 宿主抗移植物反应 host versus graft reaction

受体对供体组织器官产生的排斥反应。

09.119 移植物排斥 graft rejection

动物组织(机体)植入遗传性不同的宿主中，宿主对移植物发生专一性免疫反应，使移植物受到破坏的过程。

09.120 细胞因子 cytokine

细胞释放的可影响其他细胞行为的蛋白质。常指在免疫反应中起细胞间介导物作用的分子。

09.121 单核因子 monokine

巨噬细胞产生的可溶性细胞因子。如白介素-1。

09.122 淋巴因子 lymphokine

白细胞产生的影响其他细胞的物质。如白介素、γ干扰素、淋巴毒素等。

09.123 白[细胞]介素 interleukin

白细胞产生的在炎症反应中发挥作用的各种物质。

09.124 集落刺激因子 colony stimulating factor, CSF

在进行造血细胞体外研究中，可刺激不同的造血干细胞在半固体培养基中形成细胞集落的一些细胞因子。根据其作用范围分为粒细胞集落刺激因子、巨噬细胞集落刺激因子、粒细胞-巨噬细胞集落刺激因子和白介素-3等。

09.125 粒细胞集落刺激因子 granulocyte colony stimulating factor, G-CSF

由成纤维细胞和巨噬细胞产生的调节造血的糖蛋白因子。对粒细胞前体细胞的活力、增殖、分化和中性粒细胞的功能具有调节作用。

09.126 粒细胞-巨噬细胞集落刺激因子 granulocyte-macrophage colony stimulating factor, GM-CSF

刺激骨髓髓样干细胞形成粒细胞、巨噬细胞集落的细胞因子。

09.127 巨噬细胞集落刺激因子 macrophage colony-stimulating factor, M-CSF

由间充质细胞分泌的由二硫键连接的二体糖蛋白。可刺激单核细胞-巨噬细胞系统中的造血细胞存活、增殖和分化。

09.128 白介素-3 interleukin-3, IL-3

又称"多集落刺激因子(multi-colony stimulating factor, multi-CSF)"。主要由活化的 CD4⁺T 细胞产生，可刺激骨髓中多种谱系细胞集落形成，还可增强多种成熟细胞功能的细胞因子。

09.129 趋化因子 chemokine

可刺激白细胞的趋化性，吸引中性粒细胞、单核/巨噬细胞等炎性细胞移动到炎症灶，并增强炎性细胞的吞噬杀伤功能，促进它们释放炎症蛋白和炎症介质，直接参与炎症过程的一种小的分泌蛋白。

09.130 [促]红细胞生成素 erythropoietin, EPO

由肾脏分泌的调节红系祖细胞生长的细胞因子。

09.131 单核细胞趋化蛋白 monocyte chemotactic protein

炎症组织和修复组织分泌的细胞因子和生长因子，为单核细胞的增殖、成熟、存活和激活所需要的趋化因子。

09.132 肿瘤坏死因子 tumor necrosis factor, TNF

主要由活化的单核/巨噬细胞产生，能杀伤和抑制肿瘤细胞的细胞因子。促进中性粒细胞吞噬，抗感染，引起发热，诱导肝细胞急性期蛋白合成，促进髓样白血病细胞向巨噬细胞分化，促进细胞增殖和分化，是重要的炎症介质，并参与某些自身免疫病的病理损伤。

09.133 淋巴毒素 lymphotoxin, LT

曾称"肿瘤坏死因子-β(tumor necrosis factor-β)"。由活化的 T 细胞所产生的细胞毒性细胞因子。其作用与肿瘤坏死因子类似,是一类重要的炎症介质。

09.134 干扰素 interferon, IFN
因最初发现某一种病毒感染的细胞能产生一种生物学活性物质可干扰另一种病毒的感染和复制而得名。是最早发现的细胞因子。根据干扰素产生的来源和结构不同可分为 α 干扰素、β 干扰素和 γ 干扰素三类。

09.135 降钙素 calcitonin, CT
由甲状腺的 C 细胞产生的多肽激素。可引起血液中的钙离子降低。

09.136 球毛壳菌素 chaetoglobosin
与松胞菌素相关的真菌代谢产物。球毛壳菌素 J 能抑制肌动蛋白正端的延长。

09.137 白细胞溶菌素 leukin
由多形核白细胞分泌的具有抗菌作用的碱性肽。

09.138 凝集素 lectin
植物种子和动物中产生的对专一单糖或寡糖具有结合部位的蛋白质。

09.139 植物凝集素 phytohemagglutinin, PHA
特指从红菜豆种子提取的、对 T 细胞具有促分裂原作用的凝集素。

09.140 伴刀豆凝集素 A concanavalin A, Con A
从刀豆中提取的球蛋白。其对富含甘露糖的糖类有高亲和力,故被用于分离糖蛋白各组分和作为细胞表面糖类的配体,并对 T 细胞有促丝裂作用。

09.141 花生凝集素 peanut agglutinin, PNA
从花生(*Arachis hypogaea*)籽中提取的由 4 个相同地亚基组成的一种凝集素。可与质膜中含有 β-D-Gal(1-3)-GalNAc 的糖蛋白结合,常用于研究发育系统的黏合性差别。

09.142 大豆凝集素 soybean agglutinin
从大豆(*Glycine max*)种子中提取的可与含有 N-乙酰葡糖胺和 D-半乳糖的糖蛋白结合的一种凝集素。常用于研究不同种类细胞的凝集性差别和分选细胞。

09.143 麦胚凝集素 wheat germ agglutinin
从麦胚中提取的可与 N-乙酰糖胺基和唾液酸残基结合的凝集素。每个分子由 2 个亚基组成,每个亚基含有 4 个结构域和 2 个糖结合位点。

09.144 甘露[聚]糖结合凝集素 mannan-binding lectin, MBL
肝脏产生的能与甘露糖基特异性结合的一种血清 C 型凝集素。可以调理带甘露糖的病原体,激活补体系统。参与固有免疫应答、激活补体、调节炎症、促进调理吞噬和清除凋亡细胞。

09.145 防御素 defensin
吞噬细胞中的一种富含半胱氨酸的小分子量蛋白质。具有抗菌和抗被膜病毒的作用。昆虫防御素的某些序列与脊椎动物的具有同源性。

09.146 抑素 chalone
细胞释放的具有组织特异性的细胞增殖抑制剂。对细胞群体的大小具有调节作用。

09.147 血管抑[制]素 angiostatin
纤溶酶在蛋白酶作用下的降解产物,可抑制血管生成及肿瘤细胞的增殖。

09.148 [血管]内皮抑制蛋白 endostatin
又称"内皮细胞抑制素"。基膜中 XⅧ型胶原蛋白降解的 C 端多肽片段,由 184 个氨基酸残基组成。可抑制血管内皮细胞的增殖和迁移及肿瘤的血管生成。

09.149 生长抑素 somatostatin

存在于胃黏膜、胰岛、胃肠道神经、垂体后叶和中枢神经系统中的肽激素。抑制胃分泌和蠕动，以及在下丘脑/垂体中抑制促生长素的释放。

09.150 选凝素 selectin

又称"选择素"。白细胞和内皮细胞表面含有凝集素样功能域的具有细胞黏合功能的糖蛋白。

09.151 脱敏 desensitization

用于治疗特定过敏原所致 I 型超敏反应的方法，即通过注射少量变应原，诱使致敏细胞仅释放微量活性介质，而不引发明显临床症状，短时间内多次注射，可使致敏细胞内活性介质逐渐耗竭，从而消除机体致敏状态。

09.152 致敏［作用］ sensitization, priming

抗原初次刺激机体，使其形成对该抗原的敏感状态。

09.153 佐剂 adjuvant

能非特异性地增强对抗原免疫应答的物质。其先于抗原或与抗原一起注入机体，可增强机体对抗原的免疫应答或改变免疫应答类型。

09.154 弗氏佐剂 Freund's adjuvant

一种经典的免疫佐剂，用于增强针对某种抗原（水相）免疫反应强度的油包水乳剂。包括弗氏不完全佐剂和弗氏完全佐剂。

09.155 弗氏完全佐剂 Freund's complete adjuvant, FCA

由石蜡油、去垢剂羊毛脂和灭活的分枝杆菌（卡介苗）组成的弗氏佐剂。

09.156 弗氏不完全佐剂 Freund's incom-plete adjuvant, FIA

只有石蜡油和羊毛脂，缺少灭活的结核菌的弗氏佐剂。

09.157 空斑形成细胞 plaque forming cell, PFC

又称"蚀斑形成细胞"。采用成斑检测技术，鉴定出的分泌抗红细胞抗体的细胞。可用于检测药物对免疫功能影响的免疫学指标。

09.158 集落形成细胞 colony forming cell, CFC

生长于固体营养表面紧邻的细胞。每一群细胞均由单一细胞增殖而来。

09.159 花结形成细胞 rosette forming cell, RFC

可与绵羊红细胞形成花结的淋巴细胞。

09.160 集落形成单位 colony forming unit, CFU

将血细胞置软琼脂培养基进行培养形成的细胞集落数。集落形成单位的数量即为干细胞数量的量，因此是一种判定造血干细胞等分化能力的试验。

09.161 脾集落形成单位 colony forming unit-spleen, CFU-S

将正常小鼠的骨髓干细胞注射到受致死照射的小鼠中，在脾脏形成的肉眼可见的由单一骨髓干细胞发育分化而成的细胞集落单位小结。

09.162 混合淋巴细胞反应 mixed lympho-cyte reaction

两个无关个体功能正常的淋巴细胞在体外混合培养时，由于 HLA II 类抗原不同，可相互刺激对方的 T 细胞发生增殖的现象。

10. 细胞培养与细胞工程

10.001 体外 *in vitro*
又称"离体"。用器官灌注、组织培养、组织匀浆、细胞培养、亚细胞组分、生物材料的粗提取物等在生物体外进行实验的模式。

10.002 体内 *in vivo*
又称"在体"。用整体动物、整体植物或微生物细胞等在生物整体内进行实验的模式。

10.003 体外培养 *in vitro* culture
将活体结构成分（如活体组织、活体细胞、活体器官等）甚至活的个体从体内或其寄生体内取出，置于类似于体内生存环境的体外环境中生长和发育的方法。

10.004 体外受精 *in vitro* fertilization
雌雄配子在体外结合成合子的过程。

10.005 外植 explantation
把活组织从原生长处移植到体内其他部位或体外进行培养的方法。

10.006 外植块 explant
用于体外培养的动物组织。

10.007 外植体 explant
用于体外培养的植物组织。

10.008 贴壁依赖性 anchorage dependence
细胞的存活、增殖和分化等依赖于黏附到一定的细胞外基质成分的特性。

10.009 贴壁依赖性生长 anchorage dependent growth
大多数正常真核细胞只有在黏附于一定的细胞外基质时才能生长（包括存活及进入细胞增殖周期）的现象。

10.010 密度依赖的细胞生长抑制 density dependent cell growth inhibition
又称"依赖密度的生长抑制"。单层培养中的正常细胞一旦相互接触并达到临界细胞密度，细胞即停止分裂的现象。

10.011 接触抑制 contact inhibition
将多细胞生物的细胞进行体外培养时，分散贴壁生长的细胞一旦相互汇合接触，即停止移动和生长的现象。

10.012 贴壁依赖性细胞 anchorage-dependent cell
又称"依赖贴壁细胞"。只有贴附于某些基质表面时才能生长的细胞。如正常的上皮型、成纤维型和神经型细胞等。

10.013 非贴壁依赖性细胞 anchorage-independent cell
又称"不依赖贴壁细胞"。不需要贴附于基质表面上即可生长的细胞。如骨髓来源的细胞和某些癌细胞等。

10.014 细胞分离 cell separation
将组织材料分散制成细胞悬液后，从中获取目的细胞的过程。

10.015 细胞纯化 cell purification
从原代培养前成分混杂的异质性细胞悬液中或者从培养物中获得单一类型细胞的过程。

10.016 细胞培养 cell culture
在体外条件下，用培养液维持细胞生长与增殖的技术。

10.017 组织培养 tissue culture
从机体分离出的组织或细胞在体外人工条件下培养生长的技术。

10.018　动物细胞与组织培养　culture of animal cell and tissue

从动物体内取出细胞或组织,模拟体内的生理环境,在无菌、适温和丰富的营养条件下,使离体细胞或组织生存、生长并维持结构和功能的技术。

10.019　大量培养　mass culture, large-scale culture, bulk culture

大量扩增体外悬浮或贴壁生长的培养细胞所采用的技术。通常都需在生物反应器中进行。

10.020　微量培养　microculture

将少量细胞在微孔板上进行的培养。

10.021　单细胞培养　single cell culture

将单个细胞置于无菌条件下进行体外生长、增殖的技术。

10.022　单层[细胞]培养　monolayer culture

又称"贴壁培养(attachment culture, adherent culture)"。贴壁依赖性细胞在培养皿中只形成一单层细胞的体外培养方式。

10.023　单型培养　monotypic culture

仅有一种类型细胞的体外生长与增殖的培养技术。

10.024　汇合培养　confluent culture

又称"铺满培养"。体外培养细胞生长达到相互接触,布满整个培养皿表面积的细胞培养。

10.025　薄层培养　thin layer culture

从植物外植体如叶脉、叶柄、茎上撕下表皮及数层薄壁组织块,放入培养液中进行的培养。

10.026　共培养　co-culture

不同类型细胞的混合培养的技术。

10.027　分批培养　batch culture

将细胞和培养液一次性装入反应器内进行培养的技术。

10.028　稀疏培养　spare culture

不足50%汇合的细胞生长的培养技术。

10.029　悬浮培养　suspension culture

细胞在培养液中呈悬浮状态生长与增殖的培养技术。

10.030　悬滴培养　hanging drop culture

利用表面张力将细胞培养液置于一张盖玻片表面制成悬滴,将组织或器官外植块接种培养液中,然后翻转盖玻片使外植块及培养液悬挂在盖玻片下,再置放于一凹形载片之上,最后用熔蜡密封盖玻片四周后放入培养箱中培养的技术。

10.031　微滴培养　microdroplet culture

一种将原生质体悬浮液通过稀释机械地分成单个原生质体,放在有许多小培养池的培养容器中,密封后进行培养的技术。

10.032　培养瓶培养　flask culture

将拟培养对象直接接种于培养瓶内,再放入培养箱进行培养的技术。

10.033　盖玻片培养　coverslip culture

以盖玻片为生长表面,将拟培养的组织、细胞接种在其上,然后再一起放入培养瓶或培养皿中继续进行培养的技术。

10.034　旋转管培养　rotate tube culture

将所培养的组织细胞接种在一管状培养器皿内,再将旋转管固定在一可旋转的装置上,边旋转边培养的一种培养技术。

10.035　静置培养　static culture

将盛有液体培养液的容器不通气或不振荡状态下进行细胞培养的技术。

10.036　液体浅层静置培养　culture in shallow liquid medium

将含有一定密度的原生质体悬浮培养液放在玻璃或塑料培养皿中,形成一个液体薄层,封口后放在培养室中静置培养的技术。

10.037 塑胶膜培养 plastic film culture
将细胞接种于塑胶膜上进行培养的技术。

10.038 滚瓶培养 roller bottle culture
将细胞接种于培养瓶中,再将培养瓶固定在滚动装置上边滚动边培养的技术。

10.039 旋动培养 spinner culture
培养过程中使培养瓶不停旋转大量培养细胞的技术。

10.040 灌流小室培养系统 perfused chamber culture system
将细胞接种于一个由上下两个盖玻片(分别构成上壁与下壁)与一金属圈(构成侧壁)密封围成的小室内,在小室的侧面分别有液体流入和流出的开口,供新鲜培养液流入小室和旧培养液排出,然后将整个小室保持在恒温条件下,使细胞在盖玻片上生长的培养系统。

10.041 平板培养 plate culture
将单个细胞与融化的琼脂培养液均匀混合后平铺一薄层在培养皿底上进行培养的技术。

10.042 植物组织培养 plant tissue culture
在含有营养物质及植物生长物质的培养液中,培养离体植物组织(器官或细胞)并诱导使其长成完整植株的技术。

10.043 分生组织培养 meristem culture
对具有细胞分裂活动特性的植物组织进行体外生长和繁殖的一种技术。

10.044 愈伤组织 callus, calli(复)
原指植物体受伤时产生于伤口周围的组织。现多指切取植物体的一部分,置于含有生长素和细胞分裂素的培养液中培养,诱导产生的无定形的组织团块。

10.045 胚性愈伤组织 embryonic callus
能形成体细胞胚的愈伤组织。

10.046 愈伤组织培养 callus culture
将一个细胞、一块组织或一个器官的细胞,通过去分化形成愈伤组织,并在体外培养使之再分化成植株的技术。

10.047 胚性愈伤组织培养 embryogenic callus culture
将母体植株上的一部分切下,形成外植体,接种到无菌的培养液上进行胚性愈伤组织的诱导、生长和发育的技术。

10.048 胚状体培养 embryoid culture
从外植体上直接或间接诱导出胚状体的培养技术。

10.049 再生植株培养 replant culture
从外植体上通过各种途径直接或间接诱导出再生植株的培养技术。

10.050 原生质体培养 protoplast culture
将细胞去除细胞壁后形成裸露的原生质体,把原生质体放在无菌的人工条件下使其生长发育的技术。

10.051 [离体]根培养 root culture
从植物体上切下来的根尖或其一部分放在琼脂培养液上进行的无菌培养。可用于根的生长和分化的研究。

10.052 [离体]茎培养 stem culture
将从几微米到几十微米的茎分生组织,几十毫米的茎尖或更大的芽,幼嫩的茎段和小块块茎等从母体植株上切下,放在无菌的人工条件下使其生长发育形成植株的技术。

10.053 茎尖培养 shoot tip culture
取植物茎尖组织放入培养液中进行的无菌培养。常用于生产无毒苗。

10.054 叶培养 leaf culture
从母体植株上将叶组织(包括叶原基在内)切下,放在无菌的人工条件下使其生长发育形成植株的技术。

10.055　花器官培养　flower culture
将植物的花序、花及其组成部分从母体植株上切下,放在无菌的人工条件下使其生长发育形成植株的技术。

10.056　花药培养　anther culture
将成熟或未成熟的花药从母体植株上取下,放在无菌的条件下,使其进一步生长、发育成单倍体细胞或植株的技术。

10.057　花粉培养　pollen culture
从花药中取出花粉进行无菌培养,以获得单倍性愈伤组织,进而长出单倍体植株的技术。

10.058　保育培养　nurse culture
将游离的单细胞放在组织块或愈伤组织上进行培育使之分裂和繁殖的技术。

10.059　成熟胚培养　culture of mature embryo
将子叶期以后的胚从母体上分离出来,放在无菌的人工环境条件下使其进一步生长发育形成幼苗的技术。

10.060　幼胚培养　culture of larva embryo
将子叶期以前的具胚结构的幼小胚从母体上分离出来,放在无菌的人工环境条件下使其进一步生长发育形成幼苗的技术。

10.061　胚珠培养　ovule culture
将胚珠从母体上分离出来放在无菌的人工环境条件下,使其进一步生长发育形成幼苗的技术。

10.062　子房培养　ovary culture
将子房从母体植株上摘下放在无菌的人工环境条件下,使其进一步生长发育形成幼苗的技术。

10.063　胚乳培养　endosperm culture
将胚乳从母体上分离出来,放在无菌的人工

环境条件下使其进一步生长发育形成幼苗的技术。

10.064　试管嫁接　test-tube grafting
在无菌条件下,用显微操作法将仅带 1～3 片叶原基的茎尖取下,然后将此茎尖嫁接于在试管中培养的砧木上的技术。

10.065　试管授精　test-tube fertilization
在无菌条件下,将未受精的雌蕊、胚珠或子房和花粉同时放在人工配置的培养液上生长,使花粉萌发产生的花粉管进入胚珠,在试管内完成受精过程而获得有生活力的种子的技术。

10.066　试管加倍　test-tube doubling
在无菌条件下将获得的幼小植株放在加入一定化学物质的培养液上培养,在化学物质的作用下,幼小植株细胞的染色体数可加倍的技术。

10.067　试管育种　test-tube breeding
植株在体外培养的条件下,通过人工诱变进行新品种选育的技术。

10.068　固定细胞培养　fixed cell culture
将植物悬浮细胞包埋在多糖或多聚化合物(如聚乙烯)制成的网状支持物中进行无菌培养的技术。

10.069　器官培养　organ culture
将部分或整体器官在不损伤正常组织结构的条件下进行的培养,即仍保持组织的三维结构,并模仿在各种状态下的器官功能。

10.070　表面皿培养　watch glass culture
在一块表玻璃内加上鸡胚提取液和鸡血浆,凝固后将所培养的器官移植到上面,然后一起置于一培养皿内,送入培养箱内培养的技术。

10.071　擦镜纸培养　lens paper culture
以显微镜擦镜纸替代基质浮于培养液上,将

拟培养的器官原基置于擦镜纸上,在器官原基上滴加1滴培养液,然后放到培养皿内,加盖后送入培养箱中培养的一种技术。

10.072　金属格栅培养 gold grid culture, Trowell's technique

以金属格栅作为支持物,将组织置其上,然后浸入培养液(培养液与格栅平齐)进行体外培养的一种技术。

10.073　琼脂小岛器官培养系统 agar-island culture system

使用琼脂制成小岛状的支持物,放在液体培养液中,然后将要培养的器官置于琼脂上面(琼脂表面与培养液平齐)进行培养的一种培养系统。

10.074　陈氏滤纸虹吸器官培养系统 Chen's filter paper siphonage culture system

利用滤纸虹吸作用,将组织置其上,再将滤纸浸入容器中的培养液内,维持组织生长的一种体外器官培养系统。

10.075　平台摆动培养 swing platform culture

将器官植块贴附于培养皿底部,并用培养液覆盖,将培养皿置于充有适当混合气体的密闭小室内,再将小室放置于摇摆平台上,以8～10 r/min 的转速摇动的一种培养技术。

10.076　灌流培养系统 perfusion culture system

细胞接种于培养系统后,一方面新鲜培养液不断地进入反应器内,另一方面又将培养液连续不断地流出,将回收使用过的无细胞等量培养旧液,先经过第二容器,并在第二容器中经通气和 pH 校正处理后,形成"再生"的培养液,然后再反回进入原细胞培养器中的一种培养系统。

10.077　连续流动培养系统 continuous flow culture system

将种子细胞和培养液一起加入反应器内进行培养,一方面新鲜培养液不断地进入反应器内,另一方面又将培养液连续不断地取出,使细胞数和营养浓度处于一种恒定状态,可使细胞一直处于对数生长期状态的培养系统。

10.078　气体驱动培养 airlift culture

将混合气体经过过滤通入培养空气使培养物在培养容器循环流动,细胞不会沉积与贴壁的一种适用于大规模培养悬浮生长细胞的技术。

10.079　胚胎培养 embryo culture

从卵壳内或种子中摘出分离的动、植物胚胎在适当的实验条件下使之生长发育的技术。

10.080　原代培养 primary culture

将机体内的某组织取出,分散成单细胞,在人工条件下培养使其生存并不断生长、繁殖的方法。

10.081　继代培养 secondary culture, subculture

又称"传代培养"。将细胞从一个培养瓶转移到另外一个培养瓶内进行的连续培养。

10.082　传代 passage

将细胞从一个培养瓶转移到另外一个培养瓶的过程。培养细胞的"一代",不表示细胞分裂一次,而是指培养细胞从接种到再次转移培养的过程。

10.083　传代数 passage number

体外培养的细胞传代的次数。

10.084　微室培养 microchamber culture

利用玻璃或塑料制作的小室进行细胞培养的技术。

10.085　微载体培养 microcarrier culture

用固体小珠作为细胞附着载体进行细胞培

养的技术。

10.086 微囊培养 microcapsule culture
在无菌条件下将拟培养的细胞、生物活性物质及生长介质共同包裹在薄的半透膜中形成微囊,再将微囊放入培养系统内进行培养的技术。

10.087 玻璃珠培养 glass bead culture
在塑料芯外覆上硅玻璃制成小珠,作为培养细胞附着生长的微载体,进行细胞大量培养的技术。

10.088 中空纤维培养 hollow fiber culture
又称"毛细管培养(capillary culture)"。利用具有半透性壁的中空纤维束增加表面积以利于更多的细胞黏附的培养技术。

10.089 固体培养 solid culture
在液体培养液中加入0.5%~1%的琼脂使液体培养液半固化,再接种培养物的一种培养技术。

10.090 液体培养 liquid culture
在液体培养液中直接接种培养物的培养技术。

10.091 深低温保藏 cryopreservation
在深低温(如液氮,-196℃)条件下保存活体组织、胚胎和细胞的技术。

10.092 培养皿 Petri dish
用于盛载液体培养液或固体琼脂培养液进行细胞培养的玻璃或塑料圆形器皿。

10.093 生物反应器 bioreactor
用于生物反应过程的容器总称。包括酶反应器、固定细胞反应器、各种细胞培养器和发酵罐等。

10.094 培养液 culture medium
又称"培养基"。用于进行组织或细胞培养的介质之统称。

10.095 胎牛血清 fetal calf serum
采自胎牛的血清。含有多种生长因子,常用于体外细胞培养。

10.096 无血清培养液 serum-free medium
又称"无血清培养基"。不含血清而含有支持细胞增殖和生物反应的多种营养成分(如生长因子、组织提取物等)的细胞培养液。

10.097 无蛋白培养液 protein-free medium
又称"无蛋白培养基"。含有支持细胞增殖和生物反应的不含大分子蛋白质成分的培养液。

10.098 条件培养液 conditioned medium
已经培养过某种细胞的培养液(内含该细胞分泌的活性物质,包括少量生长因子)与一定比例新鲜培养液混合的培养液。可促进与支持其他种细胞的生长。

10.099 HAT 培养液 HAT medium
内含次黄嘌呤(H)、氨基蝶呤(A)和胸腺嘧啶核苷(T)的培养液。在此培养液中,次黄嘌呤-鸟嘌呤核苷磷酸核糖基转移酶(HGPRT)或胸腺嘧啶核苷激酶(TK)缺陷型细胞不能生长。

10.100 确定成分培养液 defined medium
又称"已知成分培养液"。所有化学成分和浓度都明确限定的培养液。

10.101 细胞世代时间 cell generation time
两次细胞分裂之间的时间。

10.102 群体倍增时间 population doubling time
在对数生长期细胞数量增加一倍所用的时间。

10.103 细胞库 cell bank, cell repository
长期保存有多种细胞系和细胞株的设施。

10.104 细胞系 cell line
可长期连续传代的培养细胞。

10.105 有限细胞系 finite cell line, limited cell line

在体外的生存期有限即不能长期传代的细胞系。

10.106 无限细胞系 infinite cell line, continuous cell line

又称"连续细胞系"。在体外可以持续生存，具有无限繁殖能力的细胞系。

10.107 细胞株 cell strain

具有有限分裂潜能适合于进行培养，并在培养过程中保持其特性和标志的细胞群。其分裂次数通常为 25～50 次，最后死亡。

10.108 细胞亚株 cell substrain

由原细胞株再次克隆形成的与原株性状有部分不同的细胞群。

10.109 海拉细胞 HeLa cell

一个由宫颈癌组织培养、选育成的细胞系。该宫颈癌组织取自美国 Henrietta Lacks 女士活检标本，取 He 和 La 合并而得名。

10.110 无细胞系统 cell-free system

来源于细胞，不具有完整细胞结构，但包含进行正常生物学反应所需的物质组成的系统。

10.111 二倍体细胞系 diploid cell line

由一物种正常组织细胞的原始培养物得到的细胞群，至少有 75% 以上的细胞与该物种的正常细胞($2n$)的核型一致。

10.112 非整倍体细胞系 aneuploid cell line

又称"异倍体细胞系（heteroploid cell line）"。由非整倍体细胞建立的细胞系，通常为无限增殖的肿瘤细胞系。

10.113 群体密度 population density

细胞培养皿内每单位面积或体积中的细胞数。常以细胞数/cm^2 表示。

10.114 饱和密度 saturation density

达汇合状态时的细胞密度。正常细胞不再增加。

10.115 饲养细胞 feeder cell

铺在培养器皿上的经过处理不分裂的细胞。可为体外培养细胞提供生长因子或细胞因子。

10.116 饲养层 feeder layer

在细胞培养皿上铺展开的饲养细胞层。

10.117 细胞克隆 cell cloning

把单个细胞从群体内分离出来单独培养，使之重新繁衍成一个新的细胞群体的培养技术。

10.118 生物工程 bioengineering

用生物体或其组成成分在最适条件下产生有益产物及进行有效生产过程的技术。包括基因工程、酶工程、细胞工程、微生物工程、发酵工程等。

10.119 细胞工程 cell engineering

应用细胞生物学和分子生物学的方法，通过类似于工程学的步骤在细胞整体水平或细胞器水平上，遵循细胞的遗传和生理活动规律，有目的地制造细胞产品的一门生物技术。

10.120 植物细胞工程 plant cell engineering

以植物细胞为基本单位在体外条件下进行培养、繁殖和人为操作，改变细胞的某些生物学特性，从而改良品种加速繁育植物个体或获得有用物质的技术。

10.121 动物细胞工程 animal cell engineering

以动物细胞为基本单位在体外条件下进行培养、繁殖和人为操作，使细胞产生某些人们所需要的生物学特性，从而改良品质，加速繁殖动物个体或获得有用品系的技术。

10.122 原生质体融合 protoplast fusion

脱壁植物细胞(或细菌细胞)通过物理、化学等因子的诱导,两个原生质体合并在一起形成融合细胞的过程。

10.123　染色体工程　chromosome engineering
按照一定的设计,有计划地消减、添加或替换同种或异种整条或部分染色体,从而达到定向改变遗传性和选育新品种的一种技术。

10.124　胚胎工程　embryo technology
又称"发育工程(developmental technology)"。主要是对哺乳动物的胚胎进行某种工程技术操作,然后让其继续发育获得人们所需要的成体动物的一种技术。

10.125　遗传工程　genetic engineering
又称"基因工程"。将重组 DNA 引入细胞或生物体中,以期获得新的生理、遗传性状的技术。如创建合成胰岛素的细菌和抗除莠剂作物。

10.126　细胞交融　cytomixis
曾称"细胞混合"。特定情况下染色质从一个细胞转移到相邻细胞胞质中的现象。如花粉母细胞。

10.127　细胞杂交　cell hybridization
在体外条件下,通过人工培养和诱导将不同种生物或同种生物不同类型的两个或多个细胞合并成一个双核或多核细胞的过程。

10.128　细胞融合　cell fusion
人工的或自然发生的细胞合并形成多核细胞的现象。

10.129　体细胞杂交　somatic hybridization
不同种类体细胞融合形成杂种细胞的技术。

10.130　体细胞杂种　somatic cell hybrid
两种体细胞融合形成的异核体。

10.131　胞质杂种　cybrid, cytoplasmic hybrid
胞质体与完整细胞融合形成的杂交细胞。

10.132　核质杂种细胞　nucleo-cytoplasmic hybrid cell
将一个异源细胞核转入去核的细胞质所获得的新细胞。

10.133　有核细胞　karyote
含有细胞核的细胞。

10.134　无核细胞　akaryote
失去细胞核的细胞。

10.135　多核体　polykaryon
又称"多核细胞"。含有两个以上细胞核的细胞。

10.136　合核体　synkaryon
又称"融核体"。两个细胞融合后形成的单核杂种细胞。

10.137　异核体　heterokaryon
又称"异核细胞(heterokaryocyte)"。基因型不同的细胞融合成的杂交细胞。

10.138　同核体　homokaryon
基因型相同的细胞融合成的杂交细胞。

10.139　单克隆抗体技术　monoclonal antibody technique
将产生抗体的 B 淋巴细胞与骨髓瘤细胞杂交,获得既能产生抗体,又能无限增殖的杂种细胞,并生产抗体的技术。

10.140　胞质体　cytoplast, cytosome
利用物理或化学方法,将细胞核去除后所得到的细胞部分。可以用来研究细胞核与细胞质的关系。

10.141　核体　karyoplast
细胞经松胞菌素处理后,排出的带有质膜和少量细胞质的细胞核。

10.142　微细胞　microcell
实验室制备的小型真核细胞结构,其中的微核含有限量的遗传物质,并具有少量细胞质和完整的细胞膜。

10.143　[淋巴细胞]杂交瘤　hybridoma
肿瘤细胞与正常来源淋巴细胞融合产生的杂种细胞。实际上多指 T 或 B 淋巴细胞与骨髓瘤细胞系融合成的杂交瘤细胞。

10.144　B 细胞杂交瘤　B cell hybridoma
B 细胞与骨髓瘤细胞融合产生的杂交瘤细胞克隆。

10.145　杂交细胞系　hybrid cell line
由杂交细胞建成的细胞系。

10.146　杂交瘤细胞系　hybridoma cell line
从杂交瘤细胞中筛选培养出的细胞系。

10.147　杂交细胞　hybrid cell
通过细胞融合或转染产生的含有两种细胞基因组成分的细胞。

10.148　骨髓瘤细胞　myeloma cell
在骨髓中恶性增殖的浆细胞瘤细胞。

10.149　单克隆抗体　monoclonal antibody
由单一杂交瘤细胞克隆分泌的只能识别一种表位(抗原决定簇)的高纯度抗体。

10.150　嵌合抗体　chimeric antibody
利用 DNA 重组技术将鼠单抗的轻、重链可变区基因插入含有人抗体恒定区的表达载体中,转化哺乳动物细胞表达出人鼠嵌合的抗体。

10.151　重构抗体　reshaped antibody
由异源抗体中与抗原结合相关的残基与人抗体重新剪接构建的抗体。包括互补决定区移植、部分补决定区移植和特定决定区转移。

10.152　遗传工程抗体　genetic engineering
　　　　　antibody
又称"重组抗体"。应用 DNA 重组和蛋白质工程技术,在基因水平对免疫球蛋白分子进行切割、剪接、修饰或利用人工合成免疫球蛋白分子片段,进行重新组装后在转染细胞中表达产生的新型抗体。

10.153　免疫毒素　immunotoxin
一类抗肿瘤单抗和生物毒素蛋白偶联的分子。可利用抗体与肿瘤细胞的特异性结合将毒素蛋白导向和攻击肿瘤细胞,故被形象地称为"生物导弹"。

10.154　有限稀释　limiting dilution
按倍数逐渐将溶液或细胞稀释的技术。

10.155　移植　transplantation
将生物体的细胞、组织或器官转移至同一个体的另一部位或另一个体的技术。

10.156　嫁接　grafting
将一棵植株的组织融合到另一棵植株上的技术。是园艺工作广泛应用的一种繁殖植株的方法。

10.157　异体移植　xenograft
供体和受体属于不同个体或不同种、属、科的移植。

10.158　细胞器移植　organelle transplantation
将细胞器(主要是线粒体和叶绿体)分离纯化,转移到另一细胞的细胞质中的技术。

10.159　去核　enucleation
用微吸管、电离辐射或激光等清除细胞核或使细胞核失活的技术。

10.160　核移植　nuclear transplantation
将一个细胞的细胞核转移到另一个去核细胞中的操作。常用于研究核质关系和克隆动物。

10.161　体细胞核移植　somatic cell nuclear
　　　　　transfer
将体细胞的细胞核移植入去核的卵母细胞中以此获得新的胚胎的技术。

10.162 同源克隆 homologous cloning
将一个个体的细胞核植入同一个体的去核的卵母细胞中以此获得遗传性质与亲本一致的胚胎的技术。

10.163 微型染色体 minichromosome
病毒 DNA 结合真核宿主细胞的组蛋白,这些组蛋白使病毒 DNA 分子紧缩成真核染色质所特有的念珠状核小体,这种结构特称为微型染色体。

10.164 人工微型染色体 artificial minichromosome
将真核细胞的 DNA 复制起点、着丝粒和端粒三种关键性 DNA 序列互相搭配,人工组装成的小染色体。

10.165 细菌人工染色体 bacterial artificial chromosome,BAC
一类以 F 因子为基础构建的克隆载体。用来在大肠杆菌中克隆分子量较大的外源 DNA 片段(大于 100 kb)。

10.166 酵母人工染色体 yeast artificial chromosome,YAC
由四膜虫的端粒与酵母的着丝粒和自主复制序列剪接而成的人造载体。可容纳达 1000 kb 的 DNA 大片段,用来在酵母细胞中扩增基因组 DNA 并对其进行测序。

10.167 哺乳动物人工染色体 mammalian artificial chromosome,MAC
包含哺乳动物或人类大片段 DNA 或染色体的具有复制起点、端粒和着丝粒功能元件的人工染色体,导入细胞以单拷贝存在,但不整合到基因组中。

10.168 基因组步移 genomic walking
又称"染色体步查(chromosome walking)"。探测基因组上未知区域核酸序列的一种方法。此法用于当要探测的基因组某区域没有可利用的探针,但其旁侧有已知的序列或基因时,用已知的序列去钓取基因组文库中含有该已知的序列的重叠 DNA 片段,就可以测定该片段上未知区域的序列,如此重复进行,可以沿基因组一步步探测。

10.169 物理图[谱] physical map
表示某些基因与遗传标记之间在基因组上的直线相对位置和距离的图谱。

10.170 体细胞重组 somatic recombination
体细胞有丝分裂时,由染色体交换而发生的遗传重组。

10.171 体细胞变异 somatic variation
体细胞发生表型的改变与其母体细胞产生了差异的现象。

10.172 体细胞克隆变异 somaclonal variation
一个体细胞克隆中个体之间的差异现象。

10.173 体细胞突变 somatic mutation
除性细胞外的体细胞发生的突变。不会造成后代的遗传改变,却可以引起当代某些细胞的遗传结构发生改变。绝大部分体细胞突变无表型效应。在植物中某些体细胞突变可导致叶形和枝形发生一定改变。

10.174 突变子 muton
顺反子内发生突变的最小单位,即核苷酸对。

10.175 温度敏感突变体 temperature-sensitive mutant,ts mutant
简称"ts 突变体"。蛋白质中某些氨基酸突变后,蛋白质在允许的较低温度下保持稳定并有生物学活性,在较高温度下变得不稳定,失去功能,携带这种突变的有机体。

10.176 回复体 revertant
恢复野生型表型的突变体。

10.177 转导 transduction
通过噬菌体感染将 DNA 转入宿主细胞并产

生新性状的过程。

10.178　转染　transfection

起初指外源基因通过病毒或噬菌体感染细胞或个体的过程。现在常泛指外源 DNA（包括裸 DNA）进入细胞或个体导致遗传改变的过程。

10.179　共转染　cotransfection

通过病毒、脂质体或其他方法将两个或多个外源基因同时转移到一个真核细胞的过程。

10.180　转染率　transfection efficiency

外源病毒、噬菌体 DNA 或外源 DNA 导入细胞的效率。

10.181　转化　transformation

通常指正常细胞经各种致癌剂处理后成为癌细胞的过程。也可指因外源基因导入使基因型和表型发生永久性遗传改变的现象。

10.182　共转化　cotransformation

不相连的两个或多个外源基因同时转移入一个细胞的过程。

10.183　转化率　transformation efficiency

外源 DNA（如质粒 DNA 等）导入细菌的效率。通常用每微克 DNA 获得转化体的数量表示。

10.184　转化灶　transforming focus

转化体或转化细胞所形成的细胞集落。

10.185　转化体　transformant

接受了外源遗传物质（如质粒 DNA 等）使遗传特性发生了改变的细菌。可以通过选择培养液等方法鉴定获得。

10.186　载体　vector, vehicle

在分子克隆中携带外源 DNA 的质粒、噬菌体或重组体。

10.187　克隆载体　cloning vector

可携带插入的外源 DNA 片段并可转入受体

细胞中大量扩增的 DNA 分子。该分子中含有能够在受体细胞中自主复制的序列和筛选标记，常用于外源基因的克隆，如噬菌体或质粒。

10.188　λ 噬菌体载体　λ-phage vector

依据 λ 噬菌体的复制和生活周期等特点来构建的载体。可携带一定的 DNA 序列从一个生物体传递给另一个生物体，广泛用于基因克隆、基因文库的构建等。

10.189　质粒　plasmid

细菌细胞内一种自我复制的环状双链 DNA分子。能稳定地独立存在于染色体外，并传递到子代，一般不整合到宿主染色体上。现在常用的质粒大多数是经过改造或人工构建的，常含抗生素抗性基因，是重组 DNA 技术中重要的工具。

10.190　附加体　episome

又称"游离基因"。一类在细菌和某些真核细胞中存在的染色体外的遗传物质。能在细胞中独立存在并进行自我复制，也能整合到染色体，随同染色体的复制而进行复制。如 λ 噬菌体和 F 质粒。

10.191　噬粒　phasmid

一种能按照质粒或者细菌噬菌体方式进行复制的克隆载体。

10.192　黏粒　cosmid

含有 *cos* 位点的人工构建的克隆载体。*cos*位点是 λ 噬菌体头部组装时的识别序列，因而黏粒能包装进入 λ 噬菌体颗粒后感染大肠杆菌。与一般质粒相比，黏粒可克隆较大的外源 DNA 片段（达 50 kb）。

10.193　克隆　clone

（1）又称"无性繁殖系"。遗传组成完全相同的分子、细胞或个体及其组成的一个群体。（2）利用体外重组技术将某特定的基因或 DNA 序列插入载体分子的操作过程。

10.194 亚克隆 subclone, subcloning
将已克隆的细胞或在载体中的 DNA 进行再次克隆。

10.195 克隆化 cloning
经过人为选择，获得在遗传上纯一的后代的技术或过程。

10.196 克隆率 cloning efficiency
接种众多单个分散细胞,经培养后能够增生形成克隆的百分数。

10.197 集落 colony
由一个或几个细胞增殖而来的细胞群。

10.198 集落形成率 colony forming efficiency
接种细胞经培养后能够增生形成集落的百分数。

10.199 分子克隆化 molecular cloning
在体外重组 DNA 的过程中,通过能够独立自主复制的载体或噬菌体为媒介,把外源 DNA 片段引入宿主细胞内进行繁殖,即从一个 DNA 片段增殖了结构和功能完全相同的多拷贝的 DNA 分子群的过程。

10.200 克隆繁殖 clonal propagation
通过无性技术复制出相同的个体(主要是植株)、细胞或是 DNA 片段的技术。

10.201 单基因杂种 monohybrid
杂交的双亲只有一对等位基因不同,如 AA × aa 杂交产生的后代。

10.202 克隆变异体 clonal variant
无性繁殖过程中由突变产生的变异个体。

10.203 克隆变异 clonal variation
无性繁殖过程中产生的遗传变异。

10.204 转基因 transgene
将基因转移并稳定整合到另一细胞的过程。

10.205 转化基因 transforming gene
可使受体细胞发生性质改变的基因。如肿瘤转化基因。

10.206 转基因动物 transgenic animal
通过基因转移技术获得的整合有外源基因的动物个体。

10.207 转基因植物 transgenic plant
通过基因转移技术获得的整合有外源基因的植物个体。

10.208 脂质体 liposome
(1)某些细胞质中的天然脂质小体。(2)由连续的双层或多层复合脂质组成的人工小球囊。借助超声处理使复合脂质在水溶液中膨胀,即可形成脂质体。它可以作为生物膜的实验模型,或在临床上用于捕获外源性物质(如药物、酶或其他制剂)后将它们更有效地运送到靶细胞,经同细胞融合而释放。

10.209 蛋白质工程 protein engineering
利用遗传工程手段,包括用基因的点突变和基因表达等改造蛋白质分子的结构与功能的技术。

10.210 融合蛋白 fusion protein
由两段或多段基因序列串联形成的融合基因表达所产生的蛋白质。

10.211 氨苄青霉素 ampicillin
广泛用于质粒载体构建过程中重组子选择的一种抗生素。可抑制革兰氏阳性和阴性细菌。

11. 细胞生物学技术

11.001 显微镜 microscope
由光源聚光器、目镜和物镜组成复式显微放大装置。

11.002 光学显微镜 light microscope
简称"光镜"。以可见光为照明光源的显微镜。

11.003 立体显微镜 stereomicroscope, dissecting microscope
又称"体视显微镜","解剖显微镜"。用于放大解剖标本的一类光学显微镜。采用落射光或透射光照明标本。

11.004 明视野显微镜 bright-field microscope
又称"明视场显微镜"。通过聚焦镜汇聚到样品上,因而形成一个锥形的明亮光束并通过样品进入物镜的显微镜。用于观察经染色或本身具备颜色的细胞、组织片等标本。

11.005 暗视野显微镜 dark-field microscope
又称"暗视场显微镜"。一种利用丁道尔效应,能使观察标本和背景间形成强烈明暗对比度的显微镜。可用于观察微小的活菌体及其运动状态。

11.006 倒置显微镜 inverted microscope
物镜置于镜台下方的光学显微镜。适于培养细胞的显微观察和显微操作。

11.007 落射光显微镜 epi-illumination microscope
照明光从物镜方射入的显微镜。

11.008 偏光显微镜 polarization microscope
载物台下装有起偏器,而在物镜与目镜之间装有检偏器,从而检测出物质的各向同性和各向异性的一种双折射性质的显微镜。

11.009 相差显微镜 phase contrast microscope
利用光的衍射和干涉现象将透过标本的光线光程差或相位差转换成肉眼可分辨的振幅差显微镜。提高了密度不同物质图像的明暗区别,可用于观察未经染色的细胞结构。

11.010 干涉显微镜 interference microscope
一种利用透过标本光束与参照光束在成像焦面合轴,造成干涉效应,观察半透明标本和测定折射率的显微镜。

11.011 微分干涉相差显微镜 differential-interference contrast microscope
利用平面偏振光,并根据诺马尔斯基(Nomarski)设计的光学显微镜成像原理制作的显微镜。可使样品厚度的微小差异转变为细微明暗差别,增强立体感,适用于观察活细胞。

11.012 激光扫描共聚焦显微镜 laser scanning confocal microscope, LSCM
利用激光点作为荧光的激发光并通过扫描装置对标本进行连续扫描,并通过空间共轭光阑(针孔)阻挡离焦平面光线而成像的一种显微镜。是当今世界最先进的细胞生物学分析仪器。

11.013 红外光显微镜 infrared microscope
用波长在 700 nm 以上的光作为照明光的显微镜。用于观察不透明材料。

11.014 紫外光显微镜 ultraviolet microscope
以紫外光为光源的显微镜。由于紫外光波

长较短,其分辨力高于普通光学显微镜。

11.015 X 射线显微镜 X-ray microscope
一种以 X 射线为光源的新型显微镜。

11.016 荧光显微镜 fluorescence microscope
选择由高压汞灯或类似光源发出的一定波长的激发光,激发细胞中某些被荧光染料标记的物质发射荧光,观察细胞某种特异成分的分布状态的显微镜。也可进行半定量测定。

11.017 扫描隧道显微镜 scanning tunnel microscope,STM
利用量子隧道效应产生隧道电流的原理制作的显微镜。其分辨率可达原子水平,即观察到原子级的图像。在生物学中,可观察大分子和生物膜的分子结构。

11.018 原子力显微镜 atomic force microscope
根据扫描隧道显微镜的原理设计的高速拍摄三维图像的显微镜。可观察大分子在体内的活动变化。

11.019 扫描探针显微镜 scanning probe microscope
基于扫描隧道显微镜的基本原理设计出的超近扫描高分辨率显微镜。分辨率可达纳米级,并可将观察的原子或分子形成三维图像。

11.020 电子显微镜 electron microscope
简称"电镜"。一类用电子束为光源,显示标本超微结构的显微镜。分为透射电子显微镜和扫描电子显微镜等。

11.021 透射电子显微镜 transmission electron microscope,TEM
在一个高真空系统中,由电子枪发射电子束,穿过被研究的样品,经电子透镜聚焦放大,在荧光屏上显示出高度放大的物像,还可作摄片记录的一类最常见的电子显微镜。

11.022 扫描电子显微镜 scanning electron microscope,SEM
应用电子束在样品表面扫描激发二次电子成像的电子显微镜。主要用于研究样品表面的形貌与成分。

11.023 扫描透射电子显微镜 scanning transmission electron microscope,STEM
利用磁透镜将电子束聚焦到样品表面并在样品表面快速扫描,通过电子穿透样品成像,既有透射电子显微镜功能,又有扫描电子显微镜功能的一种显微镜。

11.024 高压电子显微镜 high voltage electron microscope
一种电子束加速电压达 10^6 伏的透射电子显微镜。电子束可穿透厚达 $1\mu m$ 的切片。

11.025 分析电子显微镜 analytic electron microscope
一种带有波谱仪或能谱仪的电子显微镜。可以在观察样本形貌的同时了解微小区域内所含元素的种类及其含量,在细胞超微结构水平上对其内部的化学元素成分进行定位、定性、定量分析。

11.026 聚光镜 condenser
显微镜中将照明光焦聚到标本上的聚光装置。

11.027 物镜 objective lens
将来自样品的光束在镜筒中汇聚成放大的初级镜像的一种光学显微镜的镜头。

11.028 目镜 eyepiece
显微镜或望远镜透镜系统中的接目透镜。可将物镜形成的初级镜像进一步放大成像。

11.029 分辨率 resolution,resolving power
能清楚区分被检物体细微结构最小间隔的能力。即相邻两个物点间最小距离的能力。

11.030　分辨限度　limit of resolution
显微镜的可分辨率受可见光波长限制的最小间隔。

11.031　放大率　magnification
最终成像的大小与原物体大小的比值。总放大率 = 物镜放大率×目镜放大率。

11.032　显微术　microscopy
利用显微镜、制片、染色等各种方法在细胞、亚细胞甚至原子水平观察生命现象的技术。

11.033　显微解剖　micro-dissection
在立体显微镜下对被观察物体进行剖析的技术。

11.034　显微操作　micromanipulation
在显微镜下,利用显微操作装置对细胞进行解剖手术和微量注射的技术。可用于细胞核移植、基因注入、染色体微切等。

11.035　显微操作仪　micromanipulator
用显微镜附加细微操纵装置所组成的显微手术器械。

11.036　显微外科术　microsurgical technique
在显微镜观察下进行的外科手术。如缝合微小血管等。

11.037　显微注射　microinjection
在显微镜下操作的微量注射技术。可将细胞的某一部分(如细胞核、细胞质或细胞器)或外源物质(如外源基因、DNA 片段、信使核糖核酸、蛋白质等)通过玻璃毛细管拉成的细针,注射到细胞质或细胞核内。是研究各种生物分子的作用,制作转基因动物、克隆动物等的重要技术。

11.038　显微光密度测定法　microdensitometry
用显微光密度计测量显微镜微区光密度的技术。

11.039　显微摄影术　photomicrography
利用配置在显微镜上的摄影装置的摄影技术。

11.040　显微电影术　microcinematography
用于记录标本连续动态变化的显微摄影技术。

11.041　缩时显微电影术　time-lapse micro-cinematography
利用定时拍摄,在显微镜观测下记录被观察物慢速变化过程中的形态动态变化的技术。

11.042　影像增强显微术　image enhanced microscopy
样品在显微成像过程中其原图总存在各种噪声和畸变,为使像质得到改善以利于特征提取和图像识别,对图像进行预处理的方法。

11.043　投影术　shadow casting
又称"喷镀术","铸型技术"。电子显微镜中一种重要的增强背景和待观察样品反差的方法。即将样品置于云母的表面,然后干燥;在真空装置中将样品镀上一层重金属(金或铂金),然后镀上一层碳原子,以增加铸型的强度和稳定性;再将铸型置于酸池中,破坏样品,只留下金属铸型;漂洗后置于载网上进行电子显微镜观察。

11.044　光镊　optical tweezers
激光聚集可形成光阱,微小物体受光压而被束缚在光阱处,移动光束使微小物体随光阱移动,借此可在显微镜下对微小物体(如病毒、细菌以及细胞内的细胞器及细胞组分等)进行的移位或手术操作。

11.045　视频图形显示　videographic display
又称"图像显示"。利用阴极射线管装置扫描标本的视频互动显示系统。

11.046　X 射线衍射　X-ray diffraction
X 射线受到原子核外电子的散射而发生的衍射现象。由于晶体中规则的原子排列就会产生规则的衍射图像,可据此计算分子中各种原子间的距离和空间排列,是分析大分子空间结构有用的方法。

11.047　X 射线显微分析　X-ray microanalysis

应用 X 射线显微分析器探测细胞或组织的微小区域内元素成分的技术。

11.048　整装制片　whole mount preparation

将生物样品整封的方法。用于单细胞、微小生物体或分散的器官。直接用于显微观察。

11.049　涂片　smear

将标本悬液涂布到载玻片上制成薄膜的制片方法。用于显微镜观察。

11.050　切片机　microtome

制作供显微镜观察用的切片的装置。

11.051　石蜡切片　paraffin section

用石蜡包埋组织块制作的显微切片。

11.052　超薄切片　ultrathin section

用于透射电镜观察的极薄标本切片,厚约 $0.05~\mu m$。通常标本用树脂包埋,用超薄切片机制备。

11.053　超薄切片机　ultramicrotome

用于制作电镜切片的装置,切片厚度在 $20 \sim 100~nm$ 之间。

11.054　振动切片机　vibratome

用于制备未经处理的生物组织的切片机。

11.055　冷冻切片术　freezing microtomy, cryotomy

将动物、植物组织快速冷冻,直接进行切片的方法。

11.056　冷冻超薄切片术　cryoultramicrotomy, ultracryotomy

将低温冷冻标本在低温超薄切片机中制成供电镜观察使用的超薄切片的技术。

11.057　连续切片　serial section

从同一组织包埋块上连续切成的切片系列。通过对连续切片的分析可构建细胞或组织的三维图像。

11.058　冷冻断裂　freeze fracturing, freeze cleaving, freeze cracking

又称"冷冻撕裂"。通过超低温速冻和撞击出断裂面制备电镜观察标本的方法。在观察之前采用物理法暴露出的断裂面,进而制成复型膜并在透射电镜下观察,或直接喷金在扫描电镜下观察。

11.059　冷冻断裂蚀刻复型技术　freeze fracture etching replication

一种电子显微镜样品制备技术。即先将生物样品在液氮中($-196℃$)进行快速冷冻,防止形成冰晶。然后将冷冻的样品迅速转移到冷冻装置中,并迅速抽成真空。在真空条件下,用冰刀横切冰冻样品,使样品内层被分开露出两个表面以显示断面的精细结构。

11.060　冷冻蚀刻　freeze etching

又称"冰冻蚀刻"。在冷冻断裂技术的基础上发展起来的更复杂的复型技术。即将冷冻断裂的样品的温度稍微升高,让样品中的冰在真空中升华,而在表面上浮雕出细胞膜的超微结构。当大量的冰升华之后,对浮雕表面进行铂-碳复型,并在腐蚀性溶液中除去生物材料,复型经重蒸水多次清洗后,置于载网上作电镜观察。

11.061　复型　replica

用金属-碳膜从不同角度喷镀在细胞或组织表面,然后消化掉组织,从而获得能显示样品表面结构的金属-碳网格结构。用于透射电子显微镜的观察。

11.062　表面复型　surface replica

在标本表面先后喷镀铂/碳膜与碳蒸发物形成的膜。镜像反映细胞表面或断裂面超微结构,在投射电子显微镜下观察,立体感强,图像清晰。

11.063　快速冷冻　quick freezing
将样品置于 $-196℃$ 液氮中使之迅速冷却的过程。多用于生物样本的标本制作。

11.064　快速冷冻深度蚀刻　quick freeze deep etching
在冷冻蚀刻基础上建立起来的一种电镜技术。可对细胞质中的细胞骨架纤维及其结合蛋白进行观察。

11.065　冷冻置换　freeze substitution
电镜标本冷冻固定中的一种脱水技术。用溶剂(如丙酮)去除标本中冰冻状态的水分,更好地保持细胞的细微结构。

11.066　冷冻保护剂　cryoprotectant
在冷冻保存胚胎或细胞时加入保护细胞抵抗低温损害的化合物。如甘油、二甲基亚砜等。

11.067　固定　fixation
利用物理和化学方法处理生物标本,使之在处理过程中保持自然状态的过程。

11.068　冷冻固定　cryofixation
在低温下快速固定生物标本的技术。

11.069　压片　squash slide
一种制作显微标本的简便方法。将一小块软组织放置到载片上的水滴上,加上盖片,垫上擦镜纸轻压,吸掉多余的水,制成显微标本。

11.070　修块机　pyramitome
对树脂包埋的样品块进行切削的装置。使之形成锥体形,利于超薄切片的操作。

11.071　包埋　embedding
生物标本经脱水后浸入包埋剂(如石蜡、树脂等),并使之渗透进入标本本体的过程。以便于下一步的切片制作。

11.072　包埋剂　embedding medium
浸制显微标本,增强标本支持强度,便于切片的物质。常用的包埋剂有石蜡和树脂。

11.073　固定剂　fixative
固定样品的化学试剂。可快速穿过细胞质膜,并将细胞中的生物大分子固相化,从而使死细胞的结构接近原生活状态。常用的固定剂有乙醇、冰醋酸、甲醛、戊二醛等。

11.074　脱水剂　dehydration reagent
显微和超微标本制作中所用的包埋剂多为疏水性的,包埋前用于置换出标本中的水分的双性液体化学物质。如乙醇、丙酮等。

11.075　透明剂　transparent reagent
显微标本制片过程中用于置换乙醇,使标本透明化的液体化学物质。如二甲苯、甲苯等。

11.076　载网　grid
载持电镜切片标本的金属网。直径一般 3 mm。

11.077　支持膜　supporting film
敷于电镜载网上的一层薄膜。能够耐受电子束的轰击,用于支持超薄切片。

11.078　表面铺展法　surface-spread method
使切片铺展于玻片或载网上的操作技术。

11.079　临界点干燥法　critical-point drying method
制作电子显微镜干燥标本的一种方法。将标本用低临界温度液体(如液态 CO_2)替换水,再升温超过临界温度。如此处理的标本,可减小表面张力,保持样品自然状态的形貌。

11.080　盖玻片　coverslip, cover glass
盖封于载玻片组织切片上的极薄(约 $0.5\ \mu m$)的玻片。

11.081　载玻片　slide

载持生物标本或切片的玻片。

11.082 凹玻片 depression slide, concave slide

中间有一凹陷的厚载玻片。用于小量组织培养或汇集细胞。

11.083 镜台测微尺 stage micrometer

刻有以 10 μm 为单位尺度的载玻片。用于校准光学显微镜目镜测微尺长度。

11.084 目镜测微尺 ocular micrometer

配装在显微镜目镜中的刻有尺度对比线的玻璃片。

11.085 血细胞计数器 haemacytometer

显微镜下观察与计算单位体积中细胞数量的玻璃板装置。

11.086 微量移液器 micropipette

极微量液体定量转移的口径极细玻璃吸管。

11.087 高压灭菌器 autoclave

能产生高蒸汽压和高温,对物体进行灭菌的装置。

11.088 微孔滤器 millipore filter

分离大小不等的分子和除去液体中的细菌的一种盘形合成滤器。滤膜上具有许多一定孔径(0.2~1 μm)的微孔。

11.089 [体内]活体染色 vital staining, intravital staining

活体组织或细胞经染色后仍可保持生理活性的染色技术。使用毒性小的染料对活体细胞或组织的染色。

11.090 超活染色 supravital staining

又称"体外活体染色"。对从机体获取的尚处于存活状态的组织或细胞进行的体外染色。

11.091 鉴别染色 differential staining

将不同的细菌染成不同颜色用于鉴别细菌的一种对比染色方法。

11.092 负染色 negative staining

一种制备电子显微镜样品图像呈现负反差的技术。用于观察样品中的颗粒性物质或生物大分子。用重金属盐(如磷钨酸钠、醋酸铀等)对铺展在载网上的样品进行染色,使整个载网都铺上一层重金属盐,而有凸出颗粒的地方则没有染料沉积。染色后,在电镜下观察时,被观察的对象为亮的,背景为暗的,反衬出样品中的生物大分子及其复合物的形态。

11.093 偶氮染色法 azo-dye method

利用含有偶氮基的染料着色的染色法。

11.094 嗜酸性 acidophilia

组织和细胞成分对酸性染料(如伊红)的亲和性。

11.095 嗜碱性 basophilia

组织和细胞成分对碱性染料(含有阳离子着色基团的染料,如苏木精、结晶紫、美蓝等)的亲和性。

11.096 异染性 metachromasia

经同一种染色剂染色后不同组织或不同的细胞成分呈显不同颜色的特性。

11.097 抗生物素蛋白 avidin

又称"亲和素"。鸟类、爬行类和两栖类的卵白和组织中的一种糖蛋白。活性稳定,可与生物素特异性结合,常用于纯化蛋白质。

11.098 生物素 biotin

可共价与蛋白质或核酸结合,并可与抗生物素蛋白紧密结合,从而用于蛋白质或核酸检测的一种小分子质量的辅酶。

11.099 抗生物素蛋白-生物素染色 avidin-biotin staining

通过标记抗生物素蛋白与生物素高亲和性结合,检测大分子的方法。

11.100　乌纳染色　Unna staining

又称"甲基绿-派洛宁染色（methyl green-pyronin staining）"。先用甲基绿染细胞核，再用派洛宁染细胞质的一种复染的染色方法。

11.101　坂口反应　Sakaguchi reaction

以 α 萘酚和次氯酸处理样品后，精氨酸出现的红色反应。

11.102　米伦反应　Millon reaction

含有酪氨酸的物质或其他酚类化合物样品与米伦试剂（硝酸汞和亚硝酸）一起加热出现红色反应的现象。用于酪氨酸以及含有酪氨酸的蛋白质定性测定。

11.103　高碘酸希夫反应　periodic acid-Schiff reaction，PAS reaction

又称"过碘酸希夫反应"。测定某些糖类中糖原、淀粉是否存在的一种反应。即用高碘酸处理后，糖羟基氧化成醛基，然后用希夫试剂（碱性品红被亚硫酸脱色）处理，醛基显示紫红色。

11.104　福尔根反应　Feulgen reaction

专一显示 DNA 的一种染色法。标本经水解去掉 RNA 后，DNA 的嘌呤-脱氧核糖糖苷键中的嘌呤被酸水解，暴露出了脱氧核糖的醛基，游离的醛基同希夫试剂反应，呈紫红色。

11.105　四唑氮法　tetrazolium method

以四唑盐作为氧化酶活性的定性标志，在组织切片中显示酶活性定位的方法。

11.106　免疫金染色　immuno-gold staining

将用胶体金（直径大于 20 nm）标记的间接抗体或 A 蛋白再与特异性抗体结合，在光镜下就可见红色的反应物出现，不需进行呈色反应的方法。

11.107　免疫金-银染色　immuno-gold-silver staining，IGSS

使已在抗原位置沉积的金颗粒发挥催化作用，促进银离子被氢醌还原为银原子，后者围绕金颗粒形成一层银壳，利用胶体金和胶体银的双重标记抗体对抗原进行染色的方法。增强了检测灵敏度。

11.108　免疫过氧化物酶染色　immunoperoxidase staining

利用过氧化物酶标记抗体与抗原结合，然后使酶催化底物，产生有色产物，显示抗原所在部位的染色方法。

11.109　过氧化物酶-抗过氧化物酶染色　peroxidase-anti-peroxidase staining，PAP staining

简称"PAP 染色"。用过氧化物酶增强反应，显示组织或细胞中抗体与抗原结合部位的染色方法。

11.110　染色体显带技术　chromosome banding technique

通过显带染色等处理，分辨出染色体更微细的特征，如带的位置、宽度和深浅等的技术。常见有 G 带、Q 带、C 带和 N 带。

11.111　G 显带　G-banding

中期染色体经蛋白质水解酶处理后，随即用吉姆萨染色剂显示染色体带型的一种显带方法。用于鉴别染色体。

11.112　Q 显带　Q-banding

用喹吖因荧光染料显示染色体带型的一种显带方法。

11.113　C 显带　C-banding

染色体经吉姆萨染色分带后，显示出异染色质部位着色深，常染色质部位着色浅的显带方法。

11.114　活体染料　vital stain，vital dye

可使活细胞呈染色反应的物质。如中性红、尼罗兰。某些染色剂对细胞器染色的具有选择性，如詹纳斯绿可专一性地使线粒体着色。

11.115 异染性染料 metachromatic dye

使细胞或组织染色后显示出颜色差异的染料。如甲苯氨蓝、天青 A 等,它们可用于显示肥大细胞硫酸黏多糖(肝素)的含量。

11.116 荧光染料 fluorescent dye

泛指吸收某一波长的光波后能发射出另一波长大于吸收光的光波的物质。

11.117 4′,6-二脒基-2-苯基吲哚 4′,6-diamidino-2-phenylindole, DAPI

可与 DNA 特异结合的荧光染料。用于检测 DNA 和在荧光显微镜下显示细胞核及染色体。

11.118 荧光探针 fluorescent probe

与蛋白质或其他大分子结构非共价相互作用而使一种或几种荧光性质发生改变的小分子物质。可用于研究大分子物质的性质和行为。

11.119 荧光素 fluorescein

在蓝光或紫外线照射下,发出绿色荧光的一种黄色染料。用于荧光抗体技术中的荧光染料。

11.120 绿色荧光蛋白 green fluorescent protein, GFP

最初从水母(*Aequorea victoria*)体内发现的发光蛋白。含有发光团,在不同物种中均能稳定发出荧光,其基因是常用的报道基因。

11.121 异硫氰酸荧光素 fluorescein isothiocyanate, FITC

能与抗体结合的一种荧光指示剂。用于荧光显微镜观察。

11.122 二乙酸荧光素 fluorescein diacetate, FDA

可进入活细胞脱脂释放荧光素显荧光的一种荧光指示剂。常用于检测细胞存活率。

11.123 荧光漂白恢复 fluorescence photo-bleaching recovery, FPR

研究膜蛋白和脂质平移扩散以及溶质通过质膜和在细胞内转运的一种技术。包括三个步骤:荧光染料与膜成分交联;激光照射猝灭(漂白)膜上部分荧光;检测猝灭部位荧光再现速率(由于膜成分的流动性)。

11.124 电子染色 electron stain

利用重金属盐对用于电镜观察的超薄切片进行染色,以增强标本反差的一种染色方法。重金属有增强电子散射的作用,不同结构因染色程度不同而具有不同的散射强度,在电镜下显示为不同的明暗反差。常用醋酸双氧铀和柠檬酸铅双染色。

11.125 罗氏染液 Romanowsky stain

由伊红 Y、氧化亚甲蓝、天青 A 和天青 B 溶于甲醇配成的一种最早的复合染色剂。吉姆萨染液、瑞特染液等染液配方即是在此基础上改进而成。用于染血细胞及血液寄生虫等。

11.126 吉姆萨染液 Giemsa stain

由天青 II、伊红、甘油和甲醇配成的复合染色剂。广泛用于原生动物寄生虫、血液和细胞涂片、细菌和染色体显带等染色。

11.127 瑞特染液 Wright stain

由亚甲蓝和伊红配成的复合染色剂。常用于血细胞和疟原虫染色。

11.128 希夫试剂 Schiff's reagent

含有被亚硫酸漂白的品红试剂。当与醛反应即产生紫红色,用于检测醛基。

11.129 洋红 carmine

一种热带产的雌性胭脂虫干燥后,磨成粉末,提取出胭脂红,再用明矾处理,除去其中杂质制成。为蒽醌类多环烃染料,需经酸性或碱性溶液溶解后才能染色,醋酸洋红常用于显示细胞核。

11.130 苏木精 haematoxylin, hematoxylin

又称"苏木素"。由苏木中提取的一种酚类化合物。是细胞学中常用的染色剂,常与伊红合用。

11.131 地衣红 orcein

由地衣(*Lecanora parella*)中取得的一种红紫色含氮染料。可在酸性或碱性溶液中染色。可使细胞核染色的染料。

11.132 靛洋红 indigo carmine

从木蓝(*Indigofera*)提出的靛蓝加上亚硫酸钠而成的蓝色酸性染料。作为细胞质的染色剂,常与苦味酸合成苦味酸靛蓝洋红,呈绿色,可与碱性品红作对比染色。

11.133 中性红 neutral red

细胞活体染色和酸碱性指示剂的一种碱性吩嗪染料。

11.134 酸性品红 acid fuchsin

用于染细胞质的一种三苯甲烷染料。

11.135 碱性品红 basic fuchsin

用于组织染色和配制希夫试剂的一种碱性染料。

11.136 碱性副品红 pararosaniline

一种三氨基三苯甲烷氯化物碱性染料。为碱性品红的主要成分,用于配制希夫试剂。

11.137 罗丹明 rhodamine

可用作生物荧光染色剂的一种由三苯甲烷衍生的染料。如与鬼笔环肽结合用于显示肌动蛋白微丝。

11.138 番红 safranine

常用于核、木质细胞壁染色的吩嗪类生物染料。

11.139 吖啶橙 acridine orange

可与核酸亲和的荧光活体染料。荧光显微镜下核呈绿色,细胞质呈黄色。

11.140 吖啶黄 acridine yellow

含吖啶橙的黄色荧光染料。

11.141 萤虫黄 lucifer yellow

一种在紫外线激发下显浅绿色的荧光物质。具有膜不透性,可被内吞入胞内,常用于植物胞间连丝和动物间隙连接研究的荧光指示剂。

11.142 橘黄 G orange G

一种酸性偶氮染料。是细胞质的主要染色剂。

11.143 苯胺蓝 aniline blue

一种常用的细胞和组织染色的混合酸性染料。将细胞核染成蓝色,也可与胼胝质结合显示荧光。

11.144 尼格罗黑 nigrosine

又称"苯胺黑"。苯胺类黑色染料。用于光学显微镜检术中的负染色,对神经节细胞特别亲染。

11.145 苏丹黑 B sudan black B

用于脂肪染色的偶氮溶剂染料。

11.146 甲苯胺蓝 toluidine blue

一种在结构上与亚甲蓝和苯胺蓝 A 相关的噻嗪类染料。

11.147 亚甲蓝 methylene blue

一种噻嗪类碱性生物染料,用于配制革氏染液和瑞特染液,亦可用于在显微制片和凝胶中显示 RNA 或 DNA。

11.148 考马斯[亮]蓝 coomassie [brilliant] blue

广泛用于对电泳蛋白质染色的蓝色染料。也可显示出细胞骨架及蛋白质在细胞中的显微分布。

11.149 尼罗蓝 Nile blue

一类噁嗪硫酸盐染料。活细胞呈蓝色,亲染细胞核。

11.150 天青B azure B

由亚甲蓝氧化而成的具有强异染性的染料，常用于配置天青-伊红染液，染制血液涂片。

11.151 锥虫蓝 trypan blue

又称"台盼蓝"。用于检测细胞活力的一种二偶氮酸性染料。该染料不能穿过活细胞质膜，可将死细胞的细胞质染成深蓝色。

11.152 詹纳斯绿B Janus green B

主要用于生物活体染色的一种碱性偶氮吖嗪染料。能穿过细胞膜，进入细胞特异地显示线粒体。

11.153 亮绿 light green

常用于复染细胞质的一种酸性三苯甲烷染料。

11.154 固绿 fast green

常用于复染细胞质的一种三苯甲烷绿色染料。

11.155 甲基绿 methyl green

一种DNA的特异染料。染色后，DNA呈绿色。

11.156 亚甲绿 methylene green

由亚甲蓝硝化而成的碱性染料。可将细胞核染成绿色，有时用于红、紫色初染的复染。

11.157 结晶紫 crystal violet

用于细胞化学的一种碱性三苯甲烷紫色染料。

11.158 甲基紫 methyl violet

副蔷薇苯胺甲基衍生物碱性染料的总称。用于染细胞核。

11.159 硫堇 thionine

常用于染染色质和黏蛋白的一种噻嗪类碱性染料。

11.160 溴化乙锭 ethidium bromide

一种高度灵敏的嵌入性荧光染色剂。用于观察琼脂糖和聚丙烯酰胺凝胶中的DNA。

11.161 地高辛 digoxigenin

一种主要来自毛地黄的毒性强心糖苷。用于非放射性RNA和DNA探针制备中的标记化合物。

11.162 细胞化学技术 cytochemistry

在保持细胞结构完整的条件下，通过细胞化学反应研究细胞内各种成分（主要是生物大分子）的分布情况以及这些成分在细胞活动过程中的动态变化的技术。

11.163 酶细胞化学技术 enzyme cytochemistry

通过酶的特异细胞化学反应来显示酶在细胞内的分布及酶活性强弱的一种技术。

11.164 酶免疫测定 enzyme immunoassay, EIA

利用酶标记抗体与特异性蛋白质结合，再显色来测定微量蛋白质的方法。

11.165 酶联免疫吸附测定 enzyme-linked immunosorbent assay, ELISA

固相吸附的抗原或抗体，通过抗体抗原反应和酶标二抗显色，检测微量的特定蛋白质或其他抗原物质的技术。

11.166 免疫组织化学法 immunohistochemistry

通过标记抗体与特异性抗原反应显色的组织化学法。

11.167 免疫细胞化学法 immunocytochemistry, ICC

利用抗原与抗体特异性结合的原理，以标记抗体作为探针来显示细胞内抗原成分，主要是多肽与蛋白质（包括受体、酶、分泌物前体等各种基因表达产物），对其进行定位、定性及定量的研究。

11.168 荧光抗体技术 fluorescent antibody

technique

利用荧光抗体对细胞内特定抗原进行定位的方法。

11.169 免疫扩散技术 immunodiffusion technique

利用抗原和抗体在半固体介质（如琼胶）中扩散，产生免疫沉淀来检测抗原或抗体的相对含量的方法。

11.170 免疫荧光技术 immunofluorescence technique

将免疫学方法（抗原抗体特异结合）与荧光标记技术结合起来研究特异蛋白抗原在细胞内分布的方法。

11.171 直接免疫荧光 direct immunofluorescence

直接用荧光标记抗体来研究特异性抗原在细胞内定位的方法。

11.172 间接免疫荧光 indirect immunofluorescence

直接免疫荧光技术的改进。待检细胞首先用未标记的抗体处理，使之与特异的抗原形成复合物，然后再用抗抗体的荧光标记抗体着色，即可检测出特异抗原在细胞中的存在部位，具有荧光增强效应。

11.173 免疫电镜术 immunoelectron microscopy, IEM

在超微结构水平研究和观察抗原、抗体结合定位的一种免疫化学技术与电镜技术结合的方法。

11.174 免疫铁蛋白技术 immunoferritin technique

将含铁蛋白通过一种低分子量的双功能试剂与抗体结合，成为一种双分子复合物，使其既保留抗体的免疫活性，又具有电镜下可见的高电子密度铁离子核心，通过电镜免疫化学的方法在电镜下定位细胞中抗原的方法。

11.175 免疫酶标技术 immunoenzymatic technique

以酶标记抗体（或抗原），通过相应底物被酶解后的显色反应，对细胞和组织标本中的抗原-抗体复合体进行定位、定性分析和鉴定的方法。也可根据酶催化底物显色的深浅程度，定量测定体液标本中待测抗原或抗体的含量。

11.176 免疫胶体金技术 immunocolloidal gold technique

以胶体金标记抗体检测组织切片或细胞标本中的相应抗原或受体的方法。

11.177 免疫胶体金 immunocolloidal gold

将金盐还原成金，制成胶体金溶液，与特定免疫活性物质（抗原或抗体）结合所制成的胶体溶液。可作为检测特定免疫反应的标记物，在电镜下显示特定反应物的定位和分布。

11.178 免疫沉淀法 immuno-precipitation

经典的免疫沉淀是可溶性抗原与其抗体产生可见沉淀反应的血清学试验。后来发展为抗原抗体结合后，用固相化的蛋白A或蛋白G小珠等来吸附分离抗原抗体复合体，达到检测微量抗原或抗体的目的。

11.179 放射免疫沉淀法 radioimmunoprecipitation

以放射性标记的抗原或抗体进行的免疫沉淀法。能大大提高检测抗原抗体复合体的灵敏度。

11.180 放射自显影[术] autoradiography, radioautography

利用放射性同位素所产生的电离辐射对感光乳胶的氯化银晶体而产生潜影，再经过显影定影处理，把感光的氯化银还原成黑色的银颗粒，即可根据这些银颗粒的部位和数量分析出标本中放射性示踪物的分布,以进行定位和定量分析的方法。根据观测水平的不同可分为宏观放射自显影法(可见放射自显影法)、显微放射自显影法(光学显微镜显示的放射自显影法)、超微放射自显影法(电镜显示的放射自显影法)。

11.181　形态计量法　morphometry

运用数学和统计学原理对组织和细胞内各种成分的数量、体积、表面积等的相对值与绝对值进行测量的方法。

11.182　显微光度术　microphotometry

又称"细胞光度术(cytophotometry)"。对细胞内某些化学物质进行光学上的定性与定量分析的技术。为定量细胞化学及定量组织化学的常用技术之一。

11.183　显微分光光度术　microspectrophotometry

根据细胞内某些物质对光谱吸收的原理,测定这些物质(如核酸与蛋白质等重要生物分子)在细胞内或细胞某一部分结构内化学成分的含量,同时可进行定位、定性和定量的方法。

11.184　显微荧光光度术　microfluorophotometry

又称"显微荧光测定术(microfluorometry)","细胞荧光测定术(cytofluorometry)"。利用显微分光光度计对细胞内原有能发光的物质或对细胞内各种化学成分用荧光探针标记后进行定位、定性和定量测定的一种微观而灵敏的方法。

11.185　显微光度计　microphotometer

测量由微小表面发出的光量的仪器。

11.186　分光光度计　spectrophotometer

带有可调节选择入射光波长单色光器的光度计。可以分析溶液的吸收光谱(对不同波长入射光的吸收情况)而进行定性分析,也

可以固定入射光波长去测量吸光度对物质进行定量分析。依使用的波长不同,有可见、紫外、红外分光光度计等。

11.187　荧光分光光度计　spectrofluorometer

在荧光波长范围内,对溶液中物质进行浓度测定的仪器。

11.188　显微分光光度计　microspectrophotometer

显微镜和分光光度计组成的细胞光度计。用于测定细胞或亚细胞等结构中小目标物质在选定波长下的透光度或吸光度,对组织和细胞内化学成分进行定量分析的技术。是基于细胞内某种物质的含量不同,其杂色反应的深浅不一,对一定波长的光吸收也不同,通过测定其光密度值而进行定量分析比较。

11.189　核磁共振　nuclear magnetic resonance, NMR

由于具有磁距的原子核在高强度磁场作用下,可吸收适宜频率的电磁辐射,而不同分子中原子核的化学环境不同,将会有不同的共振频率,产生不同的共振谱。记录这种波谱即可判断该原子在分子中所处的位置及相对数目,用于进行定量分析及分子量的测定,并对有机化合物进行结构分析。可以直接研究溶液和活细胞中分子量较小(20 kDa以下)的蛋白质、核酸以及其他分子的结构,而不损伤细胞。

11.190　膜片钳记录技术　patch-clamp recording

研究离子通过膜离子通道运动的一种技术。即用一微电极封住(钳住)细胞膜片表面,然后测量通过这一部分膜上的电流。

11.191　脉冲追踪法　pulse-chase

用同位素或其他标记物瞬间标记细胞或生物个体的特定代谢物,然后在不同的时间取样,通过自显影或其他显色方法追踪分析某

一代谢过程的技术。

11.192　细胞计量术　cytometry
在显微镜下进行细胞数目计数、测量细胞大小的技术。

11.193　细胞分选　cell sorting
根据细胞的属性,将混合细胞分为具有不同特性的几个不同类群的方法。

11.194　细胞分选仪　cell sorter
分离细胞的仪器。

11.195　流式细胞术　flow cytometry, FCM
又称"荧光激活细胞分选法(fluorescence-activated cell sorting, FACS)"。用荧光剂对细胞特定成分染色,利用流式细胞仪对处在快速、直线、流动状态中的单细胞或生物颗粒进行多参数、快速定量分析,并能对特定群体加以分选的现代细胞分析技术。

11.196　流式细胞仪　flow cytometer, FCM
将流体喷射技术、激光技术、空气技术、γ射线能谱术及电子计算机等技术与显微荧光光度计密切结合的一种非常先进的检测仪器。通过测量细胞及其他生物颗粒的散射光和标记荧光强度,来快速分析颗粒的物理或化学性质,并可以对细胞进行分类收集,可以高速分析上万个细胞,并能同时从一个细胞中测得多个细胞特征参数,进行定性或定量分析,具有速度快、精度高、准确性好等特点。

11.197　磁激活细胞分选法　magnetically-activated cell sorting, MACS
利用结合磁性微粒的单克隆抗体标记细胞,在外加磁场的作用下,将样品中与不带磁的细胞分开,达到分离纯化目的的方法。

11.198　电荷流分离法　charge flow separation, CFS
利用细胞表面的电荷不同,在电场力的作用下有不同的迁移速度而达到分离细胞目的

的方法。是近年来发展起来的一种较新的方法,可以区分不同的细胞类型,而且分离迅速,被分离的细胞有活性,分离过程不需要抗体。

11.199　染色体分选　chromosome sorting
用带有荧光标记的核酸探针同特异染色体结合,使待分选的染色体带上标记,用流式细胞仪分选特定的染色体的方法。

11.200　放射性示踪物　radioactive tracer
测定标记化合物的自然存在部位或运行踪迹的含放射性同位素的物质。在实验中用于追踪特定成分的时空变化。

11.201　脉冲标记技术　pulse-labeling technique
用放射性同位素标记的前体化合物对细胞或个体进行短时间的标记,以研究代谢合成动态的生物技术。

11.202　放射性免疫测定　radioimmunoassay, RIA
利用放射性标记物结合免疫反应,对特定物质进行定性或定量测定的方法。

11.203　液体闪烁光谱测定法　liquid scintillation spectrometry
基于磷光体或闪烁体等分子在吸收放射性粒子后,可将其能量以光的形式放出的性质来测量样品中放射性活性的技术。

11.204　液体闪烁计数器　liquid scintillation counter
液体闪烁仪的闪烁计数装置。用于检测样品中放射性活性。

11.205　液体闪烁仪　liquid scintillation spectrometer
利用磷光体或闪烁体等分子在吸收放射性粒子后,可将其能量以光的形式放出的性质来测量样品中放射性活性的设备。

11.206 细胞[组分]分级分离 cell fractionation
应用不同的离心技术,将细胞匀浆中的各种细胞器或不同组成成分分离纯化的过程。

11.207 匀浆器 homogenizer
能将生物材料破碎,制成混悬样品的设备。

11.208 沉降系数 sedimentation coefficient
颗粒物质或溶质在超速离心场中的沉降速率。用小写斜体 s 表示。$s = v/a$,其中 a 为重力或离心加速度,v 为沉降速度,即沉降系数为每单位离心力场的沉降速度。

11.209 斯韦德贝里单位 Svedberg unit
表示生物大分子和细胞颗粒物质沉降系数的单位。用大写斜体 S 表示。$1 S = 10^{-13}s$。由于测定时的温度和溶剂对沉降系数数值有影响,因此常以水为溶剂、温度在 20℃ 时的 S 值表示,写作 $S_{w,20}$

11.210 离心 centrifugation
利用物质的密度等方面的差异,用旋转所产生背向旋转轴方向的离心运动力使颗粒或溶质发生沉降而将其分离、浓缩、提纯和鉴定的一种方法。物质的沉淀与离心速度和旋转半径有关。一般按旋转速度分低速离心、高速离心和超速离心。

11.211 低速离心 low speed centrifugation
转速为 8000 r/m 以下,相对离心力为 10 000 $\times g$ 以下的离心。主要用于分离细胞、细胞碎片及培养基残渣等颗粒物。

11.212 高速离心 high speed centrifugation
一般指离心速度在 18 000 ~ 35 000 r/min、离心力在 60 000 ~ 100 000 $\times g$ 范围的离心。

11.213 超速离心 ultracentrifugation
离心力在 100 000 $\times g$ 以上的离心。用于分离或分析鉴定病毒颗粒、细胞器或大分子生物样品等。

11.214 速度离心 velocity centrifugation
根据被分离物质的体积差异在一定离心速度下沉降速度不同而分离的方法。

11.215 差速离心 differential centrifugation
利用不同物质沉降速率的差异,在不同离心速度下分离和收集不同颗粒的离心技术。常用于分离细胞匀浆中的各种细胞器。

11.216 移动区带离心 moving-zone centrifugation
将要分离的样本放在介质溶液表面形成一个狭带,然后超速离心使不同大小的颗粒以不同速度向管底方向移动形成一系列区带,在最大颗粒尚未到达管底时停止离心,从管底小孔中分次收集各种颗粒成分的离心技术。

11.217 密度梯度离心 density gradient centrifugation
用一定的介质在离心管内形成一连续或不连续的密度梯度,将细胞混悬液或匀浆置于介质的顶部,通过重力或离心力场的作用使细胞分层、分离的方法。密度梯度离心常用的介质为氯化铯、蔗糖和多聚蔗糖。

11.218 速度沉降 velocity sedimentation
生物颗粒(细胞或细器)在十分平缓的密度梯度介质中按各自的沉降系数以不同的速度下沉而达到分离的方法。主要用于分离密度相近而大小不等的细胞或细胞器。这种沉降方法所采用的介质密度较低,介质的最大密度应小于被分离生物颗粒的最小密度。

11.219 等密度离心 isodensity centrifugation
又称"浮力密度离心(buoyant density centrifugation)"。将要分离的样本放在密度梯度液表面或混悬于梯度液中,通过离心不同密度的颗粒或上浮或下沉到与其各自密度相同的介质区带时,颗粒不再移动形成一系列区带,然后停止离心,从管底收集不同密度颗粒的分离技术。

11.220 层析 chromatography
利用某种类型的固定介质,根据混合物分子的电荷大小和分子量不同等性质,在流动相和固定相之间进行分离的一种生物化学技术。

11.221 固定相 fixed phase, stationary phase
由层析基质组成,包括固体物质(如吸附剂、离子交换剂)和液体物质(如固定在纤维素或硅胶上的液体),这些物质能与相关的化合物进行可逆性的吸附、溶解和交换作用。

11.222 流动相 mobile phase
在层析过程中推动固定相上的物质向一定方向移动的液体或气体。

11.223 气相层析 gas chromatography, GC
流动相为气体的一种层析法。用于分离挥发性不同的混合物,由于物质在气相中传递速度快,样品中各组分在固定相和气态的流动相间的分配次数多,因而分离的效率高、速度快。

11.224 液相层析 liquid chromatography, LC
以液体作为流动相的一种层析法。

11.225 柱层析 column chromatography
分离介质充填于圆柱管中的一种层析法。

11.226 凝胶过滤层析 gel filtration chromatography, GFC
简称"凝胶层析(gel chromatography)"。又称"分子筛层析(molecular sieve chromatography)","凝胶渗透层析(gel permeation chromatography, GPC)"。利用一定大小孔隙的具有网状结构的凝胶作层析介质(如葡聚糖凝胶、琼脂糖凝胶、聚丙烯酰胺凝胶等),根据被分离物质的分子大小、形状不同扩散到凝胶孔隙内的速度不同,因而通过层析柱的快慢不同而分离的一种层析法。

11.227 亲和层析 affinity chromatography
利用共价连接有特异配体的层析介质分离蛋白质混合物中能特异结合配体的目的蛋白或其他分子的一种层析法。

11.228 免疫亲和层析 immunoaffinity chromatography
利用抗体与抗原特异性结合的原理,从多组分的混合物中分离特定抗原(或抗体)的一种层析法。

11.229 细胞亲和层析 cell affinity chromatography
从混合培养物中将具有特定功能的细胞分离出来的一种层析法。常用的亲和吸附剂有特异性抗体、外源凝集素等。

11.230 DNA 亲和层析 DNA affinity chromatography
将特异的或非特异的 DNA 分子固定在支持物(如纤维素、凝胶粒等)上,用作亲和层析介质,能够纯化天然形态的 DNA 结合蛋白,或分析该蛋白质的 DNA 结合区域的方法。

11.231 离子交换层析 ion exchange chromatography
利用离子交换剂上的可交换离子与周围介质中被分离的各种离子间的亲和力不同,经过交换平衡达到分离的目的的一种柱层析法。

11.232 离子交换柱 ion exchange column
充填有离子交换树脂的细长管柱。可由玻璃、不锈钢、有机玻璃等不被所用的流动相腐蚀的材料制成。

11.233 离子交换树脂 ion exchange resin
一种高分子量、不溶性、带可解离基团的多聚物。常用作离子交换层析介质。

11.234 高效液相层析 high performance liquid chromatography, HPLC
又称"高压液相层析(high pressure liquid

chromatography，HPLC)"。使用长而窄的柱子,在高压下推动流动相通过紧密的基质的一种具有快速、高分辨率和高灵敏度的液相层析法。

11.235 微量层析 microchromatography
采用微型层析柱和高灵敏检测器的层析方法。适合于样品量很少的样品分析。

11.236 电泳 electrophoresis
带电物质或细胞在电场中的泳动。根据大分子或颗粒的电荷、大小和形状不同,使其在通过电场中的凝胶或介质时发生分离的方法。

11.237 细胞电泳 cell electrophoresis
在一定 pH 值下细胞表面带有净的正或负电荷,能在外加电场的作用下发生泳动的现象。用于测定细胞表面电荷,真核细胞表面显负电性。

11.238 琼脂糖凝胶电泳 agarose gel electro-phoresis
用琼脂糖凝胶作支持物的电泳法。借助琼脂糖凝胶的分子筛作用,核酸片段因其分子量或分子形状不同,电泳移动速度有差异而分离。是基因操作中常用的重要方法。

11.239 聚丙烯酰胺凝胶电泳 polyacrylam-ide gel electrophoresis，PAGE
各种生物大分子在电场中通过聚丙烯酰胺凝胶介质分子筛时按其不同的电泳泳动率不同而分开的一种电泳方法。用于分离蛋白质、核酸等。

11.240 等电点聚焦电泳 isoelectric focusing electrophoresis
一种根据蛋白质等电点不同而将蛋白质在凝胶介质中分离的电泳方法。

11.241 脉冲[交变]电场凝胶电泳 pulse [alternative] field gel electrophoresis
利用脉冲电场的作用在凝胶介质中分离大分子 DNA 的一种电泳方法。由于超过一定大小(大于 40 kb)的线状 DNA 分子在琼脂糖凝胶中电泳的速度几乎相同,无法在恒场强凝胶电泳中分离。此电泳法则以两个不同方向的电场周期性交替进行,DNA 在电场方向变更中作出反应所需要的时间取决于其大小,较小的分子重新定向较快,在凝胶中移动也较快,从而能使不同大小的 DNA 分子(可大至 5 Mb)分开。

11.242 双向凝胶电泳 two-dimensional gel electrophoresis
根据蛋白质的等电点和分子量大小,分别在凝胶介质二维空间上对蛋白质分子进行等电点聚焦和电泳来分离与纯化蛋白质的方法。

11.243 免疫电泳 immunoelectrophoresis，IEP，IE
将待检血清标本做琼脂凝胶电泳,血清中的各蛋白组分被分成不同的区带,然后与电泳方向平行挖一小槽,加入相应的抗血清,与已分成区带的蛋白抗原成分做双向琼脂扩散,在各区带相应位置形成沉淀弧的一种区带电泳与免疫双扩散相结合的免疫化学分析技术。可用于分析样品中抗原的性质。

11.244 琼脂糖凝胶 agarose gel
从琼脂中除去带电荷的琼脂胶后,剩下的不含磺酸基团、羧酸基团等带电荷基团的中性部分,结构是链状的聚半乳糖,易溶于沸水,冷却后可依靠糖基间的氢键引力形成网状结构的凝胶。凝胶的网孔大小和凝胶的机械强度取决于琼脂糖浓度。因此琼脂糖凝胶可作为分子筛,常用于凝胶层析和电泳。

11.245 毛细管电泳 capillary electrophoresis，CE
以毛细管为分离通道、高压电场为驱动力的电泳分离分析法。包括毛细管自由流动电泳、毛细管区带电泳、毛细管等电聚焦等。

11.246　探针　probe

在分子杂交中用来检测互补序列的带有标记的单链 DNA 或 RNA 片段。

11.247　切口平移　nick translation

又称"切口移位"。制备标记 DNA 的一种方法。先用 DNA 酶使 DNA 双链上形成不对称的切口，再利用 DNA 聚合酶 I 的 5′→3′外切酶活性将切口处的 5′-P-核苷酸逐个切除，同时其 DNA 聚合酶活性又不断将新的含标记的核苷酸按碱基配对原则加入形成新链，这样就使缺口不断向 3′端移动，同时标记了 DNA。

11.248　分子杂交　molecular hybridization

不同来源或不同种类生物分子间相互特异识别而发生结合的过程。如核酸（DNA、RNA）之间、蛋白质分子之间、核酸与蛋白质分子之间以及自组装单分子膜之间的特异性结合。

**11.249　核酸分子杂交　molecular hybridiza-
　　　　　tion of nucleic acid**

存在互补序列的不同来源的核酸分子，以碱基配对方式相互结合形成 DNA-DNA 或 DNA-RNA 杂交体的过程。

11.250　原位杂交　*in situ* hybridization

用单链 RNA 或 DNA 探针通过杂交法对细胞或组织中的基因或 mRNA 分子在细胞涂片或组织切片上进行定位的方法。

**11.251　荧光原位杂交　fluorescence *in situ*
　　　　　hybridization，FISH**

用荧光素标记的探针研究一段 DNA 序列或一个基因在染色体上的位置的方法。

11.252　斑点杂交　dot hybridization

将样品点在支持膜上进行分子杂交的方法。如将核酸点在能与核酸结合的膜（硝酸纤维素膜、尼龙膜、聚偏氟乙烯膜等）上，经 80℃烘烤或紫外光照等处理使核酸固定在膜上，

然后与标记探针进行分子杂交，用放射自显影或非放射性显色检测。可做定性或半定量分析。

11.253　DNA 印迹法　Southern blotting

DNA 经酶切和凝胶电泳分离后转移至尼龙膜或硝酸纤维素薄膜上，用探针进行杂交后分析目的 DNA 片段的方法。

11.254　RNA 印迹法　Northern blotting

将电泳分离的 RNA 从凝胶中转移到纤维素膜或尼龙膜上，用^{32}P 标记的 RNA 或 DNA 杂交进行检测的方法。主要用于检测目的基因的转录水平。

11.255　蛋白质印迹法　Western blotting

又称"免疫印迹法（immunoblotting）"。总蛋白进行 SDS-聚丙烯酰胺凝胶电泳，后将蛋白质转至尼龙膜，用特定蛋白质抗体进行免疫反应，显色后可显示该特定蛋白的存在与表达量。用来检测在不均一的蛋白质样品中是否存在目标蛋白的一种方法。

11.256　DNA 足迹法　DNA footprinting

检测 DNA 序列中 DNA 结合蛋白识别部位的一种方法。

11.257　RNA 足迹法　RNA footprinting

分析 RNA 链与其他分子特异结合部位的方法。将标记的 RNA 与待研究的物质（如某种蛋白质或药物）进行结合反应后，用 RNA 酶清除未被结合的部分，再用电泳显示 RNA 链上结合位置的多寡和长度。

11.258　DNA 酶足迹法　DNase footprinting

一种检测蛋白质和特定 DNA 序列结合的方法。如用于鉴定结合在基因调控序列上的转录因子。当转录因子结合在 DNA 某区域时，由于这结合保护了该区域 DNA 片段免遭 DNA 酶（常用 DNA 酶 I 或核酸外切酶 III 等）的裂解，在序列分析电泳图上就能够显示出未被酶裂解的迹象，也就是被保护 DNA

片段部位的范围。

11.259 重组 DNA 技术 recombinant DNA technique

在体外将两个或多个不同的 DNA 片段全部或部分构建成一个 DNA 分子的方法。

11.260 DNA 测序 DNA sequencing

对 DNA 分子的核苷酸排列顺序的测定,也就是测定组成 DNA 分子的 A、T、G、C 的排列顺序。常用的方法有桑格-库森法和马克萨姆-吉尔伯特法等。

11.261 桑格-库森法 Sanger-Coulson method

又称"双脱氧法(dideoxy termination method)","链终止法(chain termination method)"。英国生物化学家桑格(F. Sanger)和库森(A. R. Coulson)等人发明的 DNA 测序法。即使用能在 DNA 模板链上互补参入却不能延伸的四种双脱氧核苷三磷酸(ddNTP)与正常的四种脱氧核苷三磷酸(dNTP)竞争,合成的互补链可以在任何位置终止,获得长短不一的反应产物,通过电泳分离,从四条泳道上的条带顺序就能从四条泳道上的条带顺序就能读出 DNA 的序列。是目前 DNA 测序的首选方法。

11.262 马克萨姆-吉尔伯特法 Maxam-Gilbert DNA sequencing, Maxam-Gilbert method

又称"DNA 化学测序法(chemical method of DNA sequencing)","化学降解法(chemical degradation method)","碱基特异性裂解法(base-specific cleavage method)"。马克萨姆(A. Maxam)和吉尔伯特(W. Gilbert)于 1977 年发明的 DNA 碱基序列测序方法。即将单链 DNA 5′端作放射性标记,用几组与碱基发生专一性反应的化学试剂分别修饰碱基,在修饰碱基特异部位随机断裂 DNA 链,凝胶电泳将 DNA 链按长短分开,放射自显影显示电泳区带,直接读出核苷酸序列。此法也适用于 RNA 的测序。

11.263 RNA 干扰 RNA interference, RNAi

引起基因沉默的一种技术,将根据基因序列制备的双链 RNA 注入体内,可引起该基因编码的 mRNA 降解,从而抑制了该基因的功能。

11.264 聚合酶链[式]反应 polymerase chain reaction, PCR

通过 DNA 互补双链解链、退火和聚合延伸的多次循环来扩增 DNA 特定序列的方法。

11.265 反转录聚合酶链反应 reverse transcription PCR, RT-PCR

简称"反转录 PCR"。先将 RNA 通过反转录酶的作用合成与之互补的 DNA 链,再以该链作模板进行聚合酶链反应扩增特定 RNA 序列的方法。

11.266 定量聚合酶链反应 quantitative PCR, qPCR

简称"定量 PCR"。将某种已知含量的 DNA 模板作为内标准进行 PCR 反应,对待测模板进行定量分析的方法。更灵敏的定量 PCR 是采用实时 PCR 方法。

11.267 反向聚合酶链反应 inverse PCR, iPCR

简称"反向 PCR"。用于扩增已知序列的 DNA 旁侧未知序列的方法。即先用在已知 DNA 序列上没有识别位点的限制内切酶,切出包含已知 DNA、而两端带有未知序列的区段,将切出的 DNA 区段环化,然后再按已知的 DNA 序列设计一对引物进行扩增。

11.268 噬菌体展示 phage display

全称"噬菌体表面展示(phage surface display)"。将外源基因或随机序列的 DNA 分子群与噬菌体外壳蛋白基因相连接,使外源 DNA 所编码的蛋白质以融合蛋白形式表达在噬菌体外壳表面的方法。

11.269 噬菌体肽文库 phage peptide library

将编码多肽的外源基因插入含噬菌体外壳蛋白基因的载体,构建得到能与外壳蛋白融合表达多肽的基因文库。

11.270　基因表达的系列分析　serial analysis of gene expression, SAGE
通过构建较短的表达序列标签规模化地检测基因表达种类及其丰度的实验技术。可以同时检测许多个基因在同一时空条件下的表达及其水平。

11.271　蛋白质阵列　protein array
将一组微量蛋白质有序地排列固定在支持物(如玻璃、塑料或石英片)上的阵列。用于进行抗原抗体、蛋白质间相互作用等各类分析,也可以将一些可与蛋白质发生作用的化合物固定在固相基质上,检测待分析的蛋白质。

11.272　微阵列　microarray
将许多核酸片段、多肽、蛋白质或组织、细胞等生物样品有序地固化在惰性载体(玻片、硅片、尼龙膜等)表面,组成高度密集二维阵列的微型生化反应和分析系统。是从一般阵列发展而来的点阵密度极高的阵列,包括基因、蛋白质、细胞和组织等微阵列。

11.273　寡核苷酸微阵列　oligonucleotide array
将一定长度、序列不同的寡核苷酸有序地排列固定在支持物(如玻璃片、尼龙膜等)上,供分子杂交分析的系统。

11.274　生物芯片　biochip
广义的生物芯片指一切采用生物技术制备或应用于生物技术的微处理器。包括用于研制生物计算机的生物芯片,将健康细胞与电子集成电路结合起来的仿生芯片,缩微化的实验室即芯片实验室以及利用生物分子相互间的特异识别作用进行生物信号处理的基因芯片、蛋白质芯片、细胞芯片和组织芯片等。狭义的生物芯片就是微阵列,包括基因芯片、蛋白质芯片、细胞芯片和组织芯片等。

11.275　基因芯片　gene chip
固定有寡核苷酸、基因组 DNA 或 cDNA 等的生物芯片。利用这类芯片与标记的生物样品进行杂交,可对样品的基因表达谱生物信息进行快速定性和定量分析。

11.276　DNA 芯片　DNA chip
又称"DNA 微阵列(DNA microarray)"。高密度的 DNA 阵列,是 DNA 阵列的发展。几平方厘米的面积中可以包含几万个不同序列的寡核苷酸或 cDNA 点阵等,可用于大规模的核酸分子杂交分析。

11.277　蛋白质芯片　protein chip
又称"蛋白质微阵列(protein microarray)"。高密度的蛋白质阵列,是蛋白质阵列的发展。在几平方厘米的面积中可以包含几万个不同的蛋白质点,可用于大规模的分析。

11.278　蛋白质组芯片　proteome chip
将某特定器官、组织或细胞的全部蛋白质分别有序地排列固定在支持物上的一种蛋白质芯片,用于蛋白质组学的研究。

11.279　基因递送　gene delivery
利用某些载体或特定技术将特定的基因人工导入细胞或机体的过程。

11.280　基因诊断　gene diagnosis
通过对基因或基因组进行直接分析而诊断疾病的手段。

11.281　基因敲减　gene knock-down
又称"基因敲落"。使用 RNA 干扰或基因重组等手段,使基因功能减弱或基因表达下调的方法。

11.282　基因敲入　gene knock-in
将外源基因引入到细胞(包括胚胎干细胞、体细胞)基因组的特定位置,并使新基因能随细胞的繁殖而传代的方法。广义的基因敲入包括基因片段、基因调控序列以及成段基因组序列的定位引入。

11.283 基因敲除　gene knock-out
又称"基因剔除"。将细胞基因组中某基因去除或使基因失去活性的方法。常用同源重组的方法敲除目的基因,观察生物或细胞的表型变化,是研究基因功能的重要手段。

11.284 基因敲除小鼠　gene knock-out mouse
通过 DNA 同源重组,使得胚胎干细胞特定的内源基因被破坏而造成其功能丧失,然后再通过胚胎干细胞的发育获得缺失某特定基因的小鼠。

11.285 基因定位　gene localization
通过遗传杂交、绘制图谱或探针杂交等手段确定基因在染色体上的相对和绝对位置。

11.286 基因作图　gene mapping
确定某一染色体上特定基因的位置排布和基因之间的相对距离。

11.287 基因靶向　gene targeting
又称"基因打靶"。在基因组水平上定位改变某个基因结构的实验技术。包括将外源的 DNA 插入该位点或使该位点上的基因失活等。

11.288 基因治疗　gene therapy
在基因水平上治疗疾病的方法。其手段包括基因置换、基因修正、基因修饰、基因失活、引入新基因等。

11.289 体细胞基因治疗　somatic gene therapy
改变患者体细胞的基因组成、结构或基因表达水平以达到治疗疾病的方法。

11.290 基因跟踪　gene tracking
在不同条件下(生物生长发育、环境条件变化以及世代传递等阶段)连续探测某基因片段或基因产物的变化以分析基因的活动规律的研究。

11.291 基因转移　gene transfer
将外源基因导入细胞(包括体外培养或体内细胞、真核或原核生物细胞)的过程。可用转导、转染、电穿孔、显微注射或基因枪等手段。

11.292 基因捕获　gene trap
功能基因组研究中从基因组捕捉能够表达的基因的一种策略。常用的办法是将基因组序列片段插入到基因捕获载体(不带调控元件、但含可供筛选的抗性基因、酶基因编码序列等)中,从所构建的文库中捕捉能表达的基因。

11.293 电融合　electrofusion
一种将悬浮细胞在低压交流电场中聚集成串珠状细胞群,或将培养细胞形成单层接触,然后加高压电脉冲促使融合的技术。

11.294 电穿孔　electroporation
利用电脉冲瞬时电击细胞的质膜提高其通透性,以促进大分子或亲水性分子进入细胞的方法。常用于外源基因的导入。

11.295 基因枪　gene gun
将携带基因的金属微粒高速射入细胞和细胞器的一种用于转基因的装置。

11.296 粒子枪　particle gun
将携带核酸等生物大分子的纳米到微米级金属(常用金、钨、铂等)微粒直接高速射入细胞或细胞器的装置。可用这种装置将核酸等分子直接导入植物或动物体表细胞的细胞核、质体、线粒体中以改变细胞的特性。

11.297 粒子轰击　particle bombardment
使用粒子枪将带有 DNA 等物质的细小颗粒以高速射入到细胞内,实现基因等物质导入的技术。

英 汉 索 引

A

A 腺苷 02.025

Ab 抗体 09.095

A band 暗带，*A 带 03.216

aberrant splicing 异常剪接 07.239

abiogenesis 自然发生说，*无生源说 06.002

accessory cell 辅佐细胞 09.040

accessory chromosome *副染色体 07.009

acetyl CoA 乙酰辅酶 A 04.162

acetyl coenzyme A 乙酰辅酶 A 04.162

N-acetylglucosamine *N*-乙酰葡糖胺 02.307

N-acetylmuramic acid *N*-乙酰胞壁酸 02.308

N-acetylneuraminic acid *N*-乙酰神经氨酸 02.309

A chromosome A 染色体 07.008

acid fuchsin 酸性品红 11.134

acid hydrolase 酸性水解酶 02.280

acidophilia 嗜酸性 11.094

acquired immunity *获得性免疫 09.008

acridine orange 吖啶橙 11.139

acridine yellow 吖啶黄 11.140

acroblast 原顶体 06.138

acrocentric chromosome 近端着丝粒染色体 07.038

acrosin 顶体蛋白 02.222

acrosomal reaction 顶体反应 06.136

acrosome 顶体 06.137

acrosyndesis 端部联会 05.122

actin 肌动蛋白 02.078

actin-binding protein 肌动蛋白结合蛋白 02.083

actin depolymerizing factor 肌动蛋白解聚因子 02.085

actin-depolymerizing protein ［肌动蛋白］解聚蛋白 02.081

actin filament *肌动蛋白丝 03.207

actin fragmenting protein 肌动蛋白断裂蛋白 02.082

actinin 辅肌动蛋白 02.095

actinomycin D 放线菌素 D 07.207

actin-related protein 肌动蛋白相关蛋白 02.093

activation 激活 06.293

active immunity 主动免疫 09.009

active transport 主动运输，*主动转运 04.038

activin 激活蛋白，*激活素 06.294

actomere 肌动蛋白粒 02.098

actomyosin 肌动球蛋白 02.077

actophorin 载肌动蛋白 02.087

adaptin 衔接蛋白 02.201

adaptive immunity 适应性免疫 09.008

adaptor protein 衔接体蛋白质 02.202

ADCC 依赖抗体的细胞毒性，*抗体依赖性细胞介导的细胞毒作用 09.078

adducin 内收蛋白，*聚拢蛋白 02.206

adenosine 腺苷 02.025

adenosine diphosphate 腺苷二磷酸，*腺二磷 02.027

adenosine monophosphate 腺苷一磷酸，*腺一磷 02.026

adenosine triphosphatase 腺苷三磷酸酶，*ATP 酶 04.014

adenosine triphosphate 腺苷三磷酸，*腺三磷 02.028

adenovirus 腺病毒 01.071

adenylate cyclase 腺苷酸环化酶 02.275

adenylyl cyclase 腺苷酸环化酶 02.275

ADF 肌动蛋白解聚因子 02.085

adherens junction 黏着连接 03.047

adherent culture *贴壁培养 10.022

adhering junction 黏着连接 03.047

adhesion belt 黏着带 03.051

adhesion protein 黏着蛋白质 02.209

adhesion receptor 黏附受体 03.310

adipocyte 脂肪细胞 01.094

adjuvant 佐剂 09.153

adoptive immunity 过继免疫 09.011

ADP 腺苷二磷酸，*腺二磷 02.027

ADP-ribosylation factor ADP-核糖基化因子 04.067

adseverin 微丝切割蛋白 02.102

adult stem cell 成体干细胞 06.231

affinity chromatography　亲和层析　11.227

A-form DNA　A 型 DNA　02.034

Ag　抗原　09.049

agar-island culture system　琼脂小岛器官培养系统　10.073

agarose gel　琼脂糖凝胶　11.244

agarose gel electrophoresis　琼脂糖凝胶电泳　11.238

aginactin　抑微丝蛋白　02.101

AIF　凋亡诱导因子　06.302

airlift culture　气体驱动培养　10.078

akaryote　无核细胞　10.134

A kinase　*A 激酶　02.256

akinetic chromosome　无着丝粒染色体　07.031

akinetic inversion　*无着丝粒倒位　07.068

aleurone grain　糊粉粒　03.132

alloheteroploid　异源异倍体　07.090

alloheteroploidy　异源异倍性　07.116

allophycocyanin　别藻蓝蛋白，*异藻蓝蛋白　02.245

allopolyploid　异源多倍体　07.087

allopolyploidy　异源多倍性　07.111

allosome　异染色体　07.010

allosyndesis　异源联会　05.121

allotetraploid　异源四倍体　07.084

allotype　同种异型　09.103

alternative complement pathway　补体旁路　09.116

alternative splicing　可变剪接　07.237

Alu family　*Alu* 家族　07.126

amethopterin　氨甲蝶呤　02.336

amino acid　氨基酸　02.056

amino acid permease　氨基酸通透酶　02.273

aminoacyl site　氨酰位，*A 位　07.269

aminoacyl tRNA　氨酰 tRNA　07.265

aminoacyl tRNA ligase　*氨酰 tRNA 连接酶　07.266

aminoacyl tRNA synthetase　氨酰 tRNA 合成酶　07.266

aminopterin　氨基蝶呤　02.335

amitosis　无丝分裂　05.052

amoeboid locomotion　变形运动　04.105

amoeboid movement　变形运动　04.105

AMP　腺苷一磷酸，*腺一磷　02.026

amphiastral mitosis　双星体有丝分裂　05.055

amphidiploid　*双二倍体　07.084

amphipathy　两亲性　02.007

amphiphilicity　两亲性　02.007

ampicillin　氨苄青霉素　10.211

amyloplast　造粉体　03.127

analytical cytology　分析细胞学　01.005

analytic electron microscope　分析电子显微镜　11.025

anaphase　后期　05.063

anaphase A　后期 A　05.064

anaphase B　后期 B　05.065

anaphase-promoting complex　后期促进复合物　05.015

anastral mitosis　无星体有丝分裂　05.056

anchorage dependence　贴壁依赖性　10.008

anchorage-dependent cell　贴壁依赖性细胞，*依赖贴壁细胞　10.012

anchorage dependent growth　贴壁依赖性生长　10.009

anchorage-independent cell　非贴壁依赖性细胞，*不依赖贴壁细胞　10.013

anchoring junction　*锚定连接　03.047

ancillary transcription factor　辅助转录因子　07.197

androcyte　雄细胞　06.040

androgamete　雄配子　06.020

androgenesis　孤雄生殖，*雄核发育，*孤雄发育　06.116

androgonium　雄原细胞　06.028

androplasm　雄质　06.128

androspore　产雄孢子　06.098

aneuploid　非整倍体　07.089

aneuploid cell line　非整倍体细胞系　10.112

aneuploidy　非整倍性　07.113

angiostatin　血管抑[制]素　09.147

aniline blue　苯胺蓝　11.143

animal cell engineering　动物细胞工程　10.121

animal pole　动物极　06.046

anisogamete　异形配子　06.023

anisogamy　异配生殖　06.111

anisospore　异形孢子　06.084

ankyrin　锚蛋白　02.215

anlage　原基　06.246

annular subunit　环状亚单位　03.257

annulate lamella　环孔片层　03.250

antennapedia complex　触角足复合物　06.274

anther culture　花药培养　10.056

antheridium　精子器　06.039

antherozoid　游动精子　06.037

anti-antibody　抗抗体　09.107

antibody　抗体　09.095

antibody-dependent cell-mediated cytotoxicity　依赖抗体的

细胞毒性，＊抗体依赖性细胞介导的细胞毒作用
09.078

antibody-dependent phagocytosis　依赖抗体的吞噬作用
09.077

anticodon　反密码子　07.254

antigen　抗原　09.049

antigen-binding site　抗原结合部位　09.059

antigenic determinant　＊抗原决定簇　09.054

antigen presenting　抗原提呈　09.041

antigen presenting cell　抗原提呈细胞　09.042

antiidiotypic antibody　抗独特型抗体　09.106

antioncogene　抗癌基因，＊抑癌基因　06.319

antipodal cell　反足细胞　06.054

antiport　对向运输，＊反向转运　04.041

antiporter　反向转运体　04.044

antisense RNA　反义 RNA　07.249

antisense strand　＊反义链　07.160

antiserum　抗血清　09.110

antitoxic serum　抗毒素血清　09.112

antitoxin　抗毒素　09.111

Apaf1　凋亡蛋白酶激活因子1　06.300

APC　别藻蓝蛋白，＊异藻蓝蛋白　02.245，后期促进
复合物　05.015

aperture　萌发孔　03.081

apical cell　顶端细胞　01.120

aplanogamete　不动配子　06.024

aplanospore　不动孢子　06.088

apocrine　顶质分泌　04.089

apogamy　无配子生殖　06.122

apomixis　无融合生殖　06.121

apoplast　质外体　03.063

apoptosis　细胞凋亡　06.290

apoptosis-inducing factor　凋亡诱导因子　06.302

apoptosis protease-activating factor-1　凋亡蛋白酶激活因
子1　06.300

apoptosis signal regulating kinase-1　凋亡信号调节激酶1
06.301

apoptosome　凋亡体　06.298

apoptotic body　凋亡小体　06.299

apospory　无孢子生殖　06.079

AQP　水孔蛋白，＊水通道蛋白　02.173

aquaporin　水孔蛋白，＊水通道蛋白　02.173

araban　阿拉伯聚糖　03.316

arabinogalactan　阿拉伯半乳聚糖　03.318

archaea　古核生物　01.049

archaebacteria　＊古细菌　01.049

archenteron　原肠腔　06.169

archesporium　孢原细胞　06.080

architectural factor　构件因子　07.202

ARF　ADP-核糖基化因子　04.067

arm ratio　臂比　07.030

Arp　肌动蛋白相关蛋白　02.093

arrhenokaryon　雄核　06.127

arrhenoplasm　雄质　06.128

ARS　自主复制序列　07.124

artificial minichromosome　人工微型染色体　10.164

artificial parthenogenesis　人工孤雌生殖，＊人工单性生
殖　06.115

asexual reproduction　无性生殖　06.107

asexual spore　无性孢子　06.090

A site　氨酰位，＊A 位　07.269

Ask1　凋亡信号调节激酶1　06.301

aster　星体　05.086

astral fiber　星射线　05.085

astral microtubule　星体微管　05.079

astral mitosis　有星体有丝分裂　05.054

astral ray　星射线　05.085

astroblast　成星形胶质细胞　01.106

astrocyte　星形胶质细胞　01.105

astrosphere　星体球　05.083

ASV　劳斯肉瘤病毒　01.068

asymmetrical division　不对称分裂　05.059

asynapsis　不联会　05.119

atelocentric chromosome　非端着丝粒染色体　07.039

atomic force microscope　原子力显微镜　11.018

ATP　腺苷三磷酸，＊腺三磷　02.028

ATPase　腺苷三磷酸酶，＊ATP 酶　04.014

ATP synthase　ATP 合酶　04.015

attachment culture　＊贴壁培养　10.022

attachment plaque　附着斑　03.220

Aurora A　极光激酶 A　05.149

Aurora B　极光激酶 B　05.150

Aurora kinase　极光激酶　05.148

autoantibody　自身抗体　09.108

autocatalytic splicing　＊自催化剪接　07.238

autoclave　高压灭菌器　11.087

autocrine　自分泌　04.087

autogamy　自体受精　06.144

autoimmunity 自身免疫 09.006

autolysis 自溶 04.083

autonomously replicating sequence 自主复制序列 07.124

autophagic vacuole *自[体吞]噬泡 03.162

autophagolysosome 自噬溶酶体 03.162

autophagosome 自[体吞]噬体 03.168

autophagy 自[体吞]噬 04.080

autopolyploid 同源多倍体 07.086

autopolyploidy 同源多倍性 07.110

autoradiography 放射自显影[术] 11.180

autosome 常染色体 07.002

autotetraploid 同源四倍体 07.083

autotetraploidy 同源四倍性 07.109

avian sarcoma virus 劳斯肉瘤病毒 01.068

avidin 抗生物素蛋白，*亲和素 11.097

avidin-biotin staining 抗生物素蛋白-生物素染色 11.099

axial filament 轴丝 03.027

axon 轴突 03.224

axonal transport 轴突运输 04.047

axoneme 轴丝 03.027

axoneme dynein 轴丝动力蛋白 02.136

axopodium 轴足 03.039

azo-dye method 偶氮染色法 11.093

azure B 天青B 11.150

azygospore 无性接合孢子 06.092

B

BAC 细菌人工染色体 10.165

bacteria(复) 细菌 01.054

bacterial artificial chromosome 细菌人工染色体 10.165

bacteriophage 噬菌体 01.075

λ bacteriophage λ噬菌体 01.076

bacterium 细菌 01.054

bacteroid 类菌体 01.045

Balbiani chromosome *巴尔比亚尼染色体 07.044

band 3 protein 带3蛋白 02.180

Barr body *巴氏小体 07.050

basal body 基体 03.028

basal cell 基细胞 01.121

basal granule 基体 03.028

basal lamina 基[底]膜，*基板 03.309

basal plate 基片 03.031

basement membrane 基[底]膜，*基板 03.309

base-specific cleavage method *碱基特异性裂解法 11.262

basic fuchsin 碱性品红 11.135

basophil 嗜碱性粒细胞 01.089

basophilia 嗜碱性 11.095

batch culture 分批培养 10.027

bcd gene bicoid基因 06.262

B cell epitope B细胞表位 09.056

B cell hybridoma B细胞杂交瘤 10.144

B cell receptor B细胞受体 09.081

B chromosome B染色体 07.009

Bcl-2 gene Bcl-2基因 06.317

BDGF *脑源性生长因子 05.049

BDNF 脑源性神经营养因子 05.049

beaded-chain filament [念]珠状纤丝 03.204

beaded filament [念]珠状纤丝 03.204

belt desmosome *带状桥粒 03.051

β-bend β转角 02.013

beta-alpha-beta motif β-α-β结构域，*β-α-β模体 02.019

beta-strand β[折叠]链 02.014

B-form DNA B型DNA 02.035

bicoid gene bicoid基因 06.262

bidirectional signaling 双向信号传送 08.010

binary fission 二分[分]裂 05.051

bindin 结合蛋白 02.221

binding-change model 结合变构模型 04.013

biochip 生物芯片 11.274

bioengineering 生物工程 10.118

biogenesis 生源说，*生源论 06.001

bioinformatics 生物信息学 01.022

biomembrane 生物膜 03.004

bioreactor 生物反应器 10.093

biotin 生物素 11.098

bisexual reproduction *两性生殖 06.108

bithorax complex 双胸复合物 06.275

bivalent *二价[染色]体 05.141

blastema 芽基 06.245

blastocoel 囊胚腔 06.163

blastocyst [囊]胚泡 06.161

blastoderm 胚盘 06.191

blastodisc 胚盘 06.191

blastomere [卵]裂球 06.149

blastopore 胚孔 06.168

blastula 囊胚 06.162

blepharoplast *生毛体 03.028

blue-green algae *蓝藻 01.053

B lymphocyte B[淋巴]细胞 09.025

bone marrow stem cell 骨髓干细胞 06.235

bone marrow stromal cell 骨髓基质细胞 01.081

bouquet stage *花束期 05.109

brain-derived growth factor *脑源性生长因子 05.049

brain-derived neurotrophic factor 脑源性神经营养因子 05.049

bright-field microscope 明视野显微镜, *明视场显微镜 11.004

brush border 刷状缘 03.020

bulk culture 大量培养 10.019

buoyant density centrifugation *浮力密度离心 11.219

bursa of Fabricius 法氏囊, *腔上囊 09.028

C

Ca²⁺/calmodulin-dependent protein kinase *依赖 Ca²⁺/钙调蛋白的蛋白激酶 02.258

cadherin 钙黏着蛋白 02.218

calcitonin 降钙素 09.135

calcium ATPase 钙 ATP 酶 04.019

calcium-binding protein 钙结合蛋白质 02.225

calcium channel 钙通道 04.026

calcium fingerprint 钙指纹 08.052

calcium mobilization 钙调动 04.028

calcium oscillation 钙振荡 08.051

calcium peak 钙峰 08.048

calcium pool 钙库 08.049

calcium pump *钙泵 04.019

calcium signal 钙信号 08.050

calcium store 钙库 08.049

calcium wave 钙波 08.047

calcyclin 钙周期蛋白 02.227

calli(复) 愈伤组织 10.044

callose 愈伤葡聚糖, *胼胝质 03.323

callus 愈伤组织 10.044

callus culture 愈伤组织培养 10.046

calmodulin 钙调蛋白, *钙调素 02.226

calnexin 钙连蛋白 02.203

calreticulin 钙网蛋白 02.204

Calvin cycle 卡尔文循环 04.146

CaM 钙调蛋白, *钙调素 02.226

CAM 细胞黏附分子 03.057

Ca²⁺-mobilization 钙调动 04.028

cAMP 环腺苷酸 02.030

cAMPase 腺苷酸环化酶 02.275

cAMP-dependent protein kinase *依赖 cAMP 的蛋白激酶 02.256

cancer 癌[症] 06.307

cancer cell 癌细胞 06.313

capacitation 获能 06.139

cap binding protein 帽结合蛋白质 02.109

capillary culture *毛细管培养 10.088

capillary electrophoresis 毛细管电泳 11.245

capping protein 加帽蛋白 02.108

capsid 衣壳, *壳体 01.059

cap site 加帽位点 07.264

Ca²⁺-pump *钙泵 04.019

CapZ protein Z 帽蛋白 02.110

carcinogen 致癌剂 06.327

carcinogenesis 癌变 06.312

carcinoma 上皮癌 06.308

carmine 洋红 11.129

carrier protein 载体蛋白 02.169

cascade 级联反应 08.090

Casparian band 凯氏带 03.076

Casparian strip 凯氏带 03.076

caspase 胱天蛋白酶 06.303

cassette mechanism 盒式机制 06.287

catalyst 催化剂 02.055

catalytic receptor *催化型受体 08.074

catastrophin 微管溃散蛋白 02.123

catenin 联蛋白 02.220

caveola 陷窝, *胞膜窖 03.043

caveolin 陷窝蛋白, *窖蛋白 03.044

C-banding C 显带 11.113

CCAAT transcription factor　CCAAT 转录因子　07.198

C₃ cycle　＊C$_3$ 循环　04.146

C₄ cycle　＊C$_4$ 循环　04.150

cdc gene　细胞分裂周期基因　05.028

Cdk　周期蛋白依赖性激酶　05.025

CDK　周期蛋白依赖性激酶　05.025

cDNA　互补 DNA　02.041

CDR　＊互补决定区　09.100

CE　毛细管电泳　11.245

cell　细胞　01.077

cell adhesion　细胞黏附　03.056

cell adhesion molecule　细胞黏附分子　03.057

cell affinity chromatography　细胞亲和层析　11.229

cell aging　细胞衰老　06.291

cell bank　细胞库　10.103

cell biology　细胞生物学　01.002

cell cloning　细胞克隆　10.117

cell coat　细胞外被　03.018

cell communication　细胞通信　08.001

cell culture　细胞培养　10.016

cell cycle　细胞周期　05.001

cell determination　细胞决定　06.207

cell division　细胞分裂　05.031

cell division cycle gene　细胞分裂周期基因　05.028

cell electrophoresis　细胞电泳　11.237

cell engineering　细胞工程　10.119

cell fractionation　细胞［组分］分级分离　11.206

cell-free system　无细胞系统　10.110

cell fusion　细胞融合　10.128

cell generation time　细胞世代时间　10.101

cell genetics　细胞遗传学　01.014

cell growth　细胞生长　05.034

cell hybridization　细胞杂交　10.127

cell junction　细胞连接　03.045

cell line　细胞系　10.104

cell lineage　细胞谱系　06.204

cell locomotion　细胞移动　04.104

cell matrix　＊细胞基质　03.100

cell mediated immunity　细胞介导免疫　09.015

cell membrane　细胞膜　03.006

cell migration　＊细胞迁移　04.104

cell mobility　细胞运动性　04.106

cell morphology　细胞形态学　01.008

cell movement　细胞运动　04.103

cell pathology　细胞病理学　01.017

cell physiology　细胞生理学　01.015

cell plate　细胞板　05.100

cell proliferation　细胞增殖　05.050

cell purification　细胞纯化　10.015

cell recognition　细胞识别　08.002

cell repository　细胞库　10.103

cell senescence　细胞衰老　06.291

cell separation　细胞分离　10.014

cell signaling　细胞信号传送，＊细胞信号传导　08.005

cell sociality　细胞社会性　04.110

cell sociology　细胞社会学　01.021

cell sorter　细胞分选仪　11.194

cell sorting　细胞分选　11.193

cell strain　细胞株　10.107

cell substrain　细胞亚株　10.108

cell surface receptor　细胞表面受体　08.069

cell theory　细胞学说　01.040

cellular immunity　细胞免疫　09.014

cellular immunology　细胞免疫学　01.018

cellular oncogene　细胞癌基因，＊c 癌基因　06.316

cellulose　纤维素　03.311

cell wall　细胞壁　03.067

centractin　中心体肌动蛋白　02.099

central cell　中央细胞　06.055

central dogma　中心法则　07.244

central domain　中心域　07.018

central element　中央成分　05.124

central granule　［核孔复合体］中央颗粒　03.252

central plug　＊中央栓　03.252

centric fusion　着丝粒融合　07.054

centric split　着丝粒分裂　07.052

centrifugation　离心　11.210

centriole　中心粒　03.189

centrodesmose　中心体连丝　05.087

centromere　着丝粒　07.014

centromere DNA sequence　着丝粒 DNA 序列　02.039

centromere-kinetochore complex　着丝粒-动粒复合体　07.016

centromere misdivision　着丝粒错分　07.053

centromeric exchange　着丝粒交换　07.051

centrophilin　亲中心体蛋白　02.195

centroplasm　＊中心质　03.188

centrosome　中心体　03.188

centrosome cycle　中心体周期　05.069

centrosome matrix　＊中心体基质　03.192

centrosphere　中心球　03.191

cephalin　脑磷脂　02.321

CFC　集落形成细胞　09.158

CFS　电荷流分离法　11.198

CFU　集落形成单位　09.160

CFU-S　脾集落形成单位　09.161

cGMP　环鸟苷［一磷］酸　02.031

cGMPase　鸟苷酸环化酶　02.276

chaetoglobosin　球毛壳菌素　09.136

chain termination method　＊链终止法　11.261

chalone　抑素　09.146

channel protein　通道蛋白　02.172

chaperone　分子伴侣　02.231

chaperonin　伴侣蛋白　02.232

charge flow separation　电荷流分离法　11.198

chartin　导向蛋白　02.126

checkpoint　检查点，＊检控点，＊关卡　05.009

chemical degradation method　＊化学降解法　11.262

chemical method of DNA sequencing　＊DNA 化学测序法　11.262

chemiosmosis　化学渗透　04.011

chemiosmotic［coupling］hypothesis　化学渗透［偶联］学说　04.012

chemokine　趋化因子　09.129

chemotaxis　趋化性　04.108

Chen's filter paper siphonage culture system　陈氏滤纸虹吸器官培养系统　10.074

chiasma　交叉　05.142

chiasma terminalization　交叉端化　05.143

chimeric antibody　嵌合抗体　10.150

chlorophyll　叶绿素　02.246

chloroplast　叶绿体　03.114

chloroplast DNA　叶绿体 DNA　02.038

chloroplast envelope　叶绿体被膜　03.115

chloroplast genome　叶绿体基因组　01.031

chloroplast granum　叶绿体基粒　03.117

chloroplast stroma　叶绿体基质　03.116

chondroitin sulfate　硫酸软骨素　03.307

chondronectin　软骨粘连蛋白　02.217

chromatid　染色单体　07.028

chromatid break　染色单体断裂　07.069

chromatid bridge　＊染色单体桥　07.055

chromatid interchange　染色单体互换　07.057

chromatid linking protein　染色单体连接蛋白　05.017

chromatid tetrad　＊四分染色单体　05.141

chromatin　染色质　03.275

chromatin bridge　染色质桥　07.056

chromatin condensation　染色质凝缩　03.283

chromatin diminution　染色质消减　06.221

chromatin fiber　染色质纤维　03.282

chromatography　层析　11.220

chromatoid body　拟染色体　07.049

chromocenter　染色中心　07.047

chromomere　染色粒　07.012

chromonema　染色线　07.011

chromoplast　色质体　03.125

chromosomal microtubule　＊染色体微管　05.077

chromosome　染色体　07.001

chromosome aberration　染色体畸变　07.058

chromosome arm　染色体臂　07.029

chromosome banding technique　染色体显带技术　11.110

chromosome bridge　＊染色体桥　07.055

chromosome complement　染色体组　07.075

chromosome cycle　染色体周期　05.068

chromosome duplication　染色体重复　07.059

chromosome engineering　染色体工程　10.123

chromosome knob　染色体结　07.024

chromosome map　染色体图　07.074

chromosome non-disjunction　染色体不分离　05.116

chromosome pairing　＊染色体配对　05.145

chromosome rearrangement　染色体重排　07.061

chromosome scaffold　染色体支架　03.286

chromosome set　染色体套　07.076

chromosome sorting　染色体分选　11.199

chromosome walking　＊染色体步查　10.168

chromosomics　染色体学　01.013

chromosomology　染色体学　01.013

ciliary dynein　＊纤毛动力蛋白　02.136

cilium　纤毛　03.022

cis-face　顺面，＊形成面　03.150

cis-Golgi network　顺面高尔基网　03.152

cistern　潴泡　03.154

cisterna　潴泡　03.154

citric acid cycle　＊柠檬酸循环　04.148

c-Jun N-terminal kinase　＊c-Jun N 端激酶　08.095

CKI 周期蛋白依赖性激酶抑制因子 05.027

classical hypothesis 经典假说 01.041

clathrin 网格蛋白，*成笼蛋白 02.199

clathrin-coated pit 网格蛋白有被小窝 04.058

clathrin-coated vesicle 网格蛋白有被小泡 04.059

claudin 密封蛋白 02.148

cleavage 卵裂 06.147

cleavage furrow 卵裂沟 06.148

cleavage plane 卵裂面 06.151

cleavage type 卵裂型 06.152

cloacal bursa 法氏囊，*腔上囊 09.028

clonal expansion 克隆扩增 09.075

clonal propagation 克隆繁殖 10.200

clonal selection theory 克隆选择学说 09.004

clonal variant 克隆变异体 10.202

clonal variation 克隆变异 10.203

clone 克隆，*无性繁殖系 10.193

cloning 克隆化 10.195

cloning efficiency 克隆率 10.196

cloning vector 克隆载体 10.187

cluster of differentiation antigen 分化抗原群 09.058

coacervate 团聚体 01.048

coactivator 辅激活物，*辅激活蛋白 07.212

coated pit 有被小窝 04.055

coated vacuole 有被液泡 04.057

coated vesicle 有被小泡 04.056

coatomer protein Ⅰ 衣被蛋白Ⅰ 04.062

coatomer protein Ⅱ 衣被蛋白Ⅱ 04.063

co-culture 共培养 10.026

code degeneracy 密码简并 07.259

coding strand 编码链 07.159

codon 密码子 07.253

coenozygote 多核合子 06.131

coenzyme Q *辅酶Q 04.127

cofilin 丝切蛋白 02.086

cohesin 黏连蛋白 02.070

colcemid 秋水仙酰胺 02.338

colchamine 秋水仙酰胺 02.338

colchicine 秋水仙碱，*秋水仙素 02.337

collagen 胶原 03.291

collagen fiber 胶原纤维 03.292

collagen fibril 胶原原纤维 03.293

collenchyma cell 厚角细胞 01.130

colony 集落 10.197

colony forming cell 集落形成细胞 09.158

colony forming efficiency 集落形成率 10.198

colony forming unit 集落形成单位 09.160

colony forming unit-spleen 脾集落形成单位 09.161

colony stimulating factor 集落刺激因子 09.124

column chromatography 柱层析 11.225

column subunit 柱状亚单位 03.256

combinatory control 组合调控 06.278

commitment 定型，*限定 06.222

commitment factor *束缚因子 07.199

companion cell 伴胞 01.134

compartmental hypothesis *分隔假说 01.041

competence 感受态 06.220

complement 补体 09.114

complementarity determining region *互补决定区 09.100

complementary DNA 互补DNA 02.041

complement receptor 补体受体 09.115

complete antigen 完全抗原 09.051

Con A 伴刀豆凝集素A 09.140

concanavalin A 伴刀豆凝集素A 09.140

concave slide 凹玻片 11.082

c-oncogene 细胞癌基因，*c癌基因 06.316

condenser 聚光镜 11.026

condensin 凝缩蛋白 05.016

conditioned medium 条件培养液 10.098

confluent culture 汇合培养，*铺满培养 10.024

conjugation 接合 06.126

connectin 肌巨蛋白，*肌联蛋白 02.112

connective tissue 结缔组织 03.290

connexin 连接子蛋白 02.141

connexon 连接子 03.054

consensus sequence 共有序列 07.133

conserved sequence 保守序列 07.132

constant region 恒定区 09.098

constitutive enzyme 组成酶 07.193

constitutive heterochromatin 组成性异染色质，*恒定性异染色质 03.278

constitutive promoter 组成性启动子 07.139

constitutive secretion 连续性分泌，*固有分泌 04.094

constitutive splicing *选择性剪接 07.237

constriction 缢痕 07.025

contact inhibition 接触抑制 10.011

continuous cell line 无限细胞系，*连续细胞系

cytological map　*细胞学图　07.074

cytology　细胞学　01.001

cytolysis　细胞溶解, *细胞裂解　04.099

cytome　细胞组　01.035

cytometry　细胞计量术　11.192

cytomics　细胞组学　01.024

cytomixis　细胞交融, *细胞混合　10.126

cytomorphology　细胞形态学　01.008

cytopathology　细胞病理学　01.017

cytopharynx　胞咽　03.041

cytophotometry　*细胞光度术　11.182

cytophysiology　细胞生理学　01.015

cytoplasm　细胞质　03.095

cytoplasmic annulus　胞质孔环　03.089

cytoplasmic bridge　*[细]胞质桥　03.083

cytoplasmic hybrid　胞质杂种　10.131

cytoplasmic movement　胞质运动　04.111

cytoplasmic ring　胞质环　03.253

cytoplasmic streaming　胞质环流　04.112

cytoplast　胞质体　10.140

cytoproct　胞肛　03.042

cytopyge　胞肛　03.042

cytosis　吞排作用　04.070

cytoskeleton　细胞骨架　03.180

cytosol　胞质溶胶　03.100

cytosolic face　胞质面　03.008

cytosome　胞质体　10.140

cytostome　胞口　03.040

cytotaxonomy　细胞分类学　01.007

cytotoxic T lymphocyte　细胞毒性 T[淋巴]细胞　09.035

cytotropism　细胞向性　04.107

D

DAG　二酰甘油　08.087

DAPI　4′,6-二脒基-2-苯基吲哚　11.117

dark band　暗带, *A 带　03.216

dark-field microscope　暗视野显微镜, *暗视场显微镜　11.005

daughter chromosome　子染色体　05.132

dedifferentiation　去分化, *脱分化　06.212

default pathway　缺省途径　08.097

defensin　防御素　09.145

defined medium　确定成分培养液, *已知成分培养液　10.100

deglycosylation　去糖基化　02.295

degradosome　降解体　02.290

dehydration reagent　脱水剂　11.074

deletion　缺失　07.063

dematin　[肌动蛋白]成束蛋白　02.089

denaturation　变性　07.273

dendrite　树突　03.225

dendritic cell　树突状细胞　09.043

dense fibrillar component　致密纤维组分　03.266

density dependent cell growth inhibition　密度依赖的细胞生长抑制, *依赖密度的生长抑制　10.010

density gradient centrifugation　密度梯度离心　11.217

deoxyribonucleic acid　脱氧核糖核酸　02.033

depactin　[肌动蛋白]解聚蛋白　02.081

dephosphorylation　去磷酸化　02.297

deplasmolysis　质壁分离复原　04.098

depression slide　凹玻片　11.082

dermatan sulfate　硫酸皮肤素　03.308

desensitization　脱敏　09.151

desmin　结蛋白　02.160

desmin filament　结蛋白丝　03.200

desmocollin　桥粒胶蛋白　02.144

desmoglein　桥粒黏蛋白　02.145

desmoplakin　桥粒斑蛋白　02.146

desmosine　锁链素　02.057

desmosome　桥粒　03.048

desmotubule　连丝微管　03.086

destrin　消去蛋白　02.084

desynapsis　去联会　05.120

determinant　决定子　06.208

developmental technology　*发育工程　10.124

diacylglycerol　二酰甘油　08.087

diad　二分体　05.138, 二联体　05.140

diakinesis　终变期　05.114

4′,6-diamidino-2-phenylindole　4′,6-二脒基-2-苯基吲哚　11.117

dicentric bridge　双着丝粒桥　07.055

dicentric chromosome　双着丝粒染色体　07.033

dictyosome　分散[型]高尔基体　03.149

dictyotene 核网期 05.113

dideoxy termination method ＊双脱氧法 11.261

differential centrifugation 差速离心 11.215

differential gene express 差异基因表达 06.281

differential-interference contrast microscope 微分干涉相差显微镜 11.011

differential staining 鉴别染色 11.091

differentiation 分化 06.210

digoxigenin 地高辛 11.161

dikaryon 双核体 03.230

dioecism 雌雄异体，＊雌雄异株 06.105

diploid 二倍体 07.077

diploid cell line 二倍体细胞系 10.111

diplotene 双线期 05.112

direct immunofluorescence 直接免疫荧光 11.171

discoidal cleavage 盘状卵裂 06.159

dissecting microscope 立体显微镜，＊体视显微镜，＊解剖显微镜 11.003

disulfide bond 二硫键 02.002

D-loop synthesis D 袢合成 07.155

DNA 脱氧核糖核酸 02.033

DNA affinity chromatography DNA 亲和层析 11.230

DNA amplification DNA 扩增 07.144

DNA chip DNA 芯片 11.276

DNA damage checkpoint DNA 损伤检查点 05.011

DNA-dependent DNA polymerase ＊依赖于 DNA 的 DNA 聚合酶 07.186

DNA-dependent RNA polymerase ＊依赖于 DNA 的 RNA 聚合酶 07.183

DNA-directed DNA polymerase ＊DNA 指导的 DNA 聚合酶 07.186

DNA footprinting DNA 足迹法 11.256

DNA gyrase DNA 促旋酶，＊DNA 促超螺旋酶 07.149

DNA helicase DNA 解旋酶 07.146

DNA ligase DNA 连接酶 07.148

DNA methylation DNA 甲基化 06.283

DNA microarray ＊DNA 微阵列 11.276

DNA polymerase DNA 聚合酶 07.186

DNA rearrangement DNA 重排 06.284

DNA replication DNA 复制 07.169

DNase footprinting DNA 酶足迹法 11.258

DNA sequencing DNA 测序 11.260

DNA topoisomerase DNA 拓扑异构酶 07.150

DNA tumor virus DNA 肿瘤病毒 01.069

DNA unwinding enzyme ＊DNA 解链酶 07.146

DNA virus DNA 病毒 01.063

docking protein 停靠蛋白质，＊船坞蛋白质 02.198

domain 域 02.016

dot hybridization 斑点杂交 11.252

double fertilization 双受精 06.143

double messenger system 双信使系统 08.093

drebrin 脑发育调节蛋白 02.228

dual specificity phosphatase 双特异性磷酸酶 02.267

dyad 二分体 05.138，二联体 05.140

dynactin 动力蛋白激活蛋白 02.131

dynamin 发动蛋白，＊缢断蛋白 02.127

dynein 动力蛋白 02.129

dynein activator complex 动力蛋白激活蛋白 02.131

dynein arm 动力蛋白臂 02.130

dystrophin 肌萎缩蛋白，＊肌养蛋白，＊肌营养不良蛋白 02.113

E

early endosome 早期内体 03.170

EB 胚状体 06.167

EC cell 胚胎癌性细胞 06.242

ectoderm 外胚层 06.173

ectodesma ［胞］外连丝 03.087

ectoplasm 外质 03.092

ectoplast 外质体 03.058

ectosarc 外质 03.092

effector 效应物 07.208

effector cell 效应细胞 09.018

EF-hand EF 手形 02.018

EG cell 胚胎生殖细胞 06.243

EGF 表皮生长因子 05.039

EGF receptor 表皮生长因子受体 05.040

egg 卵 06.048

egg apparatus 卵器 06.056

EIA 酶免疫测定 11.164

elaioplast 油质体，＊造油体 03.129

elastic fiber 弹性纤维 03.296

elastin 弹性蛋白 03.297

electrochemical gradient 电化学梯度 04.010

electrofusion 电融合 11.293

electron carrier 电子载体 04.123

electron microscope 电子显微镜，＊电镜 11.020

electron stain 电子染色 11.124

electron transport 电子传递 04.121

electron transport chain 电子传递链 04.122

electrophoresis 电泳 11.236

electroporation 电穿孔 11.294

ELISA 酶联免疫吸附测定 11.165

embedding 包埋 11.071

embedding medium 包埋剂 11.072

embryo 胚胎，＊胚 06.133

embryo culture 胚胎培养 10.079

embryogenesis 胚胎发生 06.134

embryogenic callus culture 胚性愈伤组织培养 10.047

embryogeny 胚胎发生 06.134

embryoid 胚状体 06.167

embryoid body 胚状体 06.167

embryoid culture 胚状体培养 10.048

embryonal carcinoma cell 胚胎癌性细胞 06.242

embryonic callus 胚性愈伤组织 10.045

embryonic disk 胚盘 06.191

embryonic germ cell 胚胎生殖细胞 06.243

embryonic induction 胚胎诱导 06.219

embryonic stem cell 胚胎干细胞 06.230

embryo sac 胚囊 01.141

embryo technology 胚胎工程 10.124

end-blocking protein ＊封端蛋白 02.108

endocrine 内分泌 04.086

endocrine signaling 内分泌信号传送 08.008

endocytic-exocytic cycle 吞排循环 04.071

endocytic pathway 胞吞途径 04.072

endocytosis 胞吞[作用]，＊内吞作用 04.074

endoderm 内胚层 06.175

endomembrane system 内膜系统 03.137

endomitosis ＊核内有丝分裂 05.093

endonuclease 内切核酸酶 07.189

endoplasm 内质 03.093

endoplasmic reticulum 内质网 03.138

endopolyploid 核内多倍体 07.085

endopolyploidy 核内多倍性 05.094

endoreduplication 核内再复制 05.093

endosome 内[吞]体 03.169

endosperm 胚乳 06.125

endosperm culture 胚乳培养 10.063

endostatin ［血管］内皮抑制蛋白，＊内皮细胞抑制素 09.148

endosymbiont 内共生体 01.044

endosymbiosis 胞内共生 04.096

endosymbiotic hypothesis 内共生学说 01.042

enhancer 增强子 07.141

enhancer binding protein 增强子结合蛋白 07.143

enhancesome 增强体 07.142

enkephalin 脑啡肽 02.328

entactin 巢蛋白，＊哑铃蛋白 02.216

entry site 进入位点 07.272

enucleation 去核 10.159

enzyme cytochemistry 酶细胞化学技术 11.163

enzyme immunoassay 酶免疫测定 11.164

enzyme-linked immunosorbent assay 酶联免疫吸附测定 11.165

enzyme-linked receptor 酶联受体 08.074

eosinophil 嗜酸性粒细胞 01.090

ephrin 肝配蛋白 06.297

epiblast 上胚层 06.177

epiboly 外包 06.188

epidermal cell 表皮细胞 01.122

epidermal growth factor 表皮生长因子 05.039

epidermal growth factor receptor 表皮生长因子受体 05.040

epigenesis 后成说，＊渐成论 06.004

epi-illumination microscope 落射光显微镜 11.007

epinemin 丝连蛋白 02.164

episome 附加体，＊游离基因 10.190

epithelial stem cell 上皮干细胞 06.241

epitope 表位 09.054

EPO ［促］红细胞生成素 09.130

equal division 均等分裂 05.058

equatorial plane 赤道面，＊赤道板 05.075

equatorial plate 赤道面，＊赤道板 05.075

ER 内质网 03.138

ergastoplasm 动质 03.141

ER retention protein 内质网驻留蛋白 08.062

ER retention signal 内质网驻留信号 08.060

ER retrieval signal 内质网回收信号 08.061

ER signal sequence 内质网信号序列 08.063

erythrocyte 红细胞 01.085

erythrocyte ghost　红细胞血影　01.086

erythropoietin　[促]红细胞生成素　09.130

ES cell　胚胎干细胞　06.230

E site　出口位，＊E 位　07.271

ethidium bromide　溴化乙锭　11.160

N-ethylmaleimide-sensitive factor　*N*-乙基马来酰亚胺敏感性融合蛋白，＊*N*-乙基顺丁烯二酰亚胺敏感性融合蛋白　04.064

N-ethylmaleimide-sensitive fusion protein　*N*-乙基马来酰亚胺敏感性融合蛋白，＊*N*-乙基顺丁烯二酰亚胺敏感性融合蛋白　04.064

etioplast　黄化质体　03.128

eubacterium　＊真细菌　01.054

eucaryote　真核生物　01.051

euchromatin　常染色质　03.276

euchromosome　常染色体　07.002

eukaryocyte　真核细胞　01.079

eukaryon　真核　03.233

eukaryote　真核生物　01.051

eukaryotic cell　真核细胞　01.079

eukaryotic initiation factor　真核生物起始因子　07.228

euploid　整倍体　07.080

euploidy　整倍性　07.112

excisionase　切除酶　07.188

excrine　外分泌　04.085

exine　花粉外壁　03.077

exit site　出口位，＊E 位　07.271

exocrine　外分泌　04.085

exocytosis　胞吐[作用]，＊外排作用　04.073

exon　外显子　07.129

exonuclease　外切核酸酶　07.190

exoplasm　外质　03.092

exoplasmic face　质膜外面　03.009

exosome　外排体　03.174，外切体　03.245

exospore　孢子外壁　03.080

explant　外植块　10.006，外植体　10.007

explantation　外植　10.005

exportin　[核]输出蛋白　02.185

extein　外显肽　07.231

extensin　伸展蛋白　03.320

extracellular matrix　[细]胞外基质　03.287

extracellular matrix receptor　[细]胞外基质受体　03.288

extrachromosome　＊额外染色体　07.009

extrinsic protein　＊[膜]外在蛋白质　02.177

eyepiece　目镜　11.028

F

facilitated diffusion　易化扩散，＊促进扩散，＊协助扩散　04.037

FACS　＊荧光激活细胞分选法　11.195

F-actin　纤丝状肌动蛋白，＊F 肌动蛋白　02.080

σ factor　σ 因子　07.213

ρ factor　ρ 因子　07.221

facultative heterochromatin　兼性异染色质　03.279

FAD　黄素腺嘌呤二核苷酸　04.131

FADH$_2$　还原型黄素腺嘌呤二核苷酸　04.132

FAK　黏着斑激酶　02.263

fast green　固绿　11.154

fate map　命运图　06.165

FC　[核仁]纤维中心　03.264

FCA　弗氏完全佐剂　09.155

FCM　流式细胞术　11.195，流式细胞仪　11.196

Fc receptor　Fc 受体　09.082

FDA　二乙酸荧光素　11.122

feeder cell　饲养细胞　10.115

feeder layer　饲养层　10.116

female gamete　雌配子　06.021

ferritin　铁蛋白　02.229

fertilization　受精　06.135

fertilized egg　＊受精卵　06.129

fetal calf serum　胎牛血清　10.095

Feulgen reaction　福尔根反应　11.104

F-factor　F 因子　06.013

F$_0$F$_1$-ATPase　＊F$_0$F$_1$-ATP 酶　04.015

F$_0$F$_1$ complex　＊F$_0$F$_1$ 复合物　04.015

FGF　成纤维细胞生长因子　05.048

FIA　弗氏不完全佐剂　09.156

fibrillar center　[核仁]纤维中心　03.264

fibrillarin　[核仁]纤维蛋白　02.193

fibroblast　成纤维细胞　01.093

fibroblast growth factor　成纤维细胞生长因子　05.048

fibronectin　纤连蛋白　02.210

fibrous corona　纤维冠　07.020

filaggrin 聚丝蛋白 02.162

filament 丝 03.194

filamentous actin 纤丝状肌动蛋白, *F 肌动蛋白 02.080

filament severing protein 纤丝切割蛋白 02.103

filamin 细丝蛋白 02.096

filensin 晶状体丝蛋白 02.154

filopodium 丝足 03.034

fimbria(复) 菌毛, *伞毛 03.021

fimbrillin 菌毛蛋白 02.241

fimbrin 丝束蛋白 02.090

fimbrium 菌毛, *伞毛 03.021

finite cell line 有限细胞系 10.105

FISH 荧光原位杂交 11.251

fission 裂体生殖 06.117

fissiparity 裂体生殖 06.117

FITC 异硫氰酸荧光素 11.121

fixation 固定 11.067

fixative 固定剂 11.073

fixed cell culture 固定细胞培养 10.068

fixed phase 固定相 11.221

flagellin 鞭毛蛋白 02.240

flagellum 鞭毛 03.026

flask culture 培养瓶培养 10.032

flavin adenine dinucleotide 黄素腺嘌呤二核苷酸 04.131

flavoprotein 黄素蛋白 04.130

flip-flop mechanism 滚翻机制 04.115

flippase 翻转酶 02.253

flow cytometer 流式细胞仪 11.196

flow cytometry 流式细胞术 11.195

flower culture 花器官培养 10.055

flp-frp recombinase *flp-frp 重组酶 02.253

fluorescein 荧光素 11.119

fluorescein diacetate 二乙酸荧光素 11.122

fluorescein isothiocyanate 异硫氰酸荧光素 11.121

fluorescence-activated cell sorting *荧光激活细胞分选法 11.195

fluorescence *in situ* hybridization 荧光原位杂交 11.251

fluorescence microscope 荧光显微镜 11.016

fluorescence photobleaching recovery 荧光漂白恢复 11.123

fluorescent antibody technique 荧光抗体技术 11.168

fluorescent dye 荧光染料 11.116

fluorescent probe 荧光探针 11.118

fMet-tRNA 甲酰甲硫氨酰 tRNA 07.268

focal adhesion 黏着斑 03.050

focal adhesion kinase 黏着斑激酶 02.263

focal contact 黏着斑 03.050

formylmethionyl-tRNA 甲酰甲硫氨酰 tRNA 07.268

founder cell 生成细胞, *奠基细胞 01.098

FP 黄素蛋白 04.130

FPR 荧光漂白恢复 11.123

fragmin 片段化蛋白 02.097

frame shift 移码 07.260

free diffusion *自由扩散 04.036

free energy 自由能 04.009

freeze cleaving 冷冻断裂, *冷冻撕裂 11.058

freeze cracking 冷冻断裂, *冷冻撕裂 11.058

freeze etching 冷冻蚀刻, *冰冻蚀刻 11.060

freeze fracture etching replication 冷冻断裂蚀刻复型技术 11.059

freeze fracturing 冷冻断裂, *冷冻撕裂 11.058

freeze substitution 冷冻置换 11.065

freezing microtomy 冷冻切片术 11.055

Freund's adjuvant 弗氏佐剂 09.154

Freund's complete adjuvant 弗氏完全佐剂 09.155

Freund's incomplete adjuvant 弗氏不完全佐剂 09.156

F-type ATPase *F 型 ATP 酶 04.015

fucoxanthin 藻褐素, *墨角藻黄素, *岩藻黄质 02.248

fungi(复) 真菌 01.055

fungus 真菌 01.055

fusin 融合病毒蛋白 09.117

fusion protein 融合蛋白 10.210

G

G-actin 球状肌动蛋白, *G 肌动蛋白 02.079

galactan 半乳聚糖 03.317

gametangium 配子囊 06.016

gamete 配子 06.019

gametocyte 配子母细胞, *生殖母细胞 06.017

gametogamy 配子生殖 06.109

gametogenesis　配子发生　06.018

gametophyte　配子体　06.103

GAP　GTP 酶激活蛋白　08.023

gap gene　裂隙基因　06.268

gap junction　间隙连接　03.053

gas chromatography　气相层析　11.223

gastrula　原肠胚　06.171

gastrulation　原肠胚形成，*原肠作用　06.170

gated transport　门控运输　04.045

G-banding　G 显带　11.111

GC　气相层析　11.223

G-CSF　粒细胞集落刺激因子　09.125

GDI　鸟嘌呤核苷酸解离抑制蛋白　08.022

GEF　鸟嘌呤核苷酸交换因子　08.021

gel chromatography　*凝胶层析　11.226

gel filtration chromatography　凝胶过滤层析　11.226

gel permeation chromatography　*凝胶渗透层析　11.226

gelsolin　凝溶胶蛋白　02.092

geminin　双能蛋白，*孪蛋白　07.152

GenBank　基因库　07.119

gene　基因　07.118

gene amplification　基因扩增　06.286

gene chip　基因芯片　11.275

gene delivery　基因递送　11.279

gene diagnosis　基因诊断　11.280

gene expression　基因表达　06.280

gene gun　基因枪　11.295

gene knock-down　基因敲减，*基因敲落　11.281

gene knock-in　基因敲入　11.282

gene knock-out　基因敲除，*基因剔除　11.283

gene knock-out mouse　基因敲除小鼠　11.284

gene localization　基因定位　11.285

gene mapping　基因作图　11.286

general transcription factor　通用转录因子　07.195

generative nucleus　生殖核　03.240

gene rearrangement　基因重排　06.285

gene regulatory protein　基因调节蛋白　07.214

gene targeting　基因靶向，*基因打靶　11.287

gene therapy　基因治疗　11.288

genetic code　遗传密码　07.252

genetic engineering　遗传工程，*基因工程　10.125

genetic engineering antibody　遗传工程抗体，*重组抗体　10.152

genetic map　*遗传图　07.074

gene tracking　基因跟踪　11.290

gene transfer　基因转移　11.291

gene trap　基因捕获　11.292

genital ridge　生殖嵴　06.201

genome　基因组　01.026

genome project　基因组计划　01.032

genomic control　基因组调控　06.282

genomic library　基因组文库　07.120

genomics　基因组学　01.023

genomic walking　基因组步移　10.168

genonema　基因线，*基因带　07.013

genophore　基因线，*基因带　07.013

germ band　胚带　06.190

germ cell　生殖细胞　06.015

germinal membrane　胚膜　06.189

germinal spot　胚斑　06.062

germinal vesicle　生发泡　06.051

germ layer　胚层　06.172

germ line　种系，*生殖细胞谱系　06.027

germ plasm　种质　01.047，生殖质　06.007

germ plasm theory　种质学说　01.039

GFAP　胶质细胞原纤维酸性蛋白　02.158

GFC　凝胶过滤层析　11.226

GFP　绿色荧光蛋白　11.120

GH　促生长素，*生长激素　08.019

ghost　*血影　01.086

giant chromosome　巨大染色体，*巨型染色体　07.043

Giemsa stain　吉姆萨染液　11.126

glass bead culture　玻璃珠培养　10.087

glial cell　胶质细胞　01.103

glial fibril acidic protein filament　神经胶质丝　03.201

glial fibrillary acidic protein　胶质细胞原纤维酸性蛋白　02.158

glioblast　成胶质细胞　01.104

globular actin　球状肌动蛋白，*G 肌动蛋白　02.079

glucocorticoid receptor　糖皮质激素受体　08.081

glucocorticoid response element　糖皮质激素应答元件　08.080

glucose　葡萄糖　02.298

glucuronidase　葡糖醛酸糖苷酶　02.271

N-glycanase　N-聚糖酶　02.282

glycerophosphatide　甘油磷脂　02.318

glycocalyx　*糖萼　03.018

glycogen 糖原 02.306

glycolipid 糖脂 02.327

glycophorin 血型糖蛋白 02.219

glycoprotein 糖蛋白 02.238

glycosaminoglycan 糖胺聚糖 03.301

N-glycosylation *N*-糖基化 02.293

O-glycosylation *O*-糖基化 02.294

glycosylation 糖基化 02.292

glycosylphosphatidylinositol 糖基磷脂酰肌醇 02.325

glycosylphosphatidylinositol-anchored protein 糖基磷脂酰肌醇锚定蛋白 02.326

glycosyltransferase 糖基转移酶 02.269

glyoxysome 乙醛酸循环体 03.179

GM-CSF 粒细胞-巨噬细胞集落刺激因子 09.126

Goldberg-Hogness box ＊戈德堡-霍格内斯框 07.134

gold grid culture 金属格栅培养 10.072

Golgi apparatus 高尔基[复合]体 03.148

Golgi body 高尔基[复合]体 03.148

Golgi complex 高尔基[复合]体 03.148

GPC ＊凝胶渗透层析 11.226

G_0 phase G_0 期 05.003

G_1 phase G_1 期 05.004

G_2 phase G_2 期 05.006

G_1 phase checkpoint G_1 检查点，＊G_1 关卡 05.012

G_2 phase checkpoint G_2 检查点，＊G_2 关卡 05.013

G-protein G 蛋白 08.024

G-protein coupled receptor G 蛋白偶联受体 08.072

grafting 嫁接 10.156

graft rejection 移植物排斥 09.119

granular component 颗粒组分 03.261

granulocrine 颗粒性分泌 04.092

granulocyte 粒细胞，＊有粒白细胞 01.088

granulocyte colony stimulating factor 粒细胞集落刺激因子 09.125

granulocyte-macrophage colony stimulating factor 粒细胞-巨噬细胞集落刺激因子 09.126

granulosa cell 卵泡细胞，＊颗粒细胞 01.101

granum lamella 基粒片层 03.119

granum-thylakoid 基粒类囊体 03.121

gray crescent 灰色新月 06.066

green fluorescent protein 绿色荧光蛋白 11.120

GRF ＊鸟嘌呤核苷酸释放因子 08.021

grid 载网 11.076

gRNA 指导 RNA 07.251

growth factor 生长因子 05.035

growth hormone 促生长素，＊生长激素 08.019

GTPase-activating protein GTP 酶激活蛋白 08.023

GTP binding protein ＊GTP 结合蛋白 08.024

guanine nucleotide binding protein ＊鸟嘌呤核苷酸结合蛋白 08.024

guanine nucleotide dissociation inhibitor 鸟嘌呤核苷酸解离抑制蛋白 08.022

guanine nucleotide-exchange factor 鸟嘌呤核苷酸交换因子 08.021

guanine nucleotide release factor ＊鸟嘌呤核苷酸释放因子 08.021

guanylate cyclase 鸟苷酸环化酶 02.276

guard cell 保卫细胞 01.137

guide RNA 指导 RNA 07.251

gymnoplast 裸质体 03.131

gynogenesis 单雌生殖，＊雌核发育 06.119

H

haemacytometer 血细胞计数器 11.085

haematoxylin 苏木精，＊苏木素 11.130

haemocyanin 血蓝蛋白 02.237

haemocyte 血细胞 01.084

haemoglobin 血红蛋白 02.236

haemolysis 溶血 04.100

β-hairpin ＊β 发夹 02.013

hanging drop culture 悬滴培养 10.030

H-2 antigen H-2 抗原 09.069

haploid 单倍体 07.078

haploidy 单倍性 07.104

hapten 半抗原 09.050

hapten-carrier complex 半抗原载体复合物 09.052

HAT 组蛋白乙酰转移酶 07.216

Hatch-Slack pathway C_4 途径 04.150

HAT medium HAT 培养液 10.099

haustorium 吸器 03.082

Hb 血红蛋白 02.236

hb gene 驼背基因 06.261

H-2 complex H-2 复合体 09.070

HCP 人类细胞组计划 01.036

heat shock protein 热激蛋白 02.233

heavy chain of antibody 抗体重链，＊抗体 H 链 09.096

heavy meromyosin 重酶解肌球蛋白 02.075

HeLa cell 海拉细胞 10.109

α-helix α 螺旋 02.012

helix-destabilizing protein 螺旋去稳定蛋白 07.151

helix-loop-helix motif 螺旋-袢-螺旋结构域，＊螺旋-环-螺旋模体 02.020

helix-turn-helix-motif 螺旋-转角-螺旋结构域，＊螺旋-转角-螺旋模体 02.021

helper T cell 辅助性 T 细胞 09.034

hematoxylin 苏木精，＊苏木素 11.130

hemicellulose 半纤维素 03.312

hemidesmosome 半桥粒 03.049

hemikaryon 单倍核 07.093

hemocyanin 血蓝蛋白 02.237

hemocyte 血细胞 01.084

hemoglobin 血红蛋白 02.236

hemolysis 溶血 04.100

hemopoietic stem cell 造血干细胞 06.236

heparan sulfate 硫酸乙酰肝素，＊硫酸类肝素 03.305

heparin 肝素 03.304

heparin binding growth factor ＊肝素结合生长因子 05.048

hepatocyte 肝[实质]细胞 01.109

heterobrachial inversion ＊异臂倒位 07.067

heterochromatin 异染色质 03.277

heterochromosome 异染色体 07.010

heterogamete 异形配子 06.023

heterogamy 异配生殖 06.111

heterogeneous nuclear RNA 核内不均一 RNA，＊核内异质 RNA，＊不均一核 RNA 02.045

heterokaryocyte ＊异核细胞 10.137

heterokaryon 异核体 10.137

heterokinesis 异化分裂 05.146

heterophagic lysosome 异噬溶酶体 03.163

heterophagic vacuole ＊异体吞噬泡 03.163

heterophagosome 异[吞]噬体 03.167

heterophagy 异体吞噬 04.081

heteroploid ＊异倍体 07.089

heteroploid cell line ＊异倍体细胞系 10.112

heteroploidy 异倍性 07.115

heterospore 异形孢子 06.084

heterospory 孢子异型 06.086

heterotrimeric G-protein 异三聚体 G 蛋白 08.025

heterozygote 杂合子 07.095

HGP 人类基因组计划 01.033

HGPRT transferase 次黄嘌呤鸟嘌呤磷酸核糖基转移酶 02.272

high mobility group protein 高速泳动族蛋白，＊HMG 蛋白 02.068

high performance liquid chromatography 高效液相层析 11.234

high pressure liquid chromatography ＊高压液相层析 11.234

high speed centrifugation 高速离心 11.212

high voltage electron microscope 高压电子显微镜 11.024

histamine 组胺 02.329

histocompatibility 组织相容性 09.065

histogenesis 组织发生 06.251

histone 组蛋白 02.065

histone acetyltransferase 组蛋白乙酰转移酶 07.216

histone deacetylase 组蛋白脱乙酰酶 07.215

histone octamer 组蛋白八聚体 02.066

HIV 人类免疫缺陷病毒 01.073

HLA 人[类]白细胞抗原 09.062

HLA complex 人类白细胞抗原复合体，＊HLA 复合体 09.063

HLA histocompatibility system 人类白细胞抗原组织相容性系统，＊HLA 组织相容性系统 09.064

HMG-box motif HMG 框结构域，＊HMG 框模体 02.022

HMG protein 高速泳动族蛋白，＊HMG 蛋白 02.068

hnRNA 核内不均一 RNA，＊核内异质 RNA，＊不均一核 RNA 02.045

hollow fiber culture 中空纤维培养 10.088

holoblastic cleavage 完全卵裂 06.153

holocrine 全质分泌 04.090

homeobox 同源异形框 06.272

homeobox gene 同源异形基因 06.271

homeodomain 同源异形域 06.273

homeologous chromosome 部分同源染色体 05.128

homeosis 同源异形转化 06.270

homeotic gene 同源异形基因 06.271

homeotic selector gene ＊同源异形选择者基因 06.267

homoeosis 同源异形转化 06.270

I

immunocyte　免疫细胞　09.017

immunocytochemistry　免疫细胞化学法　11.167

immunodiffusion technique　免疫扩散技术　11.169

immunoelectron microscopy　免疫电镜术　11.173

immunoelectrophoresis　免疫电泳　11.243

immunoenzymatic technique　免疫酶标技术　11.175

immunoferritin technique　免疫铁蛋白技术　11.174

immunofluorescence technique　免疫荧光技术　11.170

immunogen　*免疫原　09.049

immunogenicity　免疫原性　09.053

immunoglobulin　免疫球蛋白　09.084

immunoglobulin A　免疫球蛋白 A　09.085

immunoglobulin D　免疫球蛋白 D　09.086

immunoglobulin E　免疫球蛋白 E　09.087

immunoglobulin G　免疫球蛋白 G　09.088

immunoglobulin M　免疫球蛋白 M，*巨球蛋白　09.089

immunoglobulin superfamily　免疫球蛋白超家族　09.090

immuno-gold-silver staining　免疫金-银染色　11.107

immuno-gold staining　免疫金染色　11.106

immunohistochemistry　免疫组织化学法　11.166

immunological memory　免疫记忆　09.016

immunological network theory　免疫网络学说　09.005

immunological tolerance　免疫耐受[性]　09.020

immunoperoxidase staining　免疫过氧化物酶染色　11.108

immuno-precipitation　免疫沉淀法　11.178

immunotoxin　免疫毒素　10.153

importin　[核]输入蛋白　02.184

incomplete antigen　*不完全抗原　09.050

indigo carmine　靛洋红　11.132

indirect immunofluorescence　间接免疫荧光　11.172

induced pluripotent stem cell　诱导多能干细胞　06.238

inducer　诱导物　07.211

inducible enzyme　诱导酶　07.191

infinite cell line　无限细胞系，*连续细胞系　10.106

inflammatory cell　炎症细胞　09.021

informosome　信息体　06.276

infrared microscope　红外光显微镜　11.013

initiation codon　起始密码子　07.256

initiation complex　起始复合体　07.226

initiation factor　起始因子　07.227

innate immunity　固有免疫，*先天免疫　09.007

inner cell mass　内细胞团　06.166

inner nuclear membrane　内核膜　03.248

innexin　无脊椎连接蛋白　02.139

inositol triphosphate　肌醇三磷酸　08.088

insertion sequence　插入序列　07.131

in situ hybridization　原位杂交　11.250

insulin-like growth factor　胰岛素样生长因子　05.047

integral protein　整合蛋白质　02.176

integrin　整联蛋白　02.212

intein　内含肽　07.232

interband　间带　07.048

intercellular adhesion molecule　细胞间黏附分子　09.091

intercellular bridge　[细]胞间桥　03.003

intercellular transport　胞间运输　04.030

interference microscope　干涉显微镜　11.010

interferon　干扰素　09.134

interleukin　白[细胞]介素　09.123

interleukin-3　白介素-3　09.128

intermediate filament　中间丝，*中间纤维，*10nm 丝　03.198

intermediate filament associated protein　中间丝结合蛋白　02.163

intermembrane space　膜间隙　03.113

internexin　丝联蛋白　02.166

α-internexin　丝联蛋白　02.166

interphase　间期　05.002

intersex　雌雄间体，*间性体　06.106

interstitial chiasma　中间交叉　05.144

intervening sequence　间插序列　07.130

intine　花粉内壁　03.078

intracellular canaliculus　胞内小管　03.212

intracellular receptor　细胞内受体　08.068

intracellular transport　胞内运输　04.031

intrachromosomal recombination　染色体内重组　07.060

intranuclear spindle　核内纺锤体　05.081

intravital staining　[体内]活体染色　11.089

intrinsic protein　*[膜]内在蛋白质　02.176

intron　内含子　07.128

invagination　内陷　06.186

inverse PCR　反向聚合酶链反应，*反向 PCR　11.267

inversion　倒位　07.066

inverted microscope　倒置显微镜　11.006

in vitro　体外，*离体　10.001

in vitro culture　体外培养　10.003

in vitro fertilization　体外受精　10.004

in vivo 体内，＊在体 10.002

involucrin 内披蛋白，＊囊包蛋白 02.208

involution 内卷 06.187

ion channel 离子通道 04.022

ion exchange chromatography 离子交换层析 11.231

ion exchange column 离子交换柱 11.232

ion exchange resin 离子交换树脂 11.233

ionophore 离子载体 04.051

ionotropic receptor 离子通道型受体 08.071

ion transporter 离子转运蛋白 02.168

IP₃ 肌醇三磷酸 08.088

iPCR 反向聚合酶链反应，＊反向 PCR 11.267

iPS cell 诱导多能干细胞 06.238

I region associated antigen I 区相关抗原，＊Ia 抗原 09.072

iron-sulfur center 铁硫中心 04.126

iron-sulfur protein 铁硫蛋白 04.125

IS 插入序列 07.131

isoacceptor tRNA 同工 tRNA 02.053

isochromatid break 等位染色单体断裂 07.070

isochromatid deletion 等位染色单体缺失 07.071

isochromosome ＊等臂染色体 07.035

isodensity centrifugation 等密度离心 11.219

isoelectric focusing electrophoresis 等电点聚焦电泳 11.240

isogamete 同形配子 06.022

isogamy 同配生殖 06.110

isospore 同形孢子 06.083

isospory 孢子同型 06.085

isotype 同种型 09.102

IVS 间插序列 07.130

J

Jak-STAT signaling pathway Jak-STAT 信号传送途径 08.096

Janus green B 詹纳斯绿 B 11.152

JNK Jun 激酶 08.095

Jun kinase Jun 激酶 08.095

juxtacrine signaling 近分泌信号传送 08.009

K

Kap3 驱动蛋白相关蛋白 3，＊Kap3 蛋白 02.133

kappa light chain ＊κ 轻链 09.097

karyogamy 核配 06.123

karyogram 核型模式图，＊染色体组型图 07.073

karyokinesis 核分裂 05.091

karyology 细胞核学 01.012

karyolymph 核液 03.242

karyolysis 核溶解 05.096

karyomere 核粒 05.092

karyomixis 核融合 05.095

karyomorphology 核形态学 01.010

karyopherin 核转运蛋白，＊核周蛋白 02.183

karyophilic protein 亲核蛋白 02.188

karyoplasm 核质 03.243

karyoplast 核体 10.141

karyopyknosis 核固缩 05.098

karyorrhexis 核碎裂 05.097

karyoskeleton ＊核骨架 03.284

karyosphere 核球 03.271

karyotaxonomy 核型分类学 01.011

karyote 有核细胞 10.133

karyotype 核型，＊染色体组型 07.072

K⁺-channel 钾[渗]通道 04.024

KDEL sorting signal ＊KDEL 分拣信号 08.060

keratan sulfate 硫酸角质素 03.306

keratin 角[质化]蛋白 02.157

keratinocyte 角质[形成]细胞 01.110

kinase ＊激酶 02.254

kinectin 驱动蛋白结合蛋白 02.134

kinesin 驱动蛋白 02.132

kinesin-associated protein 3 驱动蛋白相关蛋白 3，＊Kap3 蛋白 02.133

kinetochore 动粒 07.015

kinetochore domain 动粒域 07.017

kinetochore microtubule 动粒微管 05.077

kinetodesma 动纤丝 03.195

kinetoplast 动基体 03.030

kinetosome ＊毛基体 03.028

km-fiber km 纤维 03.032

Krebs cycle ＊克雷布斯循环 04.148

L

luxury gene 奢侈基因 06.258

lymphoblast 淋巴母细胞，*原淋巴细胞 09.022

lymphòcyte 淋巴细胞 09.023

lymphocyte homing 淋巴细胞归巢 09.079

lymphocyte homing receptor 淋巴细胞归巢受体 09.083

lymphokine 淋巴因子 09.122

lymphokine-activated killer cell 淋巴因子激活的杀伤细胞，*LAK 细胞 09.032

lymphoma 淋巴瘤 06.310

lymphotoxin 淋巴毒素 09.133

lysosomal enzyme 溶酶体酶 02.279

lysosomal storage disease 溶酶体贮积症 03.175

lysosome 溶酶体 03.159

M

MAC 哺乳动物人工染色体 10.167

macrogamete 大配子 06.026

macronucleus 大核 03.236

macrophage 巨噬细胞 09.038

macrophage colony-stimulating factor 巨噬细胞集落刺激因子 09.127

MACS 磁激活细胞分选法 11.197

magnetically-activated cell sorting 磁激活细胞分选法 11.197

magnification 放大率 11.031

major histocompatibility complex 主要组织相容性复合体 09.066

major histocompatibility complex antigen 主要组织相容性复合体抗原，*MHC 抗原 09.068

malignant tumor 恶性肿瘤 06.306

mammalian artificial chromosome 哺乳动物人工染色体 10.167

mannan-binding lectin 甘露[聚]糖结合凝集素 09.144

mannose 甘露糖 02.299

mannose-6-phosphate 甘露糖-6-磷酸 02.310

MAP 微管相关蛋白质 02.117

MAPK 促分裂原活化的蛋白激酶，*MAP 激酶 02.259

marker chromosome 标记染色体 07.041

masked messenger RNA 隐蔽 mRNA 06.277

maskin 掩蔽蛋白 07.153

mass culture 大量培养 10.019

mast cell 肥大细胞 09.039

maternal-effect gene 母体效应基因 06.259

maternal gene *母体基因 06.259

maternal information 母体信息 06.142

matrix metalloproteinase 基质金属蛋白酶 03.324

maturation division *成熟分裂 05.107

maturation promoting factor 促成熟因子 05.029

Maxam-Gilbert DNA sequencing 马克萨姆-吉尔伯特法 11.262

Maxam-Gilbert method 马克萨姆-吉尔伯特法 11.262

M band M 线 03.217

MBL 甘露[聚]糖结合凝集素 09.144

M-CSF 巨噬细胞集落刺激因子 09.127

megakaryocyte 巨核细胞 01.097

megaspore 大孢子 06.099

megaspore mother cell 大孢子母细胞 06.101

megasporocyte 大孢子母细胞 06.101

megasporogenesis 大孢子发生 06.100

meiosis 减数分裂 05.107

melanocyte 黑素细胞 01.111

membrane fluidity 膜流动性 03.015

membrane potential 膜电位 04.006

membrane protein 膜蛋白质 02.175

membrane pump 膜泵 04.021

membrane raft *膜筏 03.014

membrane recycling 膜再循环 03.016

membrane transport protein *膜运输蛋白 02.167

memory cell 记忆细胞 09.019

meridional cleavage 经裂 06.154

meristematic cell 分生组织细胞 01.124

meristem culture 分生组织培养 10.043

meroblastic cleavage 不完全卵裂 06.158

merocrine 局质分泌 04.091

merokinesis 胞质局部分裂 05.102

meromyosin 酶解肌球蛋白 02.073

mesenchymal stem cell 间充质干细胞 06.237

mesenchyme 间充质 03.289

mesoderm 中胚层 06.174

mesophyll 叶肉 01.125

mesosome 间体，*中膜体 03.011

mesospore 孢子中壁 03.079

messenger　信使　08.064

messenger RNA　信使 RNA　02.046

metabolic cooperation　代谢偶联　04.029

metabolic coupling　代谢偶联　04.029

metacentric chromosome　中着丝粒染色体　07.035

metachromasia　异染性　11.096

metachromatic dye　异染性染料　11.115

metamorphosis　变态　06.249

metaphase　中期　05.062

metaphase arrest　中期停顿　05.067

metaphase plane　赤道面，＊赤道板　05.075

metaplasia　组织转化，＊化生　06.214

methionine tRNA　甲硫氨酸 tRNA　07.267

methotrexate　氨甲蝶呤　02.336

methylene blue　亚甲蓝　11.147

methylene green　亚甲绿　11.156

methyl green　甲基绿　11.155

methyl green-pyronin staining　＊甲基绿-派洛宁染色　11.100

methyl violet　甲基紫　11.158

MF　＊促有丝分裂因子　05.029，微丝　03.197

m⁷GpppN　m⁷ 甲基鸟嘌呤核苷　02.032

MHC　主要组织相容性复合体　09.066

MHC antigen　主要组织相容性复合体抗原，＊MHC 抗原　09.068

MHC associative recognition　主要组织相容性复合体联合识别，＊MHC 联合识别　09.073

MHC protein　主要组织相容性复合体蛋白质　09.067

MHC restriction　主要组织相容性复合体限制性，＊MHC 限制性　09.074

MI　有丝分裂指数　05.089

microarray　微阵列　11.272

microbody　微体　03.176

microcapsule culture　微囊培养　10.086

microcarrier culture　微载体培养　10.085

microcell　微细胞　10.142

microchamber culture　微室培养　10.084

microchromatography　微量层析　11.235

microcinematography　显微电影术　11.040

microculture　微量培养　10.020

microdensitometry　显微光密度测定法　11.038

micro-dissection　显微解剖　11.033

microdroplet culture　微滴培养　10.031

microfibril　微原纤维　03.066

microfilament　微丝　03.197

microfluorometry　＊显微荧光测定术　11.184

microfluorophotometry　显微荧光光度术　11.184

microgamete　小配子　06.025

microinjection　显微注射　11.037

micromanipulation　显微操作　11.034

micromanipulator　显微操作仪　11.035

micronucleus　小核　03.237，微核　03.238

microperoxisome　微过氧化物酶体　03.178

microphotometer　显微光度计　11.185

microphotometry　显微光度术　11.182

micropinocytosis　微胞饮　04.079

micropipette　微量移液器　11.086

micropyle　珠孔　06.071，卵孔　06.072

microRNA　微 RNA　07.248

microscope　显微镜　11.001

microscopic structure　显微结构　03.002

microscopy　显微术　11.032

microsome　微粒体　03.142

microspectrophotometer　显微分光光度计　11.188

microspectrophotometry　显微分光光度术　11.183

microspike　微棘，＊微端丝　03.035

microspore　小孢子　06.096

microspore mother cell　小孢子母细胞　06.095

microsporocyte　小孢子母细胞　06.095

microsporogenesis　小孢子发生　06.094

microsurgical technique　显微外科术　11.036

microtome　切片机　11.050

microtrabecular lattice　微梁网　03.181

microtrabecular network　微梁网　03.181

microtubule　微管　03.182

microtubule-associated protein　微管相关蛋白质　02.117

microtubule organizing center　微管组织中心　03.183

microtubule repetitive protein　微管重复蛋白　02.125

microvillus　微绒毛　03.019

midbody　中[间]体　05.105

migration inhibition factor　移动抑制因子　05.037

millipore filter　微孔滤器　11.088

Millon reaction　米伦反应　11.102

minichromosome　微型染色体　10.163

minor histocompatibility antigen　次要组织相容性抗原　09.071

minus end　负端　03.186

miRNA　微 RNA　07.248

multipotential stem cell　多能干细胞　06.233

multistage regulation system　多级调控体系　06.279

multivalent　多价体　05.134

multivesicular body　多泡体　03.173

muscle cell　肌肉细胞　01.112

muscle fiber　肌纤维　01.113

muton　突变子　10.174

mycoplasma　支原体　01.052

myelin　髓磷脂　02.314

myelin sheath　髓鞘　03.228

myeloma cell　骨髓瘤细胞　10.148

myeloperoxidase　髓过氧化物酶　02.281

myoblast　成肌细胞　01.114

myocyte　肌细胞　01.115

myoepithelial cell　肌上皮细胞　01.116

myofibril　肌原纤维　03.208

myofibroblast　肌成纤维细胞　01.117

myofilament　肌丝　03.205

myogenin　成肌蛋白，＊肌细胞生成蛋白，＊成肌素　02.234

myoglobin　肌红蛋白　02.235

myoneme　肌线　03.196

myosin　肌球蛋白　02.072

myosin filament　＊肌球蛋白丝　03.206

myosin light chain kinase　肌球蛋白轻链激酶　02.076

myotube　肌管　01.118

N

nacreous wall　珠光壁　03.070

NAD　烟酰胺腺嘌呤二核苷酸，＊辅酶Ⅰ　04.133

NADH　还原型烟酰胺腺嘌呤二核苷酸，＊还原型辅酶Ⅰ　04.135

NADH-coenzyme Q reductase　＊NADH-辅酶Q还原酶　04.138

NADH-cytochrome b₅ reductase　NADH-细胞色素 b_5 还原酶　04.137

NADH dehydrogenase complex　NADH 脱氢酶复合体　04.138

NADP　烟酰胺腺嘌呤二核苷酸磷酸，＊辅酶Ⅱ　04.134

NADPH　还原型烟酰胺腺嘌呤二核苷酸磷酸，＊还原型辅酶Ⅱ　04.136

naive cell　稚细胞　01.100

Na⁺,K⁺-ATPase　钠钾ATP酶　04.018

natural immunity　＊天然免疫　09.007

natural killer cell　自然杀伤细胞，＊NK细胞，＊天然杀伤细胞　09.031

natural parthenogenesis　自然孤雌生殖，＊自然单性生殖　06.114

NCAM　神经细胞黏附分子　09.093

nebulin　伴肌动蛋白　02.111

neck region　颈区　03.090

necrosis　坏死　06.292

nectary　蜜腺　01.128

negative staining　负染色　11.092

neoplasm　赘生物　06.304

nerve cell　＊神经细胞　03.221

nerve growth factor　神经生长因子　05.046

nestin　神经［上皮］干细胞蛋白，＊巢蛋白　02.152

neural cell adhesion molecule　神经细胞黏附分子　09.093

neural crest　神经嵴　06.199

neural plate　神经板　06.197

neural stem cell　神经干细胞　06.239

neuroectoderm　神经外胚层　06.200

neurofibril　神经原纤维　03.229

neurofilament　神经丝　03.222

neurofilament protein　神经丝蛋白　02.155

neurogenesis　神经发生　06.198

neuroglial cell　＊神经胶质细胞　01.103

neurolemmal cell　＊神经膜细胞　01.108

neuromuscular junction　＊神经肌肉接点　03.227

neuron　神经元　03.221

neurula　神经胚　06.195

neurulation　神经胚形成　06.192

neutral red　中性红　11.133

neutrophil　中性粒细胞　01.091

nexin　微管连接蛋白　02.120

NF-κB　核因子κB　07.201

NFP　神经丝蛋白　02.155

NGF　神经生长因子　05.046

NHP　非组蛋白　02.067

nick translation　切口平移，＊切口移位　11.247

nicotinamide adenine dinucleotide　烟酰胺腺嘌呤二核苷酸，＊辅酶Ⅰ　04.133

O

objective lens 物镜 11.027

occludin 闭合蛋白 02.147

occluding junction *封闭连接 03.046

ocular micrometer 目镜测微尺 11.084

Okazaki fragment 冈崎片段 07.174

oleosome 油质体，*造油体 03.129

oligodendrocyte 少突胶质细胞 01.107

oligodendroglia *少突胶质 01.107

oligomycin 寡霉素 02.331

oligonucleotide array 寡核苷酸微阵列 11.273

oligosaccharide 寡糖 02.300

oncogene 癌基因 06.315

oncogenic virus *致癌病毒 01.066

oncoprotein 18 *癌蛋白18 02.124

ontogenesis 个体发生，*个体发育 06.006

ontogeny 个体发生，*个体发育 06.006

oocenter 卵中心体 06.061

oocyte 卵母细胞 06.043

oogamy 卵式生殖 06.112

oogenesis 卵子发生 06.041

oogonium 卵原细胞 06.042，藏卵器 06.058

ookinesis 卵核分裂 06.059

ookinete 动合子 06.130

ooplasm 卵质 06.060

oosperm 合子 06.129

oosphere 卵 06.048

Op18 *癌蛋白18 02.124

open reading-frame 可读框 07.261

operator 操纵基因 07.136

operon 操纵子 07.137

optical tweezers 光镊 11.044

orange G 橘黄G 11.142

orbicule *球状体 03.088

ORC 起始点识别复合体 07.167

orcein 地衣红 11.131

organ culture 器官培养 10.069

organelle 细胞器 03.101

organelle genome 细胞器基因组 01.029

organelle transplantation 细胞器移植 10.158

organogenesis 器官发生 06.250

origin recognition complex 起始点识别复合体 07.167

osmosis 渗透作用 04.002

osmotic pressure 渗透压 04.003

osteoclast 破骨细胞 01.095

osteocyte 骨细胞 01.096

outer nuclear membrane 外核膜 03.247

ovarian follicle 卵泡 06.052

ovary culture 子房培养 10.062

overlap microtubule *重叠微管 05.078

ovocenter 卵中心体 06.061

ovulation 排卵 06.075

ovule culture 胚珠培养 10.061

ovum 卵 06.048

OXA complex OXA复合体 03.110

oxidase assembly complex OXA复合体 03.110

oxidative phosphorylation 氧化磷酸化 04.155

P

pachynema 粗线期 05.111

pachytene 粗线期 05.111

PAGE 聚丙烯酰胺凝胶电泳 11.239

pairing 配对 05.145

pairing domain 配对域 07.019

pair-rule gene 成对规则基因 06.266

palindrome 回文序列 07.156

palisade tissue 栅栏组织 01.126

pannexin 泛连接蛋白 02.140

papilla 乳突 03.064

PAP staining 过氧化物酶-抗过氧化物酶染色，*PAP染色 11.109

parabasal body 副基体 03.029

paracentric inversion 臂内倒位 07.068

paracodon 副密码子 07.255

paracrine 旁分泌 04.088

paracrine factor 旁分泌因子 08.015

paracrine signaling 旁分泌信号传送 08.006

paraffin section 石蜡切片 11.051

pararosaniline 碱性副品红 11.136

phosphatase 磷酸酶 02.283

phosphatidase 磷脂酶 02.284

phosphatidylcholine 磷脂酰胆碱 02.319

phosphatidylethanolamine 磷脂酰乙醇胺 02.322

phosphatidylglycerol 磷脂酰甘油 02.323

phosphatidylinositol 磷脂酰肌醇 02.324

phosphatidylinositol 3-hydroxy kinase 磷脂酰肌醇-3-羟激酶 02.270

phosphatidylserine 磷脂酰丝氨酸 02.320

phosphocreatine 磷酸肌酸 02.311

phosphoinositide 磷酸肌醇 02.312

phosphokinase 磷酸激酶 02.254

phospholipase 磷脂酶 02.284

phospholipid 磷脂 02.316

phospholipid bilayer 磷脂双层 03.017

phospholipid exchange protein 磷脂交换蛋白 02.170

phospholipid scramblase 磷脂促翻转酶 02.277

phosphorylation 磷酸化 02.296

phosphotyrosine phosphatase ＊磷酸酪氨酸磷酸酶 02.266

photoelectron transport 光电子运输 04.140

photomicrography 显微摄影术 11.039

photophosphorylation 光合磷酸化 04.159

photorespiration 光呼吸 04.147

photosynthesis 光合作用 04.116

photosynthetic carbon reduction cycle ＊光合碳还原环 04.146

photosynthetic unit 光合单位 04.145

photosystem 光系统 04.141

photosystem Ⅰ 光系统Ⅰ 04.142

photosystem Ⅱ 光系统Ⅱ 04.143

photosystem electron-transfer reaction ＊光系统电子传递反应 04.117

phragmoplast 成膜体 05.103

phragmosome 成膜粒 05.104

phycobilin protein 藻胆[色素]蛋白 02.242

phycobilisome 藻胆[蛋白]体 03.135

phycocyanin 藻蓝蛋白 02.243

phycoerythrin 藻红蛋白 02.244

phylogenesis 系统发生，＊系统发育 06.005

phylogeny 系统发生，＊系统发育 06.005

physical map 物理图[谱] 10.169

phytochrome 光敏色素，＊植物光敏素 02.250

phytohemagglutinin 植物凝集素 09.139

PI3K 磷脂酰肌醇-3-羟激酶 02.270

PI 磷脂酰肌醇 02.324

pili(复) 菌毛，＊伞毛 03.021

pilin 菌毛蛋白 02.241

pilus 菌毛，＊伞毛 03.021

pinocytosis 胞饮[作用]，＊吞饮[作用] 04.076

pit field 纹孔场 03.071

PKA 蛋白激酶A 02.256

PKC 蛋白激酶C 02.258

PL 磷脂 02.316

placode 基板 06.247

plakoglobin 斑珠蛋白 02.142

plant cell engineering 植物细胞工程 10.120

plant hormone 植物激素 08.018

plant tissue culture 植物组织培养 10.042

plaque 黏着斑 03.050

plaque forming cell 空斑形成细胞，＊蚀斑形成细胞 09.157

plasma cell 浆细胞 09.026

plasmalemma 质膜 03.007

plasma membrane 质膜 03.007

plasmid 质粒 10.189

plasmodesma 胞间连丝 03.083

plasmodieresis 胞质分裂 05.101

plasmogamy 质配，＊胞质融合 06.124

plasmolysis 质壁分离 04.097

plasmon 细胞质基因组 01.027

plastic film culture 塑胶膜培养 10.037

plastid 质体 03.124

plastin 丝束蛋白 02.090

plastocyanin 质体蓝蛋白，＊质体蓝素 02.251

plastoquinone 质体醌 04.128

plate culture 平板培养 10.041

platelet 血小板 01.092

platelet-derived growth factor 血小板衍生生长因子 05.041

platelet endothelial cell adhesion molecule-1 血小板内皮细胞黏附分子1 09.094

β-pleated sheet β片层 02.015

plectin 网蛋白 02.165

Plk1 极样激酶1 05.151

pluripotency 多[潜]能性 06.225

pluripotent stem cell 多能干细胞 06.233

plus end 正端 03.185

probe 探针 11.246

procaryote 原核生物 01.050

procentriole 原中心粒 03.190

procollagen 前胶原 03.294

profilin [肌动蛋白]抑制蛋白 02.116

progenitor cell 祖细胞,＊前体细胞 01.080

programmed cell death ＊程序性细胞死亡 06.290

prokaryocyte 原核细胞 01.078

prokaryon ＊原核 03.234

prokaryote 原核生物 01.050

prokaryotic cell 原核细胞 01.078

prometaphase 前中期 05.061

promoter 启动子 07.138

pronucleus [配子]原核 03.235

pronucleus fusion 前核融合 06.141

prophase 前期 05.060

proplastid 前质体 03.123

proprotein 蛋白质原 02.059

proteasome 蛋白酶体 02.291

τ protein τ 蛋白 02.119

protein array 蛋白质阵列 11.271

proteinatious infectious particle 蛋白感染粒,＊朊病毒,
  ＊普里昂 02.230

protein chip 蛋白质芯片 11.277

protein engineering 蛋白质工程 10.209

protein-free medium 无蛋白培养液,＊无蛋白培养基
  10.097

protein kinase 蛋白激酶 02.255

protein kinase A 蛋白激酶 A 02.256

protein kinase B 蛋白激酶 B 02.257

protein kinase C 蛋白激酶 C 02.258

protein microarray ＊蛋白质微阵列 11.277

protein phosphatase 蛋白磷酸酶 02.264

protein serine/threonine phosphatase 蛋白质丝氨酸/苏
  氨酸磷酸酶 02.265

protein tyrosine kinase 蛋白质酪氨酸激酶 02.260

protein tyrosine phosphatase 蛋白质酪氨酸磷酸酶
  02.266

proteoglycan 蛋白聚糖 03.299

proteome 蛋白质组 01.037

proteome chip 蛋白质组芯片 11.278

proteomic project 蛋白质组计划 01.038

proteomics 蛋白质组学 01.025

protoelastin 原弹性蛋白 03.298

protofilament 原丝 03.193

proton motive force 质子动力 04.008

proto-oncogene ＊原癌基因 06.316

protoplasm 原生质 03.094

protoplast 原生质体 03.059

protoplast culture 原生质体培养 10.050

protoplast fusion 原生质体融合 10.122

provirus 原病毒,＊前病毒 01.061

PrP 蛋白感染粒,＊朊病毒,＊普里昂 02.230

PS 磷脂酰丝氨酸 02.320

PS Ⅰ 光系统 Ⅰ 04.142

PS Ⅱ 光系统 Ⅱ 04.143

pseudodiploid 假二倍体 07.088

pseudopodium 伪足 03.033

P site 肽酰位,＊P 位 07.270

PTK 蛋白质酪氨酸激酶 02.260

PTP 蛋白质酪氨酸磷酸酶 02.266

PTS 过氧化物酶体引导信号,＊过氧化物酶体引导
  序列 08.055

P-type ATPase P 型 ATP 酶 04.017

P-type [ion] pump ＊P 型[离子]泵 04.017

puff 胀泡 07.046

pull hypothesis 牵拉假说 05.071

pulse [alternative] field gel electrophoresis 脉冲[交变]
  电场凝胶电泳 11.241

pulse-chase 脉冲追踪法 11.191

pulse-labeling technique 脉冲标记技术 11.201

pump 泵 04.020

push hypothesis 外推假说 05.070

pyknosis 核固缩 05.098

pyramitome 修块机 11.070

pyrenoid 淀粉核 03.133

Q

ribosomal DNA　核糖体 DNA　02.043

ribosomal RNA　核糖体 RNA　02.047

ribosome　核糖[核蛋白]体　03.146

ribosome binding site　核糖体结合位点　07.263

ribosome recognition site　*核糖体识别位点　07.263

ribozyme　核酶,*酶性核酸,*RNA 催化剂　02.054

ribulose bisphosphate　核酮糖双磷酸　04.153

ribulose-1,5-bisphosphate carboxylase　核酮糖-1,5-双磷酸羧化酶　04.154

ribulose-1,5-bisphophate carboxylase/oxygenase　*核酮糖-1,5-双磷酸羧化酶/加氧酶　04.154

RNA　核糖核酸　02.044

RNA degradosome　*RNA 降解体　02.290

RNA-dependent DNA polymerase　*依赖于 RNA 的 DNA 聚合酶　07.184

RNA editing　RNA 编辑　07.243

RNA footprinting　RNA 足迹法　11.257

RNA helicase　RNA 解旋酶　07.147

RNAi　RNA 干扰　11.263

RNA interference　RNA 干扰　11.263

RNA polymerase　RNA 聚合酶　07.187

RNA primer　RNA 引物　07.157

RNase　核糖核酸酶　02.285

RNA splicing　RNA 剪接　07.236

RNA tumor virus　RNA 肿瘤病毒　01.067

RNA virus　RNA 病毒　01.064

RNP　核糖核蛋白　02.060

Robertsonian translocation　罗伯逊易位　07.065

roller bottle culture　滚瓶培养　10.038

rolling circle replication　滚环复制　07.170

Romanowsky stain　罗氏染液　11.125

root cap　根冠　01.143

root culture　[离体]根培养　10.051

root hair　根毛　01.132

rootlet system　纤毛小根系统　03.025

rosette forming cell　花结形成细胞　09.159

rotate tube culture　旋转管培养　10.034

rotational cleavage　旋转卵裂　06.157

rough endoplasmic reticulum　糙面内质网　03.140

Rous sarcoma virus　劳斯肉瘤病毒　01.068

rRNA　核糖体 RNA　02.047

RSV　劳斯肉瘤病毒　01.068

RTK　受体酪氨酸激酶　02.261

RT-PCR　反转录聚合酶链反应,*反转录 PCR　11.265

rubisco　*核酮糖-1,5-双磷酸羧化酶/加氧酶　04.154

RuBP　核酮糖双磷酸　04.153

RuBP carboxylase　核酮糖-1,5-双磷酸羧化酶　04.154

ruffling　边缘起皱,*边缘波动　04.109

S

safranine　番红　11.138

SAGE　基因表达的系列分析　11.270

Sakaguchi reaction　坂口反应　11.101

salivary gland chromosome　*唾腺染色体　07.044

Sanger-Coulson method　桑格-库森法　11.261

SAPK　*应激活化的蛋白激酶　08.095

sarcolemma　肌膜　03.214

sarcoma　肉瘤　06.309

sarcoma gene　src 基因　06.321

sarcomere　肌节　03.209

sarcoplasm　肌质　03.210

sarcoplasmic reticulum　肌质网　03.145

sarcosome　肌粒　03.109

sarcotubule　肌小管　03.211

SAT-chromosome　随体染色体　07.040

satellite　随体　07.022

satellite chromosome　随体染色体　07.040

satellite DNA　卫星 DNA　02.042

satellite zone　随体区　07.023

saturation density　饱和密度　10.114

SAT-zone　随体区　07.023

SC　联会复合体　05.123

scaffold protein　支架蛋白质　02.205

scanning electron microscope　扫描电子显微镜　11.022

scanning probe microscope　扫描探针显微镜　11.019

scanning transmission electron microscope　扫描透射电子显微镜　11.023

scanning tunnel microscope　扫描隧道显微镜　11.017

Schiff's reagent　希夫试剂　11.128

Schwann cell　施万细胞　01.108

sclereid　石细胞　01.133

sclerenchyma cell　厚壁细胞　01.131

scRNA　胞质内小 RNA　02.052

Sec61 complex　Sec61 复合体　03.144

single cell culture　单细胞培养　10.021

single-copy sequence　＊单拷贝序列　07.123

single-stranded DNA binding protein　单链 DNA 结合蛋白　02.064

siRNA　干扰小 RNA　07.250

sister chromatid　姐妹染色单体　05.130

skin stem cell　皮肤干细胞　06.240

slide　载玻片　11.081

sliding filament model　肌丝滑动模型　04.113

sliding microtubule mechanism　微管滑动机制　04.114

slime mould　黏菌　01.057

Sma- and Mad-related protein　Sma 和 Mad 相关蛋白，＊Smad 蛋白　08.085

Smad protein　Sma 和 Mad 相关蛋白，＊Smad 蛋白　08.085

small cytoplasmic RNA　胞质内小 RNA　02.052

small G-protein　小 G 蛋白　08.026

small interfering RNA　干扰小 RNA　07.250

small nuclear RNA　核小 RNA　02.050

small nucleolar ribonucleoprotein　核仁小核糖核蛋白　02.192

small nucleolar RNA　核仁小 RNA　02.051

smear　涂片　11.049

SmIg　＊膜表面免疫球蛋白　09.081

smooth endoplasmic reticulum　光面内质网　03.139

smooth muscle cell　平滑肌细胞　01.119

SNAP　可溶性 NSF 附着蛋白　04.065

SNARE　可溶性 NSF 附着蛋白受体，＊SNAP 受体　04.066

snoRNA　核仁小 RNA　02.051

snoRNP　核仁小核糖核蛋白　02.192

snRNA　核小 RNA　02.050

sodium channel　钠通道　04.025

sodium-potassium ATPase　钠钾 ATP 酶　04.018

sodium-potassium pump　＊钠钾泵　04.018

sodium pump　＊钠泵　04.018

solenoid　螺线管　03.280

solid culture　固体培养　10.089

soluble NSF attachment protein　可溶性 NSF 附着蛋白　04.065

soluble NSF attachment protein receptor　可溶性 NSF 附着蛋白受体，＊SNAP 受体　04.066

somaclonal variation　体细胞克隆变异　10.172

somatic cell　体细胞　06.206

somatic cell hybrid　体细胞杂种　10.130

somatic cell nuclear transfer　体细胞核移植　10.161

somatic gene therapy　体细胞基因治疗　11.289

somatic hybridization　体细胞杂交　10.129

somatic mesoderm　体壁中胚层　06.179

somatic mutation　体细胞突变　10.173

somatic recombination　体细胞重组　10.170

somatic variation　体细胞变异　10.171

somatoliberin　促生长素释放素　08.020

somatostatin　生长抑素　09.149

somatotropin releasing factor　＊促生长素释放因子　08.020

somatotropin releasing hormone　促生长素释放素　08.020

somite　体节　06.202

sorting signal　分拣信号　08.039

Southern blotting　DNA 印迹法　11.253

soybean agglutinin　大豆凝集素　09.142

spare culture　稀疏培养　10.028

specific immunity　特异性免疫　09.012

spectrin　血影蛋白　02.213

spectrofluorometer　荧光分光光度计　11.187

spectrophotometer　分光光度计　11.186

Spemann organizer　施佩曼组织者　06.203

sperm　精子　06.036

spermatid　精[子]细胞　06.035

spermatocyte　精母细胞　06.032

spermatogenesis　精子发生　06.029

spermatogonium　精原细胞　06.031

spermatophore　精子包囊，＊精包　06.038

spermatozoid　游动精子　06.037

spermatozoon　精子　06.036

spermiogenesis　精子形成，＊精细胞变态，＊精子分化　06.030

S phase　S 期　05.005

S phase promoting factor　S 期促进因子　05.030

spherosome　圆球体　03.130

sphingolipid　鞘脂，＊神经鞘脂质　02.315

sphingomyelin　鞘磷脂　02.317

sphingomyelinase　鞘磷脂酶　02.286

spindle　纺锤体　05.080

spindle assembly checkpoint　纺锤体组装检查点　05.014

spindle fiber　纺锤丝　05.076

spinner culture　旋动培养　10.039

spiral cleavage　螺旋卵裂　06.156

splanchnic mesoderm　脏壁中胚层　06.180

spliceosome　剪接体　07.240

splice site　剪接位点　07.241

splicing　剪接　07.235

spokein　辐蛋白　02.224

spongioblast　成胶质细胞　01.104

spongy tissue　海绵组织　01.127

spontaneous generation　自然发生说，*无生源说　06.002

sporangiospore　孢囊孢子　06.089

spore　孢子　06.082

sporocyte　孢子母细胞　06.081

sporogenesis　孢子发生　06.077

sporogon　孢子体　06.102

sporogonium　孢原细胞　06.080

sporophyte　孢子体　06.102

sporopollenin　孢粉素　02.249

sporulation　孢子形成　06.078

spreading factor　*铺展因子　02.288

squash slide　压片　11.069

src gene　*src* 基因　06.321

Src homology 2　SH2 功能域　08.033

Src homology 3　SH3 功能域　08.034

Src homology 1 domain　SH1 功能域　08.032

Src homology domain　SH 功能域　08.031

Src protein　Src 蛋白　06.322

SRE　血清应答元件　07.204

SRF　血清应答因子　07.205，*促生长素释放因子　08.020

SRP　信号识别颗粒　08.045

SRP receptor　信号识别颗粒受体　08.044

stage micrometer　镜台测微尺　11.083

starch　淀粉　02.305

START　起始检查点，*起始关卡　05.010

STAT　信号转导及转录激活蛋白　08.094

stathmin　抑微管装配蛋白，*微管去稳定蛋白　02.124

static culture　静置培养　10.035

stationary phase　固定相　11.221

statocyte　平衡细胞　01.145

statolith　平衡石　01.144

STEM　扫描透射电子显微镜　11.023

stem cell　干细胞　06.229

stem culture　［离体］茎培养　10.052

stereocilium　静纤毛　03.023

stereomicroscope　立体显微镜，*体视显微镜，*解剖显微镜　11.003

sterility　不育性　06.008

steroid receptor　类固醇受体　08.082

STM　扫描隧道显微镜　11.017

stoma　气孔　01.136

stomata(复)　气孔　01.136

stone cell　石细胞　01.133

stop transfer sequence　停止转移序列　08.056

β-strand　β［折叠］链　02.014

stress-activated protein kinase　*应激活化的蛋白激酶　08.095

stress fiber　应力纤维　03.219

stroma lamella　基质片层　03.118

stroma-thylakoid　基质类囊体　03.122

structural gene　结构基因　07.121

subclone　亚克隆　10.194

subcloning　亚克隆　10.194

subculture　继代培养，*传代培养　10.081

suberin　木栓质　03.321

submetacentric chromosome　近中着丝粒染色体，*亚中着丝粒染色体　07.036

submicroscopic structure　*亚显微结构　03.001

submitochondrial particle　*亚线粒体颗粒　03.107

submitochondrial vesicle　亚线粒体小泡　03.107

sub-protoplast　亚原生质体　03.060

subsidiary cell　副卫细胞　01.138

sudan black B　苏丹黑 B　11.145

superficial cleavage　表面卵裂　06.160

supernumerary chromosome　*超数染色体　07.009

supporting film　支持膜　11.077

suppressor T cell　抑制性 T 细胞　09.036

supravital staining　超活染色，*体外活体染色　11.090

surface membrane immunoglobulin　*膜表面免疫球蛋白　09.081

surface replica　表面复型　11.062

surface-spread method　表面铺展法　11.078

survival factor　存活因子　06.296

survivin　存活蛋白　06.295

suspension culture　悬浮培养　10.029

Svedberg unit　斯韦德贝里单位　11.209

SV40 virus　猿猴空泡病毒40，*SV40 病毒　01.070

swing platform culture 平台摆动培养 10.075

symbiosome 共生体 01.046

symplasmic domain 共质域 03.091

symplast 共质体 03.061

symport 共运输，*同向转运 04.042

symporter 同向转运体 04.043

synapse 突触 03.226

synapsis 联会 05.118

synaptic signaling 突触信号传送 08.007

synaptonemal complex 联会复合体 05.123

synchronization 同步化 05.033

syncolin 微管成束蛋白 02.121

syncytiotrophoblast 合体滋养层 06.164

syncytium 合胞体 03.062

syndecan 黏结蛋白聚糖 03.300

syndesis 联会 05.118

synemin 联丝蛋白 02.161

synergid 助细胞 06.053

synergid cell 助细胞 06.053

syngamy 融合生殖，*配子配合 06.120

synkaryon 合核体，*融核体 10.136

syntaxin 突触融合蛋白 02.182

T

TAF TBP 结合因子 07.200

talin 踝蛋白 02.214

target cell 靶细胞 08.030

targeting transport 靶向运输 04.049

TATA-binding protein TATA 结合蛋白 07.199

TATA box TATA 框 07.134

tau protein τ 蛋白 02.119

taxol 紫杉醇 02.341

TBP TATA 结合蛋白 07.199

TBP-associated factor TBP 结合因子 07.200

T cell T[淋巴]细胞 09.029

T cell epitope T 细胞表位 09.055

T cell receptor T 细胞受体 09.080

T-dependent antigen T 细胞依赖性抗原，*依赖 T 的抗原 09.060

teichoic acid 磷壁酸 03.314

teichuronic acid 糖醛酸磷壁酸 03.315

telocentric chromosome 端着丝粒染色体 07.037

telomere 端粒 07.021

telomere DNA sequence 端粒 DNA 序列 02.040

telophase 末期 05.066

TEM 透射电子显微镜 11.021

temperature-sensitive mutant 温度敏感突变体，*ts 突变体 10.175

template 模板 07.158

template strand 模板链 07.160

temporal gene 时序基因 06.269

tensin 张力蛋白 02.149

tenuin 纤细蛋白 02.137

teratocarcinoma 畸胎癌 06.311

teratoma 畸胎癌 06.311

termination codon 终止密码子 07.257

terminator 终止子 07.220

test-tube breeding 试管育种 10.067

test-tube doubling 试管加倍 10.066

test-tube fertilization 试管授精 10.065

test-tube grafting 试管嫁接 10.064

tetrad 四分体 05.139，四联体 05.141

tetraploid 四倍体 07.082

tetraploidy 四倍性 07.108

tetrasomic 四体 07.102

tetrasomy 四体性 07.103

tetrazolium method 四唑氮法 11.105

TF 转录因子 07.194

TGF 转化生长因子 05.043

TGF-α 转化生长因子-α 05.044

TGF-β 转化生长因子-β 05.045

thick filament 粗肌丝 03.206

thick myofilament 粗肌丝 03.206

thin filament 细肌丝 03.207

thin layer culture 薄层培养 10.025

thin myofilament 细肌丝 03.207

thionine 硫堇 11.159

thrombocyte 血小板 01.092

thromboplastin 促凝血酶原激酶 02.268

thrombopoietin 血小板生成素 05.036

thylakoid 类囊体 03.120

thymic education 胸腺驯育 09.046

thymic nurse cell 胸腺抚育细胞，*胸腺保育细胞 09.048

thymocyte 胸腺细胞 09.047

thymus 胸腺 09.045

thymus dependent antigen *胸腺依赖性抗原 09.060

thymus independent antigen *非胸腺依赖性抗原 09.061

thyroid hormone receptor 甲状腺素受体 08.079

tight junction 紧密连接 03.046

TIM complex TIM 复合体 03.112

time-lapse microcinematography 缩时显微电影术 11.041

TIMP 组织金属蛋白酶抑制物 03.325

T-independent antigen 非 T 细胞依赖性抗原，*不依赖 T 的抗原 09.061

tissue culture 组织培养 10.017

tissue inhibitor of metalloproteinase 组织金属蛋白酶抑制物 03.325

tissue-specific gene *组织特异性基因 06.258

tissue-specific promoter 组织特异性启动子 07.140

titin 肌巨蛋白，*肌联蛋白 02.112

TLR Toll 样受体 08.070

T lymphocyte T[淋巴]细胞 09.029

TNF 肿瘤坏死因子 09.132

Toll-like receptor Toll 样受体 08.070

Toll protein Toll 蛋白 06.324

toluidine blue 甲苯胺蓝 11.146

TOM complex TOM 复合体 03.111

tonofilament 张力丝 03.052

tonoplast 液泡形成体，*液泡膜 03.156

totipotency 全能性 06.224

totipotent cell 全能性细胞 06.228

totipotent stem cell 全能干细胞 06.232

trachea 导管 01.140

tracheid 管胞 01.139

transcellular transport 跨细胞运输 04.032

transcript 转录物 07.180

transcriptase 转录酶 07.183

transcription 转录 07.179

transcriptional corepressor 转录辅阻遏物 07.219

transcriptional-level control 转录水平调控 06.288

transcription factor 转录因子 07.194

transcription initiation 转导起始 07.218

transcription initiation complex 转录起始复合体 07.217

transcription unit 转录单位 07.182

transcriptome 转录物组 07.181

transcytosis 胞吞转运 04.078

transdetermination 转决定 06.209

transdifferentiation 转分化 06.213

transduction 转导 10.177

trans-face 反面，*成熟面 03.151

transfection 转染 10.178

transfection efficiency 转染率 10.180

transferrin 运铁蛋白 02.171

transferrin receptor 运铁蛋白受体 08.073

transfer RNA 转移 RNA 07.245

transformant 转化体 10.185

transformation 转化 10.181

transformation efficiency 转化率 10.183

transformed cell 转化细胞 06.314

transforming focus 转化灶 10.184

transforming gene 转化基因 10.205

transforming growth factor 转化生长因子 05.043

transforming growth factor-α 转化生长因子-α 05.044

transforming growth factor-β 转化生长因子-β 05.045

transforming virus 转化病毒 01.072

transgene 转基因 10.204

transgenic animal 转基因动物 10.206

transgenic plant 转基因植物 10.207

trans-Golgi network 反面高尔基网 03.153

transit peptide 转运肽 08.057

transit sequence 转运肽 08.057

translation 翻译 07.223

translational control 翻译控制 06.289

translocase 移位酶 07.230

translocation 易位 07.064

translocator 转运体，*易位子，*易位蛋白质 03.143

translocon 转运体，*易位子，*易位蛋白质 03.143

transmembrane domain 穿膜区 02.178

transmembrane protein 穿膜蛋白，*跨膜蛋白 02.179

transmembrane region 穿膜区 02.178

transmembrane signaling 穿膜信号传送，*穿膜信号传导 08.012

transmembrane transducer 穿膜信号转换器 08.013

transmembrane transport 穿膜运输，*穿膜转运 04.033

transmission electron microscope 透射电子显微镜 11.021

transmitter-gated ion channel 递质门控离子通道

U

V

vacuolar proton ATPase　液泡质子 ATP 酶　04.016
vacuole　液泡，＊泡　03.155
van der Waals force　范德瓦耳斯力，＊范德华力　02.006
variable region　可变区　09.099
vascular cell adhesion molecule　血管细胞黏附分子　09.092
vascular endothelial growth factor　血管内皮[细胞]生长因子　05.042
vector　载体　10.186
vegetal pole　植物极　06.047
vegetative nucleus　营养核　03.239
VEGF　血管内皮[细胞]生长因子　05.042
vehicle　载体　10.186
velocity centrifugation　速度离心　11.214
velocity sedimentation　速度沉降　11.218
vesicle　小泡　03.157
vesicular transport　小泡运输　04.052
vessel　导管　01.140
vibratome　振动切片机　11.054
videographic display　视频图形显示，＊图像显示　11.045
villin　绒毛蛋白　02.091
vimentin　波形蛋白　02.159
vimentin filament　波形蛋白丝　03.203
vinblastine　长春花碱　02.333
vincristine　长春花新碱　02.334
vinculin　黏着斑蛋白　02.138
viral oncogene　病毒癌基因，＊v 癌基因　06.318
virion　病毒[粒]体，＊病毒粒子　01.074
viroid　类病毒　01.062
virus　病毒　01.058
visceral mesoderm　脏壁中胚层　06.180
vital dye　活体染料　11.114
vital stain　活体染料　11.114
vital staining　[体内]活体染色　11.089
vitelline envelope　卵黄被　06.068
vitelline membrane　卵黄膜　06.064
voltage-gated ion channel　电压门控离子通道　04.023
v-oncogene　病毒癌基因，＊v 癌基因　06.318
V-type ATPase　＊V 型 ATP 酶　04.016
V-type [proton] pump　＊V 型[质子]泵　04.016

W

wall ingrowth　胞壁内突生长　03.075
watch glass culture　表面皿培养　10.070
W chromosome　W 染色体　07.006
Weismanism　＊魏斯曼学说　01.039
Western blotting　蛋白质印迹法　11.255
wheat germ agglutinin　麦胚凝集素　09.143
white blood cell　白细胞　01.087
whole-arm fusion　＊全臂融合　07.054
whole mount preparation　整装制片　11.048
Wright stain　瑞特染液　11.127

X

X body　X 小体　07.050
X chromatin　＊X 染色质　07.050
X chromosome　X 染色体　07.004
xenograft　异体移植　10.157
X inactivation　X 失活　06.205
X-ray diffraction　X 射线衍射　11.046
X-ray microanalysis　X 射线显微分析　11.047
X-ray microscope　X 射线显微镜　11.015
xylan　木聚糖　03.313

Y

YAC　酵母人工染色体　10.166
Y chromosome　Y 染色体　07.005

yeast 酵母 01.056

yeast artificial chromosome 酵母人工染色体 10.166

yolk 卵黄 06.063

yolk sac 卵黄囊 06.069

Z

Z chromosome Z 染色体 07.007

Z disc Z 盘 03.218

Z-form DNA Z 型 DNA 02.036

zinc finger 锌指 02.024

Z line ＊Z 线 03.218

zona pellucida 透明带 06.067

zonula adherens 黏着连接 03.047

zonula occludens 紧密连接 03.046

zoosperm 游动精子 06.037

zoospore 游动孢子 06.087

zygosis 接合 06.126

zygospore 接合孢子 06.091

zygote 合子 06.129

zygotene 偶线期, ＊合线期 05.110

zygotic gene 合子基因 06.263

zygozoospore 游动接合孢子 06.093

zymogen granule 酶原粒 02.252

zyxin 斑联蛋白 02.143

汉 英 索 引

A

吖啶橙　acridine orange　11.139
吖啶黄　acridine yellow　11.140
阿拉伯半乳聚糖　arabinogalactan　03.318
阿拉伯聚糖　araban　03.316
癌变　carcinogenesis　06.312
＊癌蛋白18　onco-protein 18, Op18　02.124
癌基因　oncogene　06.315
＊c癌基因　cellular oncogene, c-oncogene　06.316
＊v癌基因　viral oncogene, v-oncogene　06.318
癌细胞　cancer cell　06.313
癌[症]　cancer　06.307
氨苄青霉素　ampicillin　10.211

氨基蝶呤　aminopterin　02.335
氨基酸　amino acid　02.056
氨基酸通透酶　amino acid permease　02.273
氨甲蝶呤　amethopterin, methotrexate　02.336
氨酰tRNA　aminoacyl tRNA　07.265
氨酰tRNA合成酶　aminoacyl tRNA synthetase　07.266
＊氨酰tRNA连接酶　aminoacyl tRNA ligase　07.266
氨酰位　aminoacyl site, A site　07.269
暗带　A band, dark band　03.216
＊暗视场显微镜　dark-field microscope　11.005
暗视野显微镜　dark-field microscope　11.005
凹玻片　depression slide, concave slide　11.082

B

＊巴尔比亚尼染色体　Balbiani chromosome　07.044
＊巴氏小体　Barr body　07.050
靶细胞　target cell　08.030
靶向运输　targeting transport　04.049
白介素-3　interleukin-3, IL-3　09.128
白色体　leucoplast　03.126
白细胞　white blood cell, leucocyte, leukocyte　01.087
白细胞分化抗原　leukocyte differentiation antigen, LDA　09.057
白[细胞]介素　interleukin　09.123
白细胞溶菌素　leukin　09.137
白血病抑制因子　leukemia inhibitory factor　05.038
斑点杂交　dot hybridization　11.252
斑联蛋白　zyxin　02.143
斑珠蛋白　plakoglobin　02.142
坂口反应　Sakaguchi reaction　11.101
半保留复制　semiconservative replication　07.171
半不育[性]　semisterility　06.009
半抗原　hapten　09.050
半抗原载体复合物　hapten-carrier complex　09.052
半桥粒　hemidesmosome　03.049

半乳聚糖　galactan　03.317
半纤维素　hemicellulose　03.312
伴胞　companion cell　01.134
伴刀豆凝集素A　concanavalin A, Con A　09.140
伴肌动蛋白　nebulin　02.111
伴侣蛋白　chaperonin　02.232
包埋　embedding　11.071
包埋剂　embedding medium　11.072
孢粉素　sporopollenin　02.249
孢囊　cyst　06.076
孢囊孢子　sporangiospore　06.089
孢原细胞　sporogonium, archesporium　06.080
孢子　spore　06.082
孢子发生　sporogenesis　06.077
孢子母细胞　sporocyte　06.081
孢子体　sporophyte, sporogon　06.102
孢子同型　isospory　06.085
孢子外壁　exospore　03.080
孢子形成　sporulation　06.078
孢子异型　heterospory　06.086
孢子中壁　mesospore　03.079

胞壁内突生长 wall ingrowth 03.075

胞肛 cytoproct, cytopyge 03.042

胞间连丝 plasmodesma 03.083

胞间运输 intercellular transport 04.030

胞口 cytostome 03.040

*胞膜窖 caveola 03.043

胞内共生 endosymbiosis 04.096

胞内小管 intracellular canaliculus 03.212

胞内运输 intracellular transport 04.031

胞吐[作用] exocytosis 04.073

胞吞途径 endocytic pathway 04.072

胞吞转运 transcytosis 04.078

胞吞[作用] endocytosis 04.074

[胞]外连丝 ectodesma 03.087

胞咽 cytopharynx 03.041

胞饮[作用] pinocytosis 04.076

胞质分裂 cytokinesis, plasmodieresis 05.101

胞质环 cytoplasmic ring 03.253

胞质环流 cyclosis, cytoplasmic streaming 04.112

胞质局部分裂 merokinesis 05.102

胞质孔环 cytoplasmic annulus 03.089

胞质面 cytosolic face 03.008

胞质内小 RNA small cytoplasmic RNA, scRNA 02.052

胞质溶胶 cytosol 03.100

*胞质融合 plasmogamy 06.124

胞质体 cytoplast, cytosome 10.140

胞质运动 cytoplasmic movement 04.111

胞质杂种 cybrid, cytoplasmic hybrid 10.131

薄壁细胞 parenchyma cell 01.129

薄层培养 thin layer culture 10.025

饱和密度 saturation density 10.114

保守序列 conserved sequence 07.132

保卫细胞 guard cell 01.137

保育培养 nurse culture 10.058

被动扩散 passive diffusion 04.035

被动免疫 passive immunity 09.010

被动运输 passive transport 04.034

*被动转运 passive transport 04.034

*苯胺黑 nigrosine 11.144

苯胺蓝 aniline blue 11.143

泵 pump 04.020

闭合蛋白 occludin 02.147

臂比 arm ratio 07.030

臂间倒位 pericentric inversion 07.067

臂内倒位 paracentric inversion 07.068

*边缘波动 ruffling 04.109

边缘起皱 ruffling 04.109

RNA 编辑 RNA editing 07.243

编码链 coding strand 07.159

鞭毛 flagellum 03.026

鞭毛蛋白 flagellin 02.240

变态 metamorphosis 06.249

变形运动 amoeboid movement, amoeboid locomotion 04.105

变性 denaturation 07.273

标记染色体 marker chromosome 07.041

表面复型 surface replica 11.062

表面卵裂 superficial cleavage 06.160

表面皿培养 watch glass culture 10.070

表面铺展法 surface-spread method 11.078

表膜 pellicle 03.010

表皮生长因子 epidermal growth factor, EGF 05.039

表皮生长因子受体 epidermal growth factor receptor, EGF receptor 05.040

表皮细胞 epidermal cell 01.122

表位 epitope 09.054

别藻蓝蛋白 allophycocyanin, APC 02.245

*冰冻蚀刻 freeze etching 11.060

病毒 virus 01.058

DNA 病毒 DNA virus 01.063

RNA 病毒 RNA virus 01.064

*SV40 病毒 simian vacuolating virus 40, SV40 virus 01.070

病毒癌基因 viral oncogene, v-oncogene 06.318

病毒[粒]体 virion 01.074

*病毒粒子 virion 01.074

波形蛋白 vimentin 02.159

波形蛋白丝 vimentin filament 03.203

玻璃珠培养 glass bead culture 10.087

补体 complement 09.114

补体旁路 alternative complement pathway 09.116

补体受体 complement receptor 09.115

哺乳动物人工染色体 mammalian artificial chromosome, MAC 10.167

捕光复合物 light-harvesting complex, LHC 04.144

不动孢子 aplanospore 06.088

不动配子 aplanogamete 06.024

不对称分裂 asymmetrical division 05.059

C

初生细胞壁　primary cell wall　03.068

触角足复合物　antennapedia complex　06.274

穿膜蛋白　transmembrane protein　02.179

穿膜区　transmembrane domain, transmembrane region 02.178

＊穿膜信号传导　transmembrane signaling　08.012

穿膜信号传送　transmembrane signaling　08.012

穿膜信号转换器　transmembrane transducer　08.013

穿膜运输　transmembrane transport　04.033

＊穿膜转运　transmembrane transport　04.033

传代　passage　10.082

＊传代培养　secondary culture, subculture　10.081

传代数　passage number　10.083

＊船坞蛋白质　docking protein　02.198

串流　cross-talk　08.091

纯合子　homozygote　07.094

磁激活细胞分选法　magnetically-activated cell sorting, MACS　11.197

＊雌核发育　gynogenesis　06.119

雌配子　female gamete　06.021

雌雄间体　intersex　06.106

雌雄同体　monoecism　06.104

＊雌雄同株　monoecism　06.104

雌雄异体　dioecism　06.105

＊雌雄异株　dioecism　06.105

次黄嘌呤鸟嘌呤磷酸核糖基转移酶　HGPRT transferase 02.272

次级精母细胞　secondary spermatocyte　06.034

次级卵母细胞　secondary oocyte　06.045

次级溶酶体　secondary lysosome　03.161

次级神经胚形成　secondary neurulation　06.194

次生胞间连丝　secondary plasmodesma　03.085

次生细胞壁　secondary cell wall　03.069

次要组织相容性抗原　minor histocompatibility antigen 09.071

次缢痕　secondary constriction　07.027

粗肌丝　thick myofilament, thick filament　03.206

粗线期　pachytene, pachynema　05.111

＊DNA 促超螺旋酶　DNA gyrase　07.149

促成熟因子　maturation promoting factor, MPF　05.029

促分裂原活化的蛋白激酶　mitogen-activated protein kinase, MAPK　02.259

促分裂作用　mitogenesis　05.022

[促]红细胞生成素　erythropoietin, EPO　09.130

＊促进扩散　facilitated diffusion　04.037

促凝血酶原激酶　thromboplastin　02.268

促生长素　growth hormone, GH　08.019

促生长素释放素　somatoliberin, somatotropin releasing hormone　08.020

＊促生长素释放因子　somatotropin releasing factor, SRF 08.020

DNA 促旋酶　DNA gyrase　07.149

促[有丝]分裂原　mitogen　05.021

催化剂　catalyst　02.055

＊RNA 催化剂　ribozyme　02.054

＊催化型受体　catalytic receptor　08.074

存活蛋白　survivin　06.295

存活因子　survival factor　06.296

错分裂　misdivision　05.072

D

大孢子　megaspore　06.099

大孢子发生　megasporogenesis　06.100

大孢子母细胞　megasporocyte, megaspore mother cell 06.101

大豆凝集素　soybean agglutinin　09.142

大核　macronucleus　03.236

大颗粒淋巴细胞　large granular lymphocyte, LGL 09.030

大量培养　mass culture, large-scale culture, bulk culture 10.019

大配子　macrogamete　06.026

代谢偶联　metabolic coupling, metabolic cooperation 04.029

＊A 带　A band, dark band　03.216

＊I 带　I band, light band　03.215

带 3 蛋白　band 3 protein　02.180

＊带状桥粒　belt desmosome　03.051

单倍核　hemikaryon　07.093

单倍体　haploid　07.078

单倍性　haploidy　07.104

单层[细胞]培养　monolayer culture　10.022

＊单纯扩散　simple diffusion　04.036

第二信使　second messenger　08.086

第一信使　primary messenger　08.065

电穿孔　electroporation　11.294

电荷流分离法　charge flow separation, CFS　11.198

电化学梯度　electrochemical gradient　04.010

＊电镜　electron microscope　11.020

电融合　electrofusion　11.293

电压门控离子通道　voltage-gated ion channel　04.023

电泳　electrophoresis　11.236

电子传递　electron transport　04.121

电子传递链　electron transport chain　04.122

电子染色　electron stain　11.124

电子显微镜　electron microscope　11.020

电子载体　electron carrier　04.123

淀粉　starch　02.305

淀粉核　pyrenoid　03.133

＊奠基细胞　founder cell　01.098

靛洋红　indigo carmine　11.132

凋亡蛋白酶激活因子1　apoptosis protease-activating factor-1, Apaf1　06.300

凋亡体　apoptosome　06.298

凋亡小体　apoptotic body　06.299

凋亡信号调节激酶1　apoptosis signal regulating kinase-1, Ask1　06.301

凋亡诱导因子　apoptosis-inducing factor, AIF　06.302

顶端细胞　apical cell　01.120

顶体　acrosome　06.137

顶体蛋白　acrosin　02.222

顶体反应　acrosomal reaction　06.136

顶质分泌　apocrine　04.089

＊定量PCR　quantitative PCR, qPCR　11.266

定量聚合酶链反应　quantitative PCR, qPCR　11.266

定型　commitment　06.222

动合子　ookinete　06.130

动基体　kinetoplast　03.030

动力蛋白　dynein　02.129

动力蛋白臂　dynein arm　02.130

动力蛋白激活蛋白　dynactin, dynein activator complex　02.131

动粒　kinetochore　07.015

动粒微管　kinetochore microtubule　05.077

动粒域　kinetochore domain　07.017

动物极　animal pole　06.046

动物细胞工程　animal cell engineering　10.121

动物细胞与组织培养　culture of animal cell and tissue　10.018

动纤丝　kinetodesma　03.195

动质　ergastoplasm　03.141

＊读框移位　reading frame displacement　07.260

独特位　idiotope　09.105

独特型　idiotype　09.104

端部联会　acrosyndesis　05.122

＊c-Jun N端激酶　c-Jun N-terminal kinase　08.095

端粒　telomere　07.021

端粒DNA序列　telomere DNA sequence　02.040

端着丝粒染色体　telocentric chromosome　07.037

对向运输　antiport　04.041

多倍体　polyploid　07.079

多倍性　polyploidy　07.106

多核合子　coenozygote　06.131

多核糖体　polyribosome, polysome　03.147

多核体　polykaryon　10.135

＊多核细胞　polykaryon　10.135

多级调控体系　multistage regulation system　06.279

多极有丝分裂　multipolar mitosis　05.057

＊多集落刺激因子　multi-colony stimulating factor, multi-CSF　09.128

多价体　multivalent　05.134

多精入卵　polyspermy　06.145

多克隆抗体　polyclonal antibody　09.109

多能干细胞　multipotential stem cell, pluripotent stem cell　06.233

多泡体　multivesicular body　03.173

多[潜]能细胞　multipotent cell　06.227

多[潜]能性　multipotency, pluripotency　06.225

多糖　polysaccharide　02.303

多线染色体　polytene chromosome　07.044

多形核　polymorphic nucleus　03.231

＊多形核白细胞　polymorphonuclear leukocyte　01.088

＊多形核嗜中性粒细胞　polymorphonuclear neutrophil　01.091

多着丝粒染色体　polycentric chromosome　07.034

E

*额外染色体 extrachromosome 07.009

恶性肿瘤 malignant tumor 06.306

二倍体 diploid 07.077

二倍体细胞系 diploid cell line 10.111

二分[分]裂 binary fission 05.051

二分体 diad, dyad 05.138

*二价[染色]体 bivalent 05.141

二联体 diad, dyad 05.140

二硫键 disulfide bond 02.002

4′,6-二脒基-2-苯基吲哚 4′,6-diamidino-2-phenylindole, DAPI 11.117

二酰甘油 diacylglycerol, DAG 08.087

二乙酸荧光素 fluorescein diacetate, FDA 11.122

F

发动蛋白 dynamin 02.127

*发育工程 developmental technology 10.124

法氏囊 cloacal bursa, bursa of Fabricius 09.028

*β发夹 β-hairpin 02.013

番红 safranine 11.138

翻译 translation 07.223

翻译后修饰 post-translational modification 07.225

翻译控制 translational control 06.289

翻转酶 flippase 02.253

反密码子 anticodon 07.254

反面 trans-face 03.151

反面高尔基网 trans-Golgi network 03.153

*反向PCR inverse PCR, iPCR 11.267

反向聚合酶链反应 inverse PCR, iPCR 11.267

反向信号传送 reverse signaling 08.011

*反向转运 antiport 04.041

反向转运体 antiporter 04.044

反义RNA antisense RNA 07.249

*反义链 antisense strand 07.160

反应中心 reaction center 04.119

反应中心叶绿素 reaction-center chlorophyll 04.120

*反转录PCR reverse transcription PCR, RT-PCR 11.265

反转录病毒 retrovirus 01.065

反转录聚合酶链反应 reverse transcription PCR, RT-PCR 11.265

反转录酶 reverse transcriptase 07.184

反足细胞 antipodal cell 06.054

泛醌 ubiquinone 04.127

泛连接蛋白 pannexin 02.140

泛素 ubiquitin 02.061

泛素化 ubiquitinoylation 02.062

*范德华力 van der Waals force 02.006

范德瓦耳斯力 van der Waals force 02.006

防御素 defensin 09.145

纺锤剩体 mitosome 05.074

纺锤丝 spindle fiber 05.076

纺锤体 spindle 05.080

纺锤体组装检查点 spindle assembly checkpoint 05.014

放大率 magnification 11.031

放射免疫沉淀法 radioimmunoprecipitation 11.179

放射性免疫测定 radioimmunoassay, RIA 11.202

放射性示踪物 radioactive tracer 11.200

放射自显影[术] autoradiography, radioautography 11.180

放线菌素D actinomycin D 07.207

放线酮 cycloheximide 07.206

*非重复序列 nonrepetitive sequence 07.123

非端着丝粒染色体 atelocentric chromosome 07.039

非翻译区 untranslated region 07.224

非姐妹染色单体 non-sister chromatid 05.131

非内共生学说 non-endosymbiotic hypothesis 01.043

非受体酪氨酸激酶 nonreceptor tyrosine kinase 02.262

*非特异性免疫 non-specific immunity 09.007

非贴壁依赖性细胞 anchorage-independent cell 10.013

非同源染色体 nonhomologous chromosome 05.129

非T细胞依赖性抗原 T-independent antigen 09.061

*非胸腺依赖性抗原 thymus independent antigen 09.061

非循环光合磷酸化 noncyclic photophosphorylation 04.161

副基体 parabasal body 03.029
副密码子 paracodon 07.255

*副染色体 accessory chromosome 07.009
副卫细胞 subsidiary cell 01.138

G

*钙泵 calcium pump, Ca²⁺-pump 04.019
钙波 calcium wave 08.047
钙调动 calcium mobilization, Ca²⁺-mobilization 04.028
钙峰 calcium peak 08.048
钙结合蛋白质 calcium-binding protein 02.225
钙库 calcium store, calcium pool 08.049
钙连蛋白 calnexin 02.203
钙 ATP 酶 calcium ATPase 04.019
钙黏着蛋白 cadherin 02.218
钙调蛋白 calmodulin, CaM 02.226
*钙调素 calmodulin, CaM 02.226
钙通道 calcium channel 04.026
钙网蛋白 calreticulin 02.204
钙信号 calcium signal 08.050
钙振荡 calcium oscillation 08.051
钙指纹 calcium fingerprint 08.052
钙周期蛋白 calcyclin 02.227
盖玻片 coverslip, cover glass 11.080
盖玻片培养 coverslip culture 10.033
RNA 干扰 RNA interference, RNAi 11.263
*干扰短 RNA short interfering RNA 07.250
干扰素 interferon, IFN 09.134
干扰小 RNA small interfering RNA, siRNA 07.250
干涉显微镜 interference microscope 11.010
甘露[聚]糖结合凝集素 mannan-binding lectin, MBL 09.144
甘露糖 mannose 02.299
甘露糖-6-磷酸 mannose-6-phosphate 02.310
甘油磷脂 glycerophosphatide 02.318
肝配蛋白 ephrin 06.297
肝[实质]细胞 hepatocyte 01.109
肝素 heparin 03.304
*肝素结合生长因子 heparin binding growth factor 05.048
感受态 competence 06.220
干细胞 stem cell 06.229
冈崎片段 Okazaki fragment 07.174
高变区 hypervariable region, HVR 09.100

高碘酸希夫反应 periodic acid-Schiff reaction, PAS reaction 11.103
高尔基[复合]体 Golgi body, Golgi apparatus, Golgi complex 03.148
高速离心 high speed centrifugation 11.212
高速泳动族蛋白 high mobility group protein, HMG protein 02.068
高效液相层析 high performance liquid chromatography, HPLC 11.234
高压电子显微镜 high voltage electron microscope 11.024
高压灭菌器 autoclave 11.087
*高压液相层析 high pressure liquid chromatography, HPLC 11.234
*戈德堡-霍格内斯框 Goldberg-Hogness box 07.134
个体发生 ontogeny, ontogenesis 06.006
*个体发育 ontogeny, ontogenesis 06.006
根冠 root cap 01.143
根毛 root hair 01.132
根丝体 rhizoplast 03.024
SH 功能域 Src homology domain, SH domain 08.031
SH1 功能域 Src homology 1 domain, SH1 domain 08.032
SH2 功能域 Src homology 2, SH2 08.033
SH3 功能域 Src homology 3, SH3 08.034
共翻译运输 cotranslational transport 04.050
共培养 co-culture 10.026
共生体 symbiosome 01.046
共有序列 consensus sequence 07.133
共运输 symport 04.042
共质体 symplast 03.061
共质域 symplasmic domain 03.091
共转化 cotransformation 10.182
共转染 cotransfection 10.179
构件因子 architectural factor 07.202
孤雌生殖 parthenogenesis 06.113
*孤雄发育 androgenesis 06.116
孤雄生殖 androgenesis 06.116
古核生物 archaea 01.049

H

核质比　nuclear-cytoplasmic ratio　03.244

核质蛋白　nucleoplasmin　02.189

核质环　nucleoplasmic ring　03.254

核质杂种细胞　nucleo-cytoplasmic hybrid cell　10.132

＊核质指数　nucleoplasmic index　03.244

＊核周池　perinuclear cistern　03.249

＊核周蛋白　karyopherin　02.183

核周体　perikaryon　03.223

核周隙　perinuclear space　03.249

核转运蛋白　karyopherin　02.183

盒式机制　cassette mechanism　06.287

黑素细胞　melanocyte　01.111

恒定区　constant region　09.098

＊恒定性异染色质　constitutive heterochromatin　03.278

横小管　transverse tubule, T-tubule　03.213

红外光显微镜　infrared microscope　11.013

红细胞　erythrocyte, red blood cell　01.085

红细胞血影　erythrocyte ghost　01.086

后成说　epigenesis　06.004

后基因组计划　post genome project　01.034

后期　anaphase　05.063

后期 A　anaphase A　05.064

后期 B　anaphase B　05.065

后期促进复合物　anaphase-promoting complex, APC　05.015

后随链　lagging strand　07.173

厚壁细胞　sclerenchyma cell　01.131

厚角细胞　collenchyma cell　01.130

＊呼吸链　respiratory chain　04.122

糊粉粒　aleurone grain　03.132

互补 DNA　complementary DNA, cDNA　02.041

＊互补决定区　complementarity determining region, CDR　09.100

互补位　paratope　09.101

花粉　pollen　06.097

花粉母细胞　pollen mother cell　01.142

花粉内壁　intine　03.078

花粉培养　pollen culture　10.057

花粉外壁　exine　03.077

花结形成细胞　rosette forming cell, RFC　09.159

花器官培养　flower culture　10.055

花生凝集素　peanut agglutinin, PNA　09.141

＊花束期　bouquet stage　05.109

花药培养　anther culture　10.056

＊化生　metaplasia　06.214

＊DNA 化学测序法　chemical method of DNA sequencing　11.262

＊化学降解法　chemical degradation method　11.262

化学渗透　chemiosmosis　04.011

化学渗透[偶联]学说　chemiosmotic [coupling] hypothesis　04.012

踝蛋白　talin　02.214

坏死　necrosis　06.292

还原电位　reduction potential　04.007

＊还原型辅酶Ⅰ　reduced nicotinamide adenine dinucleotide, NADH　04.135

＊还原型辅酶Ⅱ　reduced nicotinamide adenine dinucleotide phosphate, NADPH　04.136

还原型黄素腺嘌呤二核苷酸　reduced flavin adenine dinucleotide, FADH₂　04.132

还原型烟酰胺腺嘌呤二核苷酸　reduced nicotinamide adenine dinucleotide, NADH　04.135

还原型烟酰胺腺嘌呤二核苷酸磷酸　reduced nicotinamide adenine dinucleotide phosphate, NADPH　04.136

＊环　loop　07.154

＊环己酰亚胺　cycloheximide　07.206

环孔片层　annulate lamella　03.250

环鸟苷[一磷]酸　cyclic guanylic acid, cyclic guanosine monophosphate, cGMP　02.031

环腺苷酸　cyclic adenylic acid, cyclic adenosine monophosphate, cAMP　02.030

环状亚单位　annular subunit　03.257

黄化质体　etioplast　03.128

黄素蛋白　flavoprotein, FP　04.130

黄素腺嘌呤二核苷酸　flavin adenine dinucleotide, FAD　04.131

灰色新月　gray crescent　06.066

回复体　revertant　10.176

回收运输　retrieval transport　04.046

回文序列　palindrome　07.156

汇合培养　confluent culture　10.024

混倍体　mixoploid　07.091

混倍性　mixoploidy　07.114

混合淋巴细胞反应　mixed lymphocyte reaction　09.162

活体染料　vital stain, vital dye　11.114

＊获得性免疫　acquired immunity　09.008

获能　capacitation　06.139

J

*巨球蛋白 immunoglobulin M，IgM 09.089

巨噬细胞 macrophage 09.038

巨噬细胞集落刺激因子 macrophage colony-stimulating factor，M-CSF 09.127

*巨型染色体 giant chromosome 07.043

聚丙烯酰胺凝胶电泳 polyacrylamide gel electrophoresis，PAGE 11.239

聚光镜 condenser 11.026

聚合酶 polymerase 07.185

DNA 聚合酶 DNA polymerase 07.186

RNA 聚合酶 RNA polymerase 07.187

聚合酶链[式]反应 polymerase chain reaction，PCR 11.264

*聚拢蛋白 adducin 02.206

聚丝蛋白 filaggrin 02.162

N-聚糖酶 N-glycanase 02.282

决定子 determinant 06.208

均等分裂 equal division 05.058

菌毛 pilus, pili(复)，fimbrium, fimbria(复) 03.021

菌毛蛋白 pilin, fimbrillin 02.241

K

卡尔文循环 Calvin cycle 04.146

凯氏带 Casparian band, Casparian strip 03.076

抗癌基因 antioncogene 06.319

抗毒素 antitoxin 09.111

抗毒素血清 antitoxic serum 09.112

抗独特型抗体 antiidiotypic antibody 09.106

抗抗体 anti-antibody 09.107

抗生物素蛋白 avidin 11.097

抗生物素蛋白-生物素染色 avidin-biotin staining 11.099

抗体 antibody, Ab 09.095

*抗体 H 链 heavy chain of antibody 09.096

*抗体 L 链 light chain of antibody 09.097

抗体轻链 light chain of antibody 09.097

*抗体依赖性细胞介导的细胞毒作用 antibody-dependent cell-mediated cytotoxicity，ADCC 09.078

抗体重链 heavy chain of antibody 09.096

抗血清 antiserum 09.110

抗原 antigen, Ag 09.049

H-2 抗原 H-2 antigen 09.069

*Ia 抗原 I region associated antigen, Ia antigen 09.072

*MHC 抗原 major histocompatibility complex antigen, MHC antigen 09.068

抗原结合部位 antigen-binding site 09.059

*抗原决定簇 antigenic determinant 09.054

抗原提呈 antigen presenting 09.041

抗原提呈细胞 antigen presenting cell 09.042

考马斯[亮]蓝 coomassie [brilliant] blue 11.148

*颗粒细胞 granulosa cell 01.101

颗粒性分泌 granulocrine 04.092

颗粒组分 granular component 03.261

可变剪接 alternative splicing 07.237

可变区 variable region 09.099

可读框 open reading-frame 07.261

可溶性 NSF 附着蛋白 soluble NSF attachment protein，SNAP 04.065

可溶性 NSF 附着蛋白受体 soluble NSF attachment protein receptor，SNARE 04.066

*克雷布斯循环 Krebs cycle 04.148

克隆 clone 10.193

克隆变异 clonal variation 10.203

克隆变异体 clonal variant 10.202

克隆繁殖 clonal propagation 10.200

克隆化 cloning 10.195

克隆扩增 clonal expansion 09.075

克隆率 cloning efficiency 10.196

克隆选择学说 clonal selection theory 09.004

克隆载体 cloning vector 10.187

空斑形成细胞 plaque forming cell，PFC 09.157

孔膜区 pore membrane domain 03.259

*跨膜蛋白 transmembrane protein 02.179

跨细胞运输 transcellular transport 04.032

快蛋白 prestin 02.135

快速冷冻 quick freezing 11.063

快速冷冻深度蚀刻 quick freeze deep etching 11.064

TATA 框 TATA box 07.134

HMG 框结构域 HMG-box motif 02.022

*HMG 框模体 HMG-box motif 02.022

醌循环 quinone cycle 04.129

DNA 扩增 DNA amplification 07.144

L

淋巴因子　lymphokine　09.122

淋巴因子激活的杀伤细胞　lymphokine-activated killer cell, LAK cell　09.032

磷壁酸　teichoic acid　03.314

磷酸化　phosphorylation　02.296

磷酸肌醇　phosphoinositide　02.312

磷酸肌酸　phosphocreatine, creatine phosphate　02.311

磷酸激酶　phosphokinase　02.254

＊磷酸酪氨酸磷酸酶　phosphotyrosine phosphatase　02.266

磷酸酶　phosphatase　02.283

磷脂　phospholipid, PL　02.316

磷脂促翻转酶　phospholipid scramblase　02.277

磷脂交换蛋白　phospholipid exchange protein　02.170

磷脂酶　phospholipase, phosphatidase　02.284

磷脂双层　phospholipid bilayer　03.017

磷脂酰胆碱　phosphatidylcholine, PC　02.319

磷脂酰甘油　phosphatidylglycerol, PG　02.323

磷脂酰肌醇　phosphatidylinositol, PI　02.324

磷脂酰肌醇-3-羟激酶　phosphatidylinositol 3-hydroxy kinase, PI3K　02.270

磷脂酰丝氨酸　phosphatidylserine, PS　02.320

磷脂酰乙醇胺　phosphatidylethanolamine, PE　02.322

流动相　mobile phase　11.222

流式细胞术　flow cytometry, FCM　11.195

流式细胞仪　flow cytometer, FCM　11.196

硫堇　thionine　11.159

硫酸角质素　keratan sulfate　03.306

＊硫酸类肝素　heparan sulfate, HS　03.305

硫酸皮肤素　dermatan sulfate　03.308

硫酸软骨素　chondroitin sulfate　03.307

硫酸乙酰肝素　heparan sulfate, HS　03.305

绿色荧光蛋白　green fluorescent protein, GFP　11.120

＊孪蛋白　geminin　07.152

卵　ovum, egg, oosphere　06.048

卵核分裂　ookinesis　06.059

卵黄　yolk　06.063

卵黄被　vitelline envelope　06.068

卵黄膜　vitelline membrane　06.064

卵黄囊　yolk sac　06.069

卵孔　micropyle　06.072

卵裂　cleavage　06.147

卵裂沟　cleavage furrow　06.148

卵裂面　cleavage plane　06.151

[卵]裂球　blastomere　06.149

卵裂型　cleavage type　06.152

＊卵磷脂　lecithin　02.319

卵母细胞　oocyte　06.043

卵泡　ovarian follicle　06.052

卵泡细胞　granulosa cell　01.101

卵器　egg apparatus　06.056

卵式生殖　oogamy　06.112

卵原细胞　oogonium　06.042

卵质　ooplasm　06.060

卵中心体　oocenter, ovocenter　06.061

卵子发生　oogenesis　06.041

罗伯逊易位　Robertsonian translocation　07.065

罗丹明　rhodamine　11.137

罗氏染液　Romanowsky stain　11.125

螺线管　solenoid　03.280

α螺旋　α-helix　02.012

＊螺旋-环-螺旋模体　helix-loop-helix motif　02.020

螺旋卵裂　spiral cleavage　06.156

螺旋-袢-螺旋结构域　helix-loop-helix motif　02.020

螺旋去稳定蛋白　helix-destabilizing protein　07.151

螺旋-转角-螺旋结构域　helix-turn-helix-motif　02.021

＊螺旋-转角-螺旋模体　helix-turn-helix-motif　02.021

裸细胞　null cell　09.024

裸质体　gymnoplast　03.131

落射光显微镜　epi-illumination microscope　11.007

M

马达蛋白质　motor protein　02.128

马克萨姆-吉尔伯特法　Maxam-Gilbert DNA sequencing, Maxam-Gilbert method　11.262

麦胚凝集素　wheat germ agglutinin　09.143

脉冲标记技术　pulse-labeling technique　11.201

脉冲[交变]电场凝胶电泳　pulse [alternative] field gel electrophoresis　11.241

脉冲追踪法　pulse-chase　11.191

＊毛基体　kinetosome　03.028

毛细管电泳　capillary electrophoresis, CE　11.245

＊毛细管培养　capillary culture　10.088

毛状体　trichome　03.065

*[膜]内在蛋白质　intrinsic protein　02.176
膜片钳记录技术　patch-clamp recording　11.190
*[膜]外在蛋白质　extrinsic protein　02.177
*膜运输蛋白　membrane transport protein　02.167
膜再循环　membrane recycling　03.016
[膜]周边蛋白质　peripheral protein　02.177
*摩托蛋白质　motor protein　02.128
末期　telophase　05.066
*墨角藻黄素　fucoxanthin　02.248

*母体基因　maternal gene　06.259
母体效应基因　maternal-effect gene　06.259
母体信息　maternal information　06.142
木聚糖　xylan　03.313
木栓质　suberin　03.321
木质素　lignin　03.322
目镜　eyepiece　11.028
目镜测微尺　ocular micrometer　11.084

N

*钠泵　sodium pump　04.018
*钠钾泵　sodium-potassium pump　04.018
钠钾ATP酶　sodium-potassium ATPase, Na$^+$,K$^+$-ATPase　04.018
钠通道　sodium channel　04.025
*囊包蛋白　involucrin　02.208
囊胚　blastula　06.162
[囊]胚泡　blastocyst　06.161
囊胚腔　blastocoel　06.163
脑发育调节蛋白　drebrin　02.228
脑啡肽　enkephalin　02.328
脑磷脂　cephalin　02.321
脑源性神经营养因子　brain-derived neurotrophic factor, BDNF　05.049
*脑源性生长因子　brain-derived growth factor, BDGF　05.049
内分泌　endocrine　04.086
内分泌信号传送　endocrine signaling　08.008
内共生体　endosymbiont　01.044
内共生学说　endosymbiotic hypothesis　01.042
内含肽　intein　07.232
内含子　intron　07.128
内核膜　inner nuclear membrane　03.248
内卷　involution　06.187
内膜系统　endomembrane system　03.137
内胚层　endoderm　06.175
内披蛋白　involucrin　02.208
*内皮细胞抑制素　endostatin　09.148
内切核酸酶　endonuclease　07.189
内收蛋白　adducin　02.206
内[吞]体　endosome　03.169
*内吞作用　endocytosis　04.074

内细胞团　inner cell mass　06.166
内陷　invagination　06.186
内质　endoplasm　03.093
内质网　endoplasmic reticulum, ER　03.138
内质网回收信号　ER retrieval signal　08.061
内质网信号序列　ER signal sequence　08.063
内质网驻留蛋白　ER retention protein　08.062
内质网驻留信号　ER retention signal　08.060
尼格罗黑　nigrosine　11.144
尼罗蓝　Nile blue　11.149
拟核　nucleoid　03.234
拟染色体　chromatoid body　07.049
逆向轴突运输　retrograde axonal transport　04.048
*逆转录酶　reverse transcriptase　07.184
黏附受体　adhesion receptor　03.310
黏结蛋白聚糖　syndecan　03.300
黏菌　slime mould　01.057
黏粒　cosmid　10.192
黏连蛋白　cohesin　02.070
黏着斑　plaque, focal adhesion, focal contact　03.050
黏着斑蛋白　vinculin　02.138
黏着斑激酶　focal adhesion kinase, FAK　02.263
黏着带　adhesion belt　03.051
黏着蛋白质　adhesion protein　02.209
黏着连接　adhering junction, adherens junction, zonula adherens　03.047
[念]珠状纤丝　beaded filament, beaded-chain filament　03.204
鸟苷酸环化酶　guanylate cyclase, cGMPase　02.276
鸟嘌呤核苷酸交换因子　guanine nucleotide-exchange factor, GEF　08.021
*鸟嘌呤核苷酸结合蛋白　guanine nucleotide binding

protein 08.024

鸟嘌呤核苷酸解离抑制蛋白 guanine nucleotide dissociation inhibitor, GDI 08.022

*鸟嘌呤核苷酸释放因子 guanine nucleotide release factor, GRF 08.021

*柠檬酸循环 citric acid cycle 04.148

凝集素 lectin 09.138

*凝胶层析 gel chromatography 11.226

凝胶过滤层析 gel filtration chromatography, GFC 11.226

*凝胶渗透层析 gel permeation chromatography, GPC 11.226

凝溶胶蛋白 gelsolin 02.092

凝缩蛋白 condensin 05.016

O

偶氮染色法 azo-dye method 11.093

偶联氧化 coupled oxidation 04.156

偶联因子 coupling factor 04.157

偶线期 zygotene 05.110

P

排卵 ovulation 06.075

Z 盘 Z disc 03.218

盘状卵裂 discoidal cleavage 06.159

袢 loop 07.154

D 袢合成 D-loop synthesis 07.155

旁分泌 paracrine 04.088

旁分泌信号传送 paracrine signaling 08.006

旁分泌因子 paracrine factor 08.015

*泡 vacuole 03.155

*胚 embryo 06.133

胚斑 germinal spot 06.062

胚层 germ layer 06.172

胚带 germ band 06.190

胚孔 blastopore 06.168

胚膜 germinal membrane 06.189

胚囊 embryo sac 01.141

胚盘 blastodisc, blastoderm, embryonic disk 06.191

胚乳 endosperm 06.125

胚乳培养 endosperm culture 10.063

胚胎 embryo 06.133

胚胎癌性细胞 embryonal carcinoma cell, EC cell 06.242

胚胎发生 embryogenesis, embryogeny 06.134

胚胎干细胞 embryonic stem cell, ES cell 06.230

胚胎工程 embryo technology 10.124

胚胎培养 embryo culture 10.079

胚胎生殖细胞 embryonic germ cell, EG cell 06.243

胚胎诱导 embryonic induction 06.219

胚性愈伤组织 embryonic callus 10.045

胚性愈伤组织培养 embryogenic callus culture 10.047

胚珠培养 ovule culture 10.061

胚状体 embryoid, embryoid body, EB 06.167

胚状体培养 embryoid culture 10.048

*培养基 culture medium 10.094

培养皿 Petri dish 10.092

培养瓶培养 flask culture 10.032

培养液 culture medium 10.094

HAT 培养液 HAT medium 10.099

配对 pairing 05.145

配对域 pairing domain 07.019

配体 ligand 08.066

*配体门控离子通道 ligand-gated ion channel 08.071

*配体门控受体 ligand-gated receptor 08.071

配子 gamete 06.019

配子发生 gametogenesis 06.018

配子母细胞 gametocyte 06.017

配子囊 gametangium 06.016

*配子配合 syngamy 06.120

配子生殖 gametogamy 06.109

配子体 gametophyte 06.103

[配子]原核 pronucleus 03.235

*喷镀术 shadow casting 11.043

膨压 turgor pressure 04.004

膨胀运动 turgor movement 04.005

皮层 cortex 03.097

皮肤干细胞 skin stem cell 06.240

皮质 cortex 03.096

皮质反应 cortical reaction 06.140

皮质颗粒 cortical granule 06.070

脾集落形成单位 colony forming unit-spleen, CFU-S

09.161

β 片层　β-sheet, β-pleated sheet　02.015

片段化蛋白　fragmin　02.097

片足　lamellipodium　03.037

偏光显微镜　polarization microscope　11.008

*胼胝质　callose　03.323

平板培养　plate culture　10.041

平衡石　statolith　01.144

平衡细胞　statocyte　01.145

平滑肌细胞　smooth muscle cell　01.119

G_0 期　G_0 phase　05.003

G_1 期　G_1 phase　05.004

G_2 期　G_2 phase　05.006

M 期　mitotic phase, M phase　05.007

S 期　S phase　05.005

*M 期促进因子　M phase promoting factor　05.029

S 期促进因子　S phase promoting factor　05.030

启动子　promoter　07.138

起始点识别复合体　origin recognition complex, ORC　07.167

起始复合体　initiation complex　07.226

*起始关卡　START　05.010

起始检查点　START　05.010

起始密码子　initiation codon　07.256

起始因子　initiation factor　07.227

气孔　stoma, stomata（复）　01.136

气体驱动培养　airlift culture　10.078

气相层析　gas chromatography, GC　11.223

器官发生　organogenesis　06.250

器官培养　organ culture　10.069

迁移蛋白质　movement protein　02.181

牵拉假说　pull hypothesis　05.071

*前病毒　provirus　01.061

前导链　leading strand　07.172

前导肽　leading peptide, leader peptide　07.233

前导序列　leader sequence, leader　07.234

前核融合　pronucleus fusion　06.141

前核糖体 RNA　precursor ribosomal RNA, pre-rRNA　07.247

前胶原　procollagen　03.294

前期　prophase　05.060

平台摆动培养　swing platform culture　10.075

破骨细胞　osteoclast　01.095

*铺满培养　confluent culture　10.024

*铺展因子　spreading factor　02.288

葡糖醛酸糖苷酶　glucuronidase　02.271

葡萄糖　glucose　02.298

*普里昂　prion, proteinatious infectious particle, PrP　02.230

普里布诺框　Pribnow box　07.135

Q

*前[体]mRNA　pre-messenger RNA, pre-mRNA, precursor mRNA　07.246

*前[体]rRNA　precursor ribosomal RNA, pre-rRNA　07.247

*前体细胞　progenitor cell　01.080

前 B 细胞　pre-B cell　09.027

前 T 细胞　pre-T cell　09.033

前信使 RNA　pre-messenger RNA, pre-mRNA, precursor mRNA　07.246

前质体　proplastid　03.123

前中期　prometaphase　05.061

潜能　potency　06.223

嵌合抗体　chimeric antibody　10.150

腔内亚单位　luminal subunit　03.258

*腔上囊　cloacal bursa, bursa of Fabricius　09.028

桥粒　desmosome　03.048

桥粒斑蛋白　desmoplakin　02.146

桥粒胶蛋白　desmocollin　02.144

桥粒黏蛋白　desmoglein　02.145

鞘磷脂　sphingomyelin　02.317

鞘磷脂酶　sphingomyelinase　02.286

鞘脂　sphingolipid　02.315

*壳体　capsid　01.059

切除酶　excisionase　07.188

切割蛋白　severin　02.100

切口平移　nick translation　11.247

*切口移位　nick translation　11.247

切片机　microtome　11.050

亲和层析　affinity chromatography　11.227

DNA 亲和层析　DNA affinity chromatography　11.230

*亲和素　avidin　11.097

亲核蛋白　karyophilic protein　02.188
亲水基　hydrophilic group　02.004
亲水性　hydrophilicity　02.008
亲脂性　lipophilicity　02.010
亲中心体蛋白　centrophilin　02.195
氢键　hydrogen bond　02.003
*κ轻链　kappa light chain　09.097
*λ轻链　lambda light chain　09.097
轻酶解肌球蛋白　light meromyosin　02.074
琼脂糖凝胶　agarose gel　11.244
琼脂糖凝胶电泳　agarose gel electrophoresis　11.238
琼脂小岛器官培养系统　agar-island culture system 10.073
秋水仙碱　colchicine　02.337
*秋水仙素　colchicine　02.337
秋水仙酰胺　colcemid, colchamine　02.338
球毛壳菌素　chaetoglobosin　09.136
球状肌动蛋白　globular actin, G-actin　02.079
*球状体　orbicule　03.088
Ⅰ区相关抗原　I region associated antigen, Ia antigen 09.072
驱动蛋白　kinesin　02.132

驱动蛋白结合蛋白　kinectin　02.134
驱动蛋白相关蛋白3　kinesin-associated protein 3，Kap3 02.133
趋化性　chemotaxis　04.108
趋化因子　chemokine　09.129
去分化　dedifferentiation　06.212
去核　enucleation　10.159
去联会　desynapsis　05.120
去磷酸化　dephosphorylation　02.297
去糖基化　deglycosylation　02.295
*全臂融合　whole-arm fusion　07.054
全能干细胞　totipotent stem cell, TSC　06.232
全能性　totipotency　06.224
全能性细胞　totipotent cell　06.228
全质分泌　holocrine　04.090
缺对染色体性　nullisomy　07.099
缺省途径　default pathway　08.097
缺失　deletion　07.063
缺体　nullisome　07.098
确定成分培养液　defined medium　10.100
群体倍增时间　population doubling time　10.102
群体密度　population density　10.113

R

*PAP染色　peroxidase-anti-peroxidase staining, PAP staining 11.109
染色单体　chromatid　07.028
染色单体断裂　chromatid break　07.069
染色单体互换　chromatid interchange　07.057
染色单体连接蛋白　chromatid linking protein　05.017
*染色单体桥　chromatid bridge　07.055
染色粒　chromomere　07.012
染色体　chromosome　07.001
A染色体　A chromosome　07.008
B染色体　B chromosome　07.009
W染色体　W chromosome　07.006
X染色体　X chromosome　07.004
Y染色体　Y chromosome　07.005
Z染色体　Z chromosome　07.007
染色体臂　chromosome arm　07.029
染色体不分离　chromosome non-disjunction　05.116
*染色体步查　chromosome walking　10.168
染色体超前凝聚　prematurely chromosome condensed,

PCC　05.117
染色体重复　chromosome duplication　07.059
染色体重排　chromosome rearrangement　07.061
染色体分离　segregation of chromosome　05.115
染色体分选　chromosome sorting　11.199
染色体工程　chromosome engineering　10.123
染色体畸变　chromosome aberration　07.058
染色体结　chromosome knob　07.024
染色体内重组　intrachromosomal recombination　07.060
*染色体配对　chromosome pairing　05.145
*染色体桥　chromosome bridge　07.055
染色体套　chromosome set　07.076
染色体图　chromosome map　07.074
*染色体微管　chromosomal microtubule　05.077
染色体显带技术　chromosome banding technique 11.110
染色体学　chromosomology, chromosomics　01.013
染色体支架　chromosome scaffold　03.286
染色体周期　chromosome cycle　05.068

染色体组　chromosome complement　07.075

*染色体组型　karyotype　07.072

*染色体组型图　karyogram, idiogram　07.073

染色线　chromonema　07.011

染色质　chromatin　03.275

*X染色质　X chromatin　07.050

染色质凝缩　chromatin condensation　03.283

染色质桥　chromatin bridge　07.056

染色质纤维　chromatin fiber　03.282

染色质消减　chromatin diminution　06.221

染色中心　chromocenter　07.047

热激蛋白　heat shock protein, Hsp　02.233

*人工单性生殖　artificial parthenogenesis　06.115

人工孤雌生殖　artificial parthenogenesis　06.115

人工微型染色体　artificial minichromosome　10.164

人[类]白细胞抗原　human leukocyte antigen, HLA　09.062

人类白细胞抗原复合体　human leukocyte antigen complex, HLA complex　09.063

人类白细胞抗原组织相容性系统　human leukocyte antigen histocompatibility system, HLA histocompatibility system　09.064

人类基因组计划　Human Genome Project, HGP　01.033

人类免疫缺陷病毒　human immunodeficiency virus, HIV　01.073

人类细胞组计划　Human Cytome Project, HCP　01.036

绒毛蛋白　villin　02.091

溶酶体　lysosome　03.159

溶酶体酶　lysosomal enzyme　02.279

溶酶体贮积症　lysosomal storage disease　03.175

溶血　haemolysis, hemolysis　04.100

融合病毒蛋白　fusin　09.117

融合蛋白　fusion protein　10.210

融合生殖　syngamy　06.120

*融核体　synkaryon　10.136

肉瘤　sarcoma　06.309

乳突　papilla　03.064

*朊病毒　prion, proteinatious infectious particle, PrP　02.230

软骨粘连蛋白　chondronectin　02.217

瑞特染液　Wright stain　11.127

S

*塞托利细胞　Sertoli cell　01.099

三倍体　triploid　07.081

三倍性　triploidy　07.107

三价体　trivalent　05.135

三脚蛋白[复合体]　triskelion　02.200

*三联体密码　triplet code　07.253

三羧酸循环　tricarboxylic acid cycle　04.148

三体　trisomic　07.100

三体性　trisomy　07.101

*伞毛　pilus, pili(复), fimbrium, fimbria(复)　03.021

桑格-库森法　Sanger-Coulson method　11.261

桑椹胚　morula　06.150

扫描电子显微镜　scanning electron microscope, SEM　11.022

扫描隧道显微镜　scanning tunnel microscope, STM　11.017

扫描探针显微镜　scanning probe microscope　11.019

扫描透射电子显微镜　scanning transmission electron microscope, STEM　11.023

色质体　chromoplast　03.125

筛板　sieve plate　03.073

筛管　sieve tube　01.135

筛孔　sieve pore　03.074

筛域　sieve area　03.072

上胚层　epiblast　06.177

上皮癌　carcinoma　06.308

上皮干细胞　epithelial stem cell　06.241

*少突胶质　oligodendroglia　01.107

少突胶质细胞　oligodendrocyte　01.107

奢侈基因　luxury gene　06.258

X射线显微分析　X-ray microanalysis　11.047

X射线显微镜　X-ray microscope　11.015

X射线衍射　X-ray diffraction　11.046

*伸缩泡　contractile vacuole　03.158

伸展蛋白　extensin　03.320

深低温保藏　cryopreservation　10.091

神经板　neural plate　06.197

神经发生　neurogenesis　06.198

神经干细胞　neural stem cell　06.239

*神经肌肉接点 neuromuscular junction 03.227
神经嵴 neural crest 06.199
神经胶质丝 glial fibril acidic protein filament 03.201
*神经胶质细胞 neuroglial cell 01.103
*神经膜细胞 neurolemmal cell 01.108
神经胚 neurula 06.195
神经胚形成 neurulation 06.192
*神经鞘脂质 sphingolipid 02.315
神经[上皮]干细胞蛋白 nestin 02.152
神经生长因子 nerve growth factor, NGF 05.046
神经丝 neurofilament 03.222
神经丝蛋白 neurofilament protein, NFP 02.155
神经外胚层 neuroectoderm 06.200
*神经细胞 nerve cell 03.221
神经细胞黏附分子 neural cell adhesion molecule, NCAM 09.093
神经元 neuron 03.221
神经原纤维 neurofibril 03.229
渗透压 osmotic pressure 04.003
渗透作用 osmosis 04.002
生成细胞 founder cell 01.098
生发泡 germinal vesicle 06.051
*生毛体 blepharoplast 03.028
生物反应器 bioreactor 10.093
生物工程 bioengineering 10.118
生物膜 biomembrane 03.004
生物素 biotin 11.098
生物芯片 biochip 11.274
生物信息学 bioinformatics 01.022
*生源论 biogenesis 06.001
生源说 biogenesis 06.001
*生长激素 growth hormone, GH 08.019
生长抑素 somatostatin 09.149
生长因子 growth factor 05.035
生殖核 generative nucleus 03.240
生殖嵴 genital ridge 06.201
*生殖母细胞 gametocyte 06.017
生殖细胞 germ cell 06.015
*生殖细胞决定子 polar granule 06.218
*生殖细胞谱系 germ line 06.027
生殖质 germ plasm 06.007
X失活 X inactivation 06.205
施佩曼组织者 Spemann organizer 06.203
施万细胞 Schwann cell 01.108

石蜡切片 paraffin section 11.051
石细胞 sclereid, stone cell 01.133
时序基因 temporal gene 06.269
识别位点 recognition site 07.262
*蚀斑形成细胞 plaque forming cell, PFC 09.157
视黄酸 retinoic acid 08.089
视黄酸受体 retinoic acid receptor, RAR 08.083
视频图形显示 videographic display 11.045
视网膜节细胞 retinal ganglion cell, RGC 01.102
试管加倍 test-tube doubling 10.066
试管嫁接 test-tube grafting 10.064
试管授精 test-tube fertilization 10.065
试管育种 test-tube breeding 10.067
适应性免疫 adaptive immunity 09.008
释放因子 release factor 07.229
嗜碱性 basophilia 11.095
嗜碱性粒细胞 basophil 01.089
嗜酸性 acidophilia 11.094
嗜酸性粒细胞 eosinophil 01.090
噬菌体 bacteriophage, phage 01.075
λ噬菌体 lambda bacteriophage, λ bacteriophage 01.076
*噬菌体表面展示 phage surface display 11.268
噬菌体肽文库 phage peptide library 11.269
λ噬菌体载体 λ-phage vector 10.188
噬菌体展示 phage display 11.268
噬粒 phasmid 10.191
收缩蛋白质 contractile protein 02.071
收缩环 contractile ring 05.106
收缩泡 contractile vacuole 03.158
EF手形 EF-hand 02.018
受精 fertilization 06.135
*受精卵 fertilized egg 06.129
受体 receptor 08.067
Fc受体 Fc receptor 09.082
*SNAP受体 soluble NSF attachment protein receptor, SNARE 04.066
受体介导的胞吞 receptor-mediated endocytosis 04.077
受体酪氨酸激酶 receptor tyrosine kinasee, RTK 02.261
受调分泌 regulated secretion 04.095
疏水键 hydrophobic bond 02.005
疏水性 hydrophobicity 02.009
mRNA输出蛋白 mRNA exporter 02.186

· 216 ·

糖基磷脂酰肌醇锚定蛋白 glycosylphosphatidylinositol-anchored protein 02.326

糖基转移酶 glycosyltransferase 02.269

糖皮质激素受体 glucocorticoid receptor 08.081

糖皮质激素应答元件 glucocorticoid response element 08.080

糖醛酸磷壁酸 teichuronic acid 03.315

糖原 glycogen 02.306

糖脂 glycolipid 02.327

特异性免疫 specific immunity 09.012

体壁中胚层 somatic mesoderm, parietal mesoderm 06.179

体节 somite 06.202

体节极性基因 segment polarity gene 06.265

体内 in vivo 10.002

[体内]活体染色 vital staining, intravital staining 11.089

*体视显微镜 stereomicroscope, dissecting microscope 11.003

体外 in vitro 10.001

*体外活体染色 supravital staining 11.090

体外培养 in vitro culture 10.003

体外受精 in vitro fertilization 10.004

体细胞 somatic cell 06.206

体细胞变异 somatic variation 10.171

体细胞重组 somatic recombination 10.170

体细胞核移植 somatic cell nuclear transfer 10.161

体细胞基因治疗 somatic gene therapy 11.289

体细胞克隆变异 somaclonal variation 10.172

体细胞突变 somatic mutation 10.173

体细胞杂交 somatic hybridization 10.129

体细胞杂种 somatic cell hybrid 10.130

体液免疫 humoral immunity 09.013

天青 B azure B 11.150

*天然免疫 natural immunity 09.007

*天然杀伤细胞 natural killer cell, NK cell 09.031

条件培养液 conditioned medium 10.098

调整[型]卵 regulatory egg 06.074

*贴壁培养 attachment culture, adherent culture 10.022

贴壁依赖性 anchorage dependence 10.008

贴壁依赖性生长 anchorage dependent growth 10.009

贴壁依赖性细胞 anchorage-dependent cell 10.012

铁蛋白 ferritin 02.229

铁硫蛋白 iron-sulfur protein 04.125

铁硫中心 iron-sulfur center 04.126

停靠蛋白质 docking protein 02.198

停止转移序列 stop transfer sequence 08.056

通道蛋白 channel protein 02.172

通透酶 permease 02.274

通透性 permeability 04.001

通用转录因子 general transcription factor 07.195

同步化 synchronization 05.033

同工 tRNA isoacceptor tRNA 02.053

同核体 homokaryon 10.138

同配生殖 isogamy 06.110

*同向转运 symport 04.042

同向转运体 symporter 04.043

同形孢子 isospore 06.083

同形配子 isogamete 06.022

同型融合 homotypic fusion 04.101

同源多倍体 autopolyploid 07.086

同源多倍性 autopolyploidy 07.110

同源克隆 homologous cloning 10.162

同源染色体 homologous chromosome 05.127

同源四倍体 autotetraploid 07.083

同源四倍性 autotetraploidy 07.109

同源异形基因 homeotic gene, homeobox gene, Hox gene 06.271

同源异形框 homeobox 06.272

*同源异形选择者基因 homeotic selector gene 06.267

同源异形域 homeodomain 06.273

同源异形转化 homeosis, homoeosis 06.270

同种型 isotype 09.102

同种异型 allotype 09.103

投影术 shadow casting 11.043

透明带 zona pellucida 06.067

透明剂 transparent reagent 11.075

透明质 hyaloplasm 06.065

透明质酸 hyaluronic acid, hyaluronan 03.302

透明质酸酶 hyaluronidase 02.288

透明质酸黏素 hyalherin 03.303

透射电子显微镜 transmission electron microscope, TEM 11.021

*ts 突变体 temperature-sensitive mutant, ts mutant 10.175

突变子 muton 10.174

突触 synapse 03.226

突触融合蛋白　syntaxin　02.182
突触信号传送　synaptic signaling　08.007
＊图像显示　videographic display　11.045
涂片　smear　11.049
C₃途径　C_3 pathway　04.149
C₄途径　C_4 pathway, Hatch-Slack pathway　04.150
团聚体　coacervate　01.048
吞排循环　endocytic-exocytic cycle　04.071
吞排作用　cytosis　04.070
吞噬溶酶体　phagolysosome　03.164
吞噬体　phagosome　03.166
吞噬细胞　phagocyte　01.083

吞噬[作用]　phagocytosis　04.075
＊吞饮[作用]　pinocytosis　04.076
＊脱分化　dedifferentiation　06.212
脱敏　desensitization　09.151
NADH脱氢酶复合体　NADH dehydrogenase complex　04.138
脱水剂　dehydration reagent　11.074
脱氧核糖核酸　deoxyribonucleic acid, DNA　02.033
驼背基因　*hunchback* gene, *hb* gene　06.261
DNA拓扑异构酶　DNA topoisomerase　07.150
＊唾腺染色体　salivary gland chromosome　07.044
＊唾液酸　sialic acid　02.309

W

外包　epiboly　06.188
外分泌　exocrine, excrine　04.085
外核膜　outer nuclear membrane　03.247
＊外激素　pheromone　08.017
外排体　exosome　03.174
＊外排作用　exocytosis　04.073
外胚层　ectoderm　06.173
外切核酸酶　exonuclease　07.190
外切体　exosome　03.245
外推假说　push hypothesis　05.070
外显肽　extein　07.231
外显子　exon　07.129
外植　explantation　10.005
外植块　explant　10.006
外植体　explant　10.007
外质　ectoplasm, ectosarc, exoplasm　03.092
外质体　ectoplast　03.058
外周蛋白　peripherin　02.150
完全抗原　complete antigen　09.051
完全卵裂　holoblastic cleavage　06.153
晚期内体　late endosome　03.171
网蛋白　plectin　02.165
网格蛋白　clathrin　02.199
网格蛋白有被小泡　clathrin-coated vesicle　04.059
网格蛋白有被小窝　clathrin-coated pit, COP　04.058
微RNA　micro RNA, miRNA　07.248
微胞饮　micropinocytosis　04.079
微滴培养　microdroplet culture　10.031
＊微端丝　microspike　03.035

微分干涉相差显微镜　differential-interference contrast microscope　11.011
微管　microtubule, MT　03.182
微管成束蛋白　syncolin　02.121
微管重复蛋白　microtubule repetitive protein　02.125
微管蛋白　tubulin　02.118
γ微管蛋白环状复合物　γ-tubulin ring complex, γ-TuBC　02.122
微管滑动机制　sliding microtubule mechanism　04.114
微管溃散蛋白　catastrophin　02.123
微管连接蛋白　nexin　02.120
＊微管去稳定蛋白　stathmin　02.124
微管相关蛋白质　microtubule-associated protein, MAP　02.117
微管组织中心　microtubule organizing center, MTOC　03.183
微过氧化物酶体　microperoxisome　03.178
微核　micronucleus　03.238
微棘　microspike　03.035
微孔滤器　millipore filter　11.088
微粒体　microsome　03.142
微梁网　microtrabecular network, microtrabecular lattice　03.181
微量层析　microchromatography　11.235
微量培养　microculture　10.020
微量移液器　micropipette　11.086
微囊培养　microcapsule culture　10.086
微绒毛　microvillus　03.019
微室培养　microchamber culture　10.084

微丝　microfilament，MF　03.197
微丝切割蛋白　adseverin　02.102
微体　microbody　03.176
微细胞　microcell　10.142
微型染色体　minichromosome　10.163
微原纤维　microfibril　03.066
微载体培养　microcarrier culture　10.085
微阵列　microarray　11.272
　*DNA 微阵列　DNA microarray　11.276
　*维甲酸　retinoic acid　08.089
伪足　pseudopodium　03.033
纬裂　latitudinal cleavage　06.155
卫星 DNA　satellite DNA　02.042
　*A 位　aminoacyl site，A site　07.269
　*E 位　exit site，E site　07.271
　*P 位　peptidyl site，P site　07.270
位置效应　position effect　06.255
位置信息　positional information　06.254
位置值　positional value　06.256
　*魏斯曼学说　Weismanism　01.039
温度敏感突变体　temperature-sensitive mutant，ts mutant
　10.175
纹孔场　pit field　03.071
乌纳染色　Unna staining　11.100
乌氏体　Ubisch body　03.088

无孢子生殖　apospory　06.079
　*无蛋白培养基　protein-free medium　10.097
无蛋白培养液　protein-free medium　10.097
无核细胞　akaryote　10.134
无脊椎连接蛋白　innexin　02.139
无配子生殖　apogamy　06.122
无融合生殖　apomixis　06.121
　*无生源说　abiogenesis，spontaneous generation
　06.002
无丝分裂　amitosis　05.052
无细胞系统　cell-free system　10.110
无限细胞系　infinite cell line，continuous cell line
　10.106
无限增殖化　immortalization　05.032
无星体有丝分裂　anastral mitosis　05.056
无性孢子　asexual spore　06.090
　*无性繁殖系　clone　10.193
无性接合孢子　azygospore　06.092
无性生殖　asexual reproduction　06.107
　*无血清培养基　serum-free medium　10.096
无血清培养液　serum-free medium　10.096
　*无着丝粒倒位　akinetic inversion　07.068
无着丝粒染色体　akinetic chromosome　07.031
物镜　objective lens　11.027
物理图[谱]　physical map　10.169

X

吸器　haustorium　03.082
希夫试剂　Schiff's reagent　11.128
稀疏培养　spare culture　10.028
系统发生　phylogeny，phylogenesis　06.005
　*系统发育　phylogeny，phylogenesis　06.005
细胞　cell　01.077
　*LAK 细胞　lymphokine-activated killer cell，LAK cell
　09.032
　*NK 细胞　natural killer cell，NK cell　09.031
细胞癌基因　cellular oncogene，c-oncogene　06.316
细胞板　cell plate　05.100
细胞壁　cell wall　03.067
细胞表面受体　cell surface receptor　08.069
B 细胞表位　B cell epitope　09.056
T 细胞表位　T cell epitope　09.055
细胞病理学　cell pathology，cytopathology　01.017

细胞纯化　cell purification　10.015
细胞电泳　cell electrophoresis　11.237
细胞凋亡　apoptosis　06.290
细胞动力学　cytokinetics，cytodynamics　01.020
细胞毒性 T[淋巴]细胞　cytotoxic T lymphocyte　09.035
细胞分类学　cytotaxonomy　01.007
细胞分离　cell separation　10.014
细胞分裂　cell division　05.031
细胞分裂素　cytokinin　05.020
细胞分裂周期基因　cell division cycle gene，*cdc* gene
　05.028
细胞分选　cell sorting　11.193
细胞分选仪　cell sorter　11.194
细胞工程　cell engineering　10.119
细胞骨架　cytoskeleton　03.180
　*细胞光度术　cytophotometry　11.182

[细]胞核　nucleus　03.232

细胞核学　karyology　01.012

细胞化学　cytochemistry　01.016

细胞化学技术　cytochemistry　11.162

＊细胞混合　cytomixis　10.126

＊细胞基质　cell matrix　03.100

＊细胞激动素　cytokinin　05.020

细胞计量术　cytometry　11.192

细胞间黏附分子　intercellular adhesion molecule　09.091

[细]胞间桥　intercellular bridge　03.003

细胞交融　cytomixis　10.126

细胞角蛋白　cytokeratin　02.156

细胞介导免疫　cell mediated immunity　09.015

细胞决定　cell determination　06.207

细胞克隆　cell cloning　10.117

细胞库　cell bank, cell repository　10.103

细胞连接　cell junction　03.045

＊细胞裂解　cytolysis　04.099

细胞免疫　cellular immunity　09.014

细胞免疫学　cellular immunology　01.018

细胞膜　cell membrane　03.006

＊细胞内分化学说　non-endosymbiotic hypothesis　01.043

细胞内受体　intracellular receptor　08.068

细胞能[力]学　cytoenergetics　01.019

细胞黏附　cell adhesion　03.056

细胞黏附分子　cell adhesion molecule, CAM　03.057

细胞培养　cell culture　10.016

细胞谱系　cell lineage　06.204

细胞器　organelle　03.101

细胞器基因组　organelle genome　01.029

细胞器移植　organelle transplantation　10.158

＊细胞迁移　cell migration　04.104

细胞亲和层析　cell affinity chromatography　11.229

细胞溶解　cytolysis　04.099

细胞融合　cell fusion　10.128

细胞色素　cytochrome　04.124

NADH-细胞色素 b_5 还原酶　NADH-cytochrome b_5 reductase　04.137

细胞色素氧化酶　cytochrome oxidase　04.139

细胞社会性　cell sociality　04.110

细胞社会学　cell sociology　01.021

细胞生理学　cell physiology, cytophysiology　01.015

细胞生物学　cell biology　01.002

细胞生长　cell growth　05.034

细胞识别　cell recognition　08.002

细胞世代时间　cell generation time　10.101

B 细胞受体　B cell receptor　09.081

T 细胞受体　T cell receptor　09.080

细胞衰老　cell aging, cell senescence　06.291

＊细胞松弛素　cytochalasin　02.339

细胞通信　cell communication　08.001

细胞外被　cell coat　03.018

[细]胞外基质　extracellular matrix　03.287

[细]胞外基质受体　extracellular matrix receptor　03.288

细胞系　cell line　10.104

细胞向性　cytotropism　04.107

＊细胞信号传导　cell signaling　08.005

细胞信号传送　cell signaling　08.005

细胞形态学　cell morphology, cytomorphology　01.008

细胞学　cytology　01.001

细胞学说　cell theory　01.040

＊细胞学图　cytological map　07.074

细胞亚株　cell substrain　10.108

T 细胞依赖性抗原　T-dependent antigen　09.060

细胞移动　cell locomotion　04.104

细胞遗传学　cytogenetics, cell genetics　01.014

细胞因子　cytokine　09.120

细胞因子受体超家族　cytokine receptor superfamily　08.084

＊细胞荧光测定术　cytofluorometry　11.184

细胞运动　cell movement　04.103

细胞运动性　cell mobility　04.106

细胞杂交　cell hybridization　10.127

B 细胞杂交瘤　B cell hybridoma　10.144

细胞增殖　cell proliferation　05.050

细胞质　cytoplasm　03.095

细胞质基因组　plasmon　01.027

＊[细]胞质桥　cytoplasmic bridge　03.083

细胞周期　cell cycle　05.001

[细]胞周期蛋白　cyclin　05.023

细胞株　cell strain　10.107

细胞组　cytome　01.035

细胞[组分]分级分离　cell fractionation　11.206

细胞组学　cytomics　01.024

细肌丝　thin myofilament, thin filament　03.207

细菌　bacterium, bacteria(复)　01.054

细菌人工染色体　bacterial artificial chromosome, BAC　10.165

*细菌组蛋白　HU-protein　02.069

细丝蛋白　filamin　02.096

细线期　leptotene, leptonema　05.109

下胚层　hypoblast　06.178

先成说　preformation　06.003

*先天免疫　innate immunity　09.007

纤连蛋白　fibronectin　02.210

纤毛　cilium　03.022

*纤毛动力蛋白　ciliary dynein　02.136

纤毛小根系统　rootlet system　03.025

纤丝切割蛋白　filament severing protein　02.103

纤丝状肌动蛋白　filamentous actin, F-actin　02.080

km 纤维　km-fiber　03.032

纤维冠　fibrous corona　07.020

纤维素　cellulose　03.311

纤细蛋白　tenuin　02.137

衔接蛋白　adaptin　02.201

衔接体蛋白质　adaptor protein　02.202

C 显带　C-banding　11.113

G 显带　G-banding　11.111

Q 显带　Q-banding　11.112

显微操作　micromanipulation　11.034

显微操作仪　micromanipulator　11.035

显微电影术　microcinematography　11.040

显微分光光度计　microspectrophotometer　11.188

显微分光光度术　microspectrophotometry　11.183

显微光度计　microphotometer　11.185

显微光度术　microphotometry　11.182

显微光密度测定法　microdensitometry　11.038

显微结构　microscopic structure　03.002

显微解剖　micro-dissection　11.033

显微镜　microscope　11.001

显微摄影术　photomicrography　11.039

显微术　microscopy　11.032

显微外科术　microsurgical technique　11.036

*显微荧光测定术　microfluorometry　11.184

显微荧光光度术　microfluorophotometry　11.184

显微注射　microinjection　11.037

M 线　M band, M line　03.217

*Z 线　Z line　03.218

线粒体　mitochondrion　03.102

线粒体 DNA　mitochondrial DNA　02.037

线粒体核糖体　mitoribosome　03.108

线粒体基因组　mitochondrial genome　01.030

线粒体基质　mitochondrial matrix　03.104

线粒体嵴　mitochondrial crista　03.106

线粒体内膜　mitochondrial inner membrane　03.103

线粒体外膜　mitochondrial outer membrane　03.105

*限定　commitment　06.222

限制点　restriction point　05.008

限制[酶切]位点　restriction site　07.127

*MHC 限制性　MHC restriction　09.074

陷窝　caveola　03.043

陷窝蛋白　caveolin　03.044

腺病毒　adenovirus　01.071

*腺二磷　adenosine diphosphate, ADP　02.027

腺苷　adenosine, A　02.025

腺苷二磷酸　adenosine diphosphate, ADP　02.027

腺苷三磷酸　adenosine triphosphate, ATP　02.028

腺苷三磷酸酶　adenosine triphosphatase, ATPase　04.014

腺苷酸环化酶　adenylate cyclase, adenylyl cyclase, cAM-Pase　02.275

腺苷一磷酸　adenosine monophosphate, AMP　02.026

*腺三磷　adenosine triphosphate, ATP　02.028

*腺一磷　adenosine monophosphate, AMP　02.026

镶嵌[型]卵　mosaic egg　06.073

相差显微镜　phase contrast microscope　11.009

消去蛋白　destrin　02.084

小孢子　microspore　06.096

小孢子发生　microsporogenesis　06.094

小孢子母细胞　microsporocyte, microspore mother cell　06.095

小 G 蛋白　small G-protein　08.026

*T 小管　transverse tubule, T-tubule　03.213

小核　micronucleus　03.237

小泡　vesicle　03.157

小泡运输　vesicular transport　04.052

小配子　microgamete　06.025

X 小体　X body　07.050

效应物　effector　07.208

效应细胞　effector cell　09.018

Rab 效应子　Rab effector　04.069

协同运输　co-transport, coupled transport　04.040

*协同转运　co-transport, coupled transport　04.040

血清应答因子　serum response factor, SRF　07.205
血清应答元件　serum response element, SRE　07.204
血细胞　haemocyte, hemocyte　01.084
血细胞计数器　haemacytometer　11.085
血小板　platelet, thrombocyte　01.092
血小板内皮细胞黏附分子1　platelet endothelial cell adhesion molecule-1, PECAM-1　09.094
血小板生成素　thrombopoietin　05.036
血小板衍生生长因子　platelet-derived growth factor, PDGF　05.041
血型糖蛋白　glycophorin　02.219
＊血影　ghost　01.086
血影蛋白　spectrin　02.213
＊C₃循环　C₃ cycle　04.146
＊C₄循环　C₄ cycle　04.150
循环光合磷酸化　cyclic photophosphorylation　04.160

Y

压片　squash slide　11.069
芽基　blastema　06.245
＊哑铃蛋白　nidogen, entactin　02.216
亚倍体　hypoploid　07.092
亚倍性　hypoploidy　07.105
亚甲蓝　methylene blue　11.147
亚甲绿　methylene green　11.156
亚克隆　subclone, subcloning　10.194
＊亚显微结构　submicroscopic structure　03.001
＊亚线粒体颗粒　submitochondrial particle　03.107
亚线粒体小泡　submitochondrial vesicle　03.107
亚原生质体　sub-protoplast　03.060
＊亚中着丝粒染色体　submetacentric chromosome　07.036
烟酰胺腺嘌呤二核苷酸　nicotinamide adenine dinucleotide, NAD　04.133
烟酰胺腺嘌呤二核苷酸磷酸　nicotinamide adenine dinucleotide phosphate, NADP　04.134
＊岩藻黄质　fucoxanthin　02.248
炎症细胞　inflammatory cell　09.021
掩蔽蛋白　maskin　07.153
洋红　carmine　11.129
氧化磷酸化　oxidative phosphorylation　04.155
Toll样受体　Toll-like receptor, TLR　08.070
叶褐素　phaeophyll　02.247
叶褐体　phaeoplast　03.134
叶绿素　chlorophyll　02.246
叶绿体　chloroplast　03.114
叶绿体DNA　chloroplast DNA, ctDNA　02.038
叶绿体被膜　chloroplast envelope　03.115
叶绿体基粒　chloroplast granum　03.117
叶绿体基因组　chloroplast genome　01.031
叶绿体基质　chloroplast stroma　03.116

叶培养　leaf culture　10.054
叶肉　mesophyll　01.125
叶足　lobopodium　03.036
液泡　vacuole　03.155
＊液泡膜　tonoplast　03.156
液泡形成体　tonoplast　03.156
液泡质子ATP酶　vacuolar proton ATPase　04.016
液体培养　liquid culture　10.090
液体浅层静置培养　culture in shallow liquid medium　10.036
液体闪烁光谱测定法　liquid scintillation spectrometry　11.203
液体闪烁计数器　liquid scintillation counter　11.204
液体闪烁仪　liquid scintillation spectrometer　11.205
液相层析　liquid chromatography, LC　11.224
一氧化氮　nitric oxide　02.330
一氧化氮合酶　nitric oxide synthase, NOS　02.289
衣被蛋白Ⅰ　coatomer protein Ⅰ, COP Ⅰ　04.062
衣被蛋白Ⅱ　coatomer protein Ⅱ, COP Ⅱ　04.063
衣壳　capsid　01.059
＊依赖cAMP的蛋白激酶　cAMP-dependent protein kinase　02.256
＊依赖T的抗原　T-dependent antigen　09.060
＊依赖Ca²⁺/钙调蛋白的蛋白激酶　Ca²⁺/calmodulin-dependent protein kinase　02.258
依赖抗体的吞噬作用　antibody-dependent phagocytosis　09.077
依赖抗体的细胞毒性　antibody-dependent cell-mediated cytotoxicity, ADCC　09.078
＊依赖密度的生长抑制　density dependent cell growth inhibition　10.010
＊依赖贴壁细胞　anchorage-dependent cell　10.012
＊依赖于DNA的DNA聚合酶　DNA-dependent DNA

polymerase 07.186

*依赖于 DNA 的 RNA 聚合酶 DNA-dependent RNA polymerase 07.183

*依赖于 RNA 的 DNA 聚合酶 RNA-dependent DNA polymerase 07.184

胰蛋白酶 trypsin 02.287

胰岛素样生长因子 insulin-like growth factor, IGF 05.047

移动区带离心 moving-zone centrifugation 11.216

移动抑制因子 migration inhibition factor 05.037

移码 frame shift 07.260

移位酶 translocase 07.230

移植 transplantation 10.155

移植物排斥 graft rejection 09.119

遗传工程 genetic engineering 10.125

遗传工程抗体 genetic engineering antibody 10.152

遗传密码 genetic code 07.252

*遗传图 genetic map 07.074

N-乙基马来酰亚胺敏感性融合蛋白 N-ethylmaleimide-sensitive factor, N-ethylmaleimide-sensitive fusion protein, NSF 04.064

*N-乙基顺丁烯二酰亚胺敏感性融合蛋白 N-ethylmaleimide-sensitive factor, N-ethylmaleimide-sensitive fusion protein, NSF 04.064

乙醛酸循环体 glyoxysome 03.179

N-乙酰胞壁酸 N-acetylmuramic acid 02.308

乙酰辅酶 A acetyl coenzyme A, acetyl CoA 04.162

N-乙酰葡糖胺 N-acetylglucosamine 02.307

N-乙酰神经氨酸 N-acetylneuraminic acid 02.309

*已知成分培养液 defined medium 10.100

*异倍体 heteroploid 07.089

*异倍体细胞系 heteroploid cell line 10.112

异倍性 heteroploidy 07.115

*异臂倒位 heterobrachial inversion 07.067

异常剪接 aberrant splicing 07.239

异核体 heterokaryon 10.137

*异核细胞 heterokaryocyte 10.137

异化分裂 heterokinesis 05.146

异硫氰酸荧光素 fluorescein isothiocyanate, FITC 11.121

异配生殖 anisogamy, heterogamy 06.111

异染色体 heterochromosome, allosome 07.010

异染色质 heterochromatin 03.277

异染性 metachromasia 11.096

异染性染料 metachromatic dye 11.115

异三聚体 G 蛋白 heterotrimeric G-protein 08.025

异噬溶酶体 heterophagic lysosome 03.163

异体吞噬 heterophagy 04.081

*异体吞噬泡 heterophagic vacuole 03.163

异体移植 xenograft 10.157

异［吞］噬体 heterophagosome 03.167

异形孢子 heterospore, anisospore 06.084

异形配子 heterogamete, anisogamete 06.023

异源多倍体 allopolyploid 07.087

异源多倍性 allopolyploidy 07.111

异源联会 allosyndesis 05.121

异源四倍体 allotetraploid 07.084

异源异倍体 alloheteroploid 07.090

异源异倍性 alloheteroploidy 07.116

*异藻蓝蛋白 allophycocyanin, APC 02.245

*抑癌基因 antioncogene 06.319

抑素 chalone 09.146

抑微管装配蛋白 stathmin 02.124

抑微丝蛋白 aginactin 02.101

抑制性 T 细胞 suppressor T cell 09.036

易化扩散 facilitated diffusion 04.037

易位 translocation 07.064

*易位蛋白质 translocon, translocator 03.143

*易位子 translocon, translocator 03.143

*缢断蛋白 dynamin 02.127

缢痕 constriction 07.025

F 因子 F-factor 06.013

ρ 因子 ρ factor, rho factor 07.221

σ 因子 σ factor, sigma factor 07.213

引发酶 primase 07.178

引发体 primosome 07.175

引发体前体 preprimosome 07.176

引物 primer 07.177

RNA 引物 RNA primer 07.157

隐蔽 mRNA masked messenger RNA 06.277

DNA 印迹法 Southern blotting 11.253

RNA 印迹法 Northern blotting 11.254

应答元件 response element 07.203

*应激活化的蛋白激酶 stress-activated protein kinase, SAPK 08.095

应力纤维 stress fiber 03.219

荧光分光光度计 spectrofluorometer 11.187

*荧光激活细胞分选法 fluorescence-activated cell sor-

运铁蛋白 transferrin 02.171

运铁蛋白受体 transferrin receptor 08.073

Z

杂合子 heterozygote 07.095

杂交瘤细胞系 hybridoma cell line 10.146

杂交细胞 hybrid cell 10.147

杂交细胞系 hybrid cell line 10.145

载玻片 slide 11.081

载肌动蛋白 actophorin 02.087

载体 vector, vehicle 10.186

载体蛋白 carrier protein 02.169

载网 grid 11.076

再分化 redifferentiation 06.211

再生 regeneration 06.215

再生植株培养 replant culture 10.049

再循环内体 recycling endosome 03.172

*在体 in vivo 10.002

脏壁中胚层 splanchnic mesoderm, visceral mesoderm 06.180

早期内体 early endosome 03.170

早前期带 preprophase band 05.099

*早熟染色体凝集 prematurely chromosome condensed, PCC 05.117

藻胆[蛋白]体 phycobilisome 03.135

藻胆[色素]蛋白 phycobilin protein 02.242

藻褐素 fucoxanthin 02.248

藻红蛋白 phycoerythrin 02.244

藻红体 rhodoplast 03.136

藻蓝蛋白 phycocyanin 02.243

造粉体 amyloplast 03.127

造血干细胞 hemopoietic stem cell 06.236

*造油体 oleosome, elaioplast 03.129

增强体 enhancesome 07.142

增强子 enhancer 07.141

增强子结合蛋白 enhancer binding protein 07.143

栅栏组织 palisade tissue 01.126

詹纳斯绿 B Janus green B 11.152

张力蛋白 tensin 02.149

张力丝 tonofilament 03.052

胀泡 puff 07.046

招募因子 recruitment factor 06.132

β[折叠]链 β-strand, beta-strand 02.014

真核 eukaryon 03.233

真核生物 eukaryote, eucaryote 01.051

真核生物起始因子 eukaryotic initiation factor 07.228

真核细胞 eukaryotic cell, eukaryocyte 01.079

真菌 fungus, fungi(复) 01.055

*真细菌 eubacterium, true bacterium, simple bacterium 01.054

振动切片机 vibratome 11.054

整倍体 euploid 07.080

整倍性 euploidy 07.112

整合蛋白质 integral protein 02.176

整联蛋白 integrin 02.212

整装制片 whole mount preparation 11.048

正端 plus end 03.185

支持膜 supporting film 11.077

支持细胞 Sertoli cell 01.099

支架蛋白质 scaffold protein 02.205

支原体 mycoplasma 01.052

脂单层 lipid leaflet 03.012

脂蛋白 lipoprotein 02.239

脂多糖 lipopolysaccharide 02.304

脂筏 lipid raft 03.014

脂肪细胞 adipocyte 01.094

脂双层 lipid bilayer 03.013

脂质 lipid 02.313

脂质体 liposome 10.208

直接免疫荧光 direct immunofluorescence 11.171

C_3 植物 C_3 plant 04.151

C_4 植物 C_4 plant 04.152

*植物光敏素 phytochrome 02.250

植物激素 plant hormone 08.018

植物极 vegetal pole 06.047

植物凝集素 phytohemagglutinin, PHA 09.139

植物细胞工程 plant cell engineering 10.120

植物组织培养 plant tissue culture 10.042

指导 RNA guide RNA, gRNA 07.251

*DNA 指导的 DNA 聚合酶 DNA-directed DNA polymerase 07.186

质壁分离 plasmolysis 04.097

质壁分离复原 deplasmolysis 04.098

质粒 plasmid 10.189

质膜 plasma membrane, plasmalemma 03.007

质膜外面 exoplasmic face 03.009

质配 plasmogamy 06.124

质体 plastid 03.124

质体醌 plastoquinone 04.128

质体蓝蛋白 plastocyanin 02.251

*质体蓝素 plastocyanin 02.251

质外体 apoplast 03.063

质子动力 proton motive force 04.008

*致癌病毒 oncogenic virus 01.066

致癌剂 carcinogen 06.327

致密纤维组分 dense fibrillar component 03.266

致敏[作用] sensitization, priming 09.152

稚细胞 naive cell 01.100

中间交叉 interstitial chiasma 05.144

中间丝 intermediate filament, IF 03.198

中间丝结合蛋白 intermediate filament associated protein, IFAP 02.163

中[间]体 midbody 05.105

*中间纤维 intermediate filament, IF 03.198

中空纤维培养 hollow fiber culture 10.088

*中膜体 mesosome 03.011

中胚层 mesoderm 06.174

中期 metaphase 05.062

中期停顿 metaphase arrest 05.067

中心法则 central dogma 07.244

中心粒 centriole 03.189

中心粒周蛋白 pericentrin 02.194

*中心粒周区 pericentriolar region, PCR 03.191

中心粒周物质 pericentriolar material, PCM 03.192

中心球 centrosphere 03.191

中心体 centrosome 03.188

中心体肌动蛋白 centractin 02.099

*中心体基质 centrosome matrix 03.192

中心体连丝 centrodesmose 05.087

中心体周期 centrosome cycle 05.069

中心域 central domain 07.018

*中心质 centroplasm 03.188

中性红 neutral red 11.133

中性粒细胞 neutrophil 01.091

中央成分 central element 05.124

*中央栓 central plug 03.252

中央细胞 central cell 06.055

中着丝粒染色体 metacentric chromosome 07.035

终变期 diakinesis 05.114

终止密码子 termination codon 07.257

终止子 terminator 07.220

肿瘤 tumor 06.305

肿瘤病毒 tumor virus 01.066

DNA 肿瘤病毒 DNA tumor virus 01.069

RNA 肿瘤病毒 RNA tumor virus 01.067

肿瘤坏死因子 tumor necrosis factor, TNF 09.132

*肿瘤坏死因子-β tumor necrosis factor-β 09.133

*肿瘤抑制基因 tumor suppressor gene 06.319

种系 germ line 06.027

种质 germ plasm 01.047

种质学说 germ plasm theory 01.039

重酶解肌球蛋白 heavy meromyosin 02.075

周期蛋白框 cyclin box 05.024

周期蛋白依赖性激酶 cyclin-dependent kinase, CDK, Cdk 05.025

周期蛋白依赖性激酶激活激酶 cyclin-dependent-kinase activating kinase 05.026

周期蛋白依赖性激酶抑制因子 cyclin-dependent-kinase inhibitor, CKI 05.027

周质 periplasm 03.099

周质间隙 periplasmic space 03.098

轴丝 axial filament, axoneme 03.027

轴丝动力蛋白 axoneme dynein 02.136

轴突 axon 03.224

轴突运输 axonal transport 04.047

轴足 axopodium 03.039

珠光壁 nacreous wall 03.070

珠孔 micropyle 06.071

潴泡 cistern, cisterna 03.154

主动免疫 active immunity 09.009

主动运输 active transport 04.038

*主动转运 active transport 04.038

主要组织相容性复合体 major histocompatibility complex, MHC 09.066

主要组织相容性复合体蛋白质 MHC protein 09.067

主要组织相容性复合体抗原 major histocompatibility complex antigen, MHC antigen 09.068

主要组织相容性复合体联合识别 MHC associative recognition 09.073

主要组织相容性复合体限制性 MHC restriction 09.074

主缢痕 primary constriction 07.026

阻遏酶　repressible enzyme　07.192

阻遏物　repressor　07.209

组胺　histamine　02.329

组成酶　constitutive enzyme　07.193

组成性启动子　constitutive promoter　07.139

组成性异染色质　constitutive heterochromatin　03.278

组蛋白　histone　02.065

组蛋白八聚体　histone octamer　02.066

组蛋白脱乙酰酶　histone deacetylase　07.215

组蛋白乙酰转移酶　histone acetyltransferase，HAT　07.216

组合调控　combinatory control　06.278

组织发生　histogenesis　06.251

组织金属蛋白酶抑制物　tissue inhibitor of metalloproteinase，TIMP　03.325

组织培养　tissue culture　10.017

＊组织特异性基因　tissue-specific gene　06.258

组织特异性启动子　tissue-specific promoter　07.140

组织相容性　histocompatibility　09.065

＊HLA 组织相容性系统　human leukocyte antigen histocompatibility system，HLA histocompatibility system　09.064

组织转化　metaplasia　06.214

祖细胞　progenitor cell　01.080

佐剂　adjuvant　09.153